Generationen (gut) führen

Sabine Schröder-Kunz

Generationen (gut) führen

Altersgerechte Arbeitsgestaltung für alle Mitarbeitergenerationen

Springer Gabler

Sabine Schröder-Kunz
Darmstadt, Deutschland

ISBN 978-3-658-24096-7 ISBN 978-3-658-24097-4 (eBook)
https://doi.org/10.1007/978-3-658-24097-4

Die Deutsche Nationalbibliothek verzeichnet diese Publikation in der Deutschen Nationalbibliografie; detaillierte bibliografische Daten sind im Internet über http://dnb.d-nb.de abrufbar.

Springer Gabler

Springer Gabler ist ein Imprint der eingetragenen Gesellschaft Springer Fachmedien Wiesbaden GmbH und ist ein Teil von Springer Nature
Die Anschrift der Gesellschaft ist: Abraham-Lincoln-Str. 46, 65189 Wiesbaden, Germany

Vorwort

Die (Arbeits-)Welt ist im Wandel, und kein Ende ist in Sicht. Das stellt Unternehmen, Organisationen und Arbeitnehmer immer wieder vor große Herausforderungen: Sie müssen sich auf neue Prozesse, Arbeitsumgebungen und Geschäftsmodelle einstellen, Bestehendes überprüfen und sich regelmäßig an Neuerungen anpassen.

Daneben verändert auch der demografische Wandel die Arbeitswelt: Die Gesellschaft altert, weniger Junge kommen nach. In manchen Branchen besteht bereits ein Fachkräftemangel, in anderen ist er in (naher) Zukunft abzusehen.

Für Arbeitgeber ergeben sich daraus mehrere wichtige Fragen: Wie können Beschäftigte jeden Alters immer wieder auf das Neue motiviert werden, auch bei veränderten Rahmenbedingungen engagiert zu arbeiten? Wie kann ihre Gesundheit im Arbeitsalltag erhalten werden? Wie bleiben sie qualifiziert, auch wenn sich die Anforderungen ändern? Und wie können die Potenziale der verschiedenen Mitarbeitergenerationen konstruktiv zusammen geführt werden? Und wie können Generationenklischees vermieden werden?

Hier kommen Führungskräfte ins Spiel. Sie sind an der Schnittstelle zwischen den Mitarbeitern und der Unternehmensleitung tätig, haben den Blick auf das große Ganze und zugleich auf jeden einzelnen Beschäftigten. Etwas überspitzt könnte man sagen: Der Erfolg eines Unternehmens hängt von seinen Führungskräften ab. Doch in den letzten Jahren haben sich viele von ihnen vor allem mit dem rasanten Wandel der Arbeitswelt beschäftigt und Ziele verfolgt, die so anspruchsvoll und komplex waren, dass Menschen nicht ausreichend berücksichtigt werden konnten. Das ist angesichts der vielen Herausforderungen der sich wandelnden Arbeitswelt nachvollziehbar – und doch ist das für viele Führungskräfte unbefriedigend. Sie möchten mitarbeiter- und generationenorientiert führen und sich selbst dabei nicht aus dem Blick verlieren.

Mein Anliegen ist es, Ihnen als Führungskraft praktische Anregungen zu geben, wie das im Alltag gelingen kann. Ich wünsche Ihnen viel Freude beim Lesen und Umsetzen in Ihrem persönlichen Führungsalltag.

Darmstadt
im Oktober 2018

Sabine Schröder-Kunz

Inhaltsverzeichnis

1 Einleitung 1

2 Führen in der sich verändernden Arbeitswelt 5

2.1 Arbeitswelt im Wandel 5

2.1.1 Demografische Entwicklung 8

2.1.2 Technisch-ökonomische Entwicklungen 15

2.1.3 Gesellschaftliche Entwicklungen 20

2.1.4 Der Wandel der Arbeitswelt als Herausforderung und Chance 22

2.2 Führung im Wandel 23

2.2.1 Auflösung von Hierarchiegefällen 28

2.2.2 Umgang mit Veränderungsprozessen 31

2.2.3 Kommunikation als Schlüsselelement zwischenmenschlichen Umgangs 33

2.2.4 Coach, Gesundheitsmanager, Lernbegleiter u. v. m. – das neue Rollenverständnis der Führungskräfte 38

2.3 Selbstverantwortung und Mitverantwortung – Schlüsselkompetenzen für Führungskräfte und Mitarbeiter 41

Literatur 58

3 Mitarbeiterführung und -unterstützung für jedes Alter 63
3.1 Gesundheit – die Führungskraft als Gesundheitsmanager 68
3.1.1 Gesunde Entwicklung im Laufe des Lebens (gesundes Altern) 70
3.1.2 Fünf Säulen des gesunden Älterwerdens 71
3.1.2.1 Säule 1 – Körper: Bewegung, Regeneration, Ernährung, Verzicht 72
3.1.2.2 Säule 2 – Kopf: Anregung des Geistes, Stärkung der Psyche 79
3.1.2.3 Säule 3 – soziale Kontakte 95
3.1.2.4 Säule 4 – Arbeit/eine Aufgabe haben 105
3.1.2.5 Säule 5 – innere Haltung: Emotionen, Werte, Umgang mit schwierigen Situationen 107
3.1.2.6 Überblick: Mitverantwortung konkret für die Gesundheit Ihrer Mitarbeiter 115
3.2 Kompetenz – die Führungskraft als Coach 116
3.2.1 Eigene Lösungen unterstützen 119
3.2.1.1 Selbstverantwortung stärken 119
3.2.1.2 Potenziale, Fähigkeiten und Talente erkennen 121
3.2.1.3 Potenziale, Talente und Fähigkeiten fördern – die Führungskraft als Lernbegleiter 124
3.2.1.4 Perspektiven besprechen 132
3.2.2 Soziale Kompetenz stärken, mit Konflikten und Krisen umgehen 136
3.3 (Arbeits-)Motivation – die Führungskraft als Motivator 148
3.3.1 Bedürfnisse und Motive 153
3.3.2 Motivationsfaktor Sinn 156
3.3.3 Arbeitszufriedenheit (Arbeitsfreude) und Arbeitsfrust 161
3.3.4 Sieben Tipps zur Motivation 170
Literatur 172

4 Verschiedene Alter gut (zusammen)führen 177
4.1 Die drei Mitarbeitergenerationen 183
4.1.1 Jüngere Mitarbeitergeneration 187
4.1.2 Mittlere Mitarbeitergeneration 196
4.1.3 Ältere Mitarbeitergeneration 201
4.2 Gestaltungsfelder für alle Mitarbeitergenerationen 226
4.2.1 Gestaltungsfeld Arbeitsaufgabe 229
4.2.2 Gestaltungsfeld Arbeitszeit 234
4.2.3 Gestaltungsfeld Arbeitsablauf 239
4.2.4 Gestaltungsfeld soziale Beziehungen 242
4.2.5 Gestaltungsfeld Arbeitsumgebung 247
4.2.6 Gestaltungsfeld Gesundheits- und Arbeitsschutz 250
4.2.7 Gestaltungsfeld Kompetenzentwicklung und Wissensmanagement 252
Literatur 255

5 Schlussbetrachtung 263

Über die Autorin

Sabine Schröder-Kunz, Diplom-Betriebswirtin und Diplom-Gerontologin, bietet seit 2013 Beratungen, Vorträge und Schulungen zu den Themen generationen- und alternsgerechte Arbeit an. Durch ihren direkten Kontakt mit Mitarbeitergenerationen und Führungskräften aus kleinen Unternehmen, Großkonzernen und aus der Verwaltung kennt sie die Herausforderungen des Arbeits- und Führungsalltags. Als Gerontologin beschäftigt sie sich zudem mit menschlichen Entwicklungsstufen und dem Älterwerden. Gesundheit, Kompetenz und Motivation werden von ihr in Anbetracht der verlängerten Lebensarbeitszeit in den Blick genommen.

Ihre Erkenntnisse führt sie in einem Konzept zur Selbst- und Mitverantwortung zusammen. Dabei zeigt sie konkrete Handlungsfelder auf, die ein gutes selbst- und mitverantwortliches Leben und Arbeiten ermöglichen.

Ihre Arbeitsbücher basieren auf wissenschaftlichen Erkenntnissen, die sie durch praktische Erfahrung ergänzt und mit didaktischer Kompetenz aufbereitet. Angenehm zu lesen, einfach umzusetzen und mit vielen Denkanstößen – eine echte Bereicherung für den Arbeitsalltag!

Kontakt:
Sabine Schröder-Kunz
Diplom-Gerontologin
Diplom-Betriebswirtin
info@demografie-und-gerontologie.com

1 Einleitung

Zusammenfassung

Führungskräfte sind im Wandel der Arbeitswelt immer mehr gefordert. Neben den verschiedensten Rollen, die sie immer wieder einnehmen müssen, sollen sie sich nun auch noch mit den Generationen befassen. Kann das gelingen, ohne sich selbst dabei aus dem Blick zu verlieren?

Experten sind sich einig: Um dem bestehenden oder drohenden Fachkräftemangel zu begegnen, ist eine mitarbeiterorientierte Unternehmenskultur notwendig. Sie bildet die Basis dafür, dass Mitarbeiter[1] aller Generationen gesund, kompetent und motiviert sind und bleiben. Besonders die älteren Arbeitnehmer sollten dabei in den Fokus genommen werden, denn ihre Potenziale bleiben bislang oft unbeachtet. Doch wenn Ältere vernachlässigt werden, kann das zu Demotivation führen. Viele wünschen sich, möglichst früh in den Ruhestand zu gehen, oder kündigen innerlich. Hier verschenken Unternehmen viel Potenzial. Angesichts der alternden Belegschaften gibt es daher dringenden Handlungsbedarf.

Jeden Mitarbeiter im Blick zu behalten, ihn zu fördern, zu fordern, auf seine Bedürfnisse einzugehen und ihn seinen Potenzialen entsprechend einzusetzen, seine (altersbedingten) Fähigkeiten und Einschränkungen zu beachten und seine Belastungen im Blick zu haben – all das gehört zu den vielfältigen und anspruchsvollen Aufgaben einer Führungskraft. Das ist nicht leicht, doch die Anstrengung lohnt sich: Denn wenn eine Führungskraft nicht nur die Ziele des

[1] Um die Lesbarkeit zu verbessern, wird in diesem Buch auf geschlechtsspezifische Personenbezeichnungen verzichtet. Alle Angaben beziehen sich jedoch immer auf Frauen und Männer gleichermaßen.

S. Schröder-Kunz, *Generationen (gut) führen,*
https://doi.org/10.1007/978-3-658-24097-4_1

Unternehmens im Blick hat, sondern auch und vor allem ihre Mitarbeiter, können auch die großen Themen wie Digitalisierung, Arbeitsverdichtung und Leistungsdruck gemeinsam bewältigt werden.

Grau ist alle Theorie. Deshalb finden Sie in diesem Buch viele Denkanstöße und Übungen, die Sie konkret einsetzen können. Auch wenn ich mich auf wissenschaftliche Quellen stütze und immer wieder auf entsprechende Studien verweise, ist dieses Buch als praxisorientierte Handlungshilfe konzipiert. Immer wieder greife ich auch auf die Erfahrungen zurück, die ich in Schulungen und Workshops mit Führungskräften und Beschäftigten aller Altersgruppen gemacht habe.

Bei der mitarbeiterorientierten Führung spielen die ethischen Kategorien der Selbst- und Mitverantwortung (Abschn. 2.3) eine wesentliche Rolle. Selbstverantwortung ist die Fähigkeit, das eigene Leben gut – also den eigenen Bedürfnissen und Werten entsprechend – zu gestalten. Mitverantwortung ist die Fähigkeit, sich in andere hineinzuversetzen und einen Beitrag für die Gesellschaft zu leisten. Das mag erst einmal abstrakt klingen, doch in diesem Buch werden Sie sich mit ganz praktischen Situationen des (Berufs-)Alltags im Hinblick auf Selbst- und Mitverantwortung beschäftigen und den wichtigen Stellenwert dieser Verantwortungsdimensionen erkennen.

Dieses Buch soll Sie dabei unterstützen, Ihre Mitarbeiter und die unterschiedlichen Mitarbeitergenerationen besser kennenzulernen und Möglichkeiten zu finden, auf sie einzugehen. Dabei werden Sie sich auch selbst besser kennenlernen. Denn Mitverantwortung kann nur gelingen, wenn auch Selbstverantwortung gegeben ist. Deshalb sind viele Denkanstöße und Übungen so konzipiert, dass Sie sie zuerst im Hinblick auf Ihre Selbstverantwortung ausprobieren können, bevor Sie sie in Bezug auf Ihre Mitverantwortung durchführen. So profitieren Sie persönlich ebenso wie Ihre Mitarbeiter von diesem Buch.

Es gibt viele Möglichkeiten, Informationen über die eigenen Mitarbeiter und die diversen Arbeitsgenerationen zu sammeln – zum Beispiel in Mitarbeiterbefragungen, die als Fragebogen ausgeteilt werden. Dieses Buch stellt eine Alternative dazu dar: Es geht um den direkten mitverantwortlichen Kontakt. Es werden Möglichkeiten geschaffen, mit Mitarbeitern persönlich ins Gespräch zu kommen und ihnen auf Augenhöhe zu begegnen. Dabei soll es um den Lebensraum Arbeitswelt gehen, in dem alle gemeinsam handeln und miteinander leben. Das Interesse am anderen soll durch die vielen Beispiele, Denkanstöße und Übungen gefördert werden.

Manche Übungen sind aufwendig und benötigen Zeit, manches regt zur kritischen Reflexion einer Situation an, die Sie vielleicht gar nicht mit Ihren Mitarbeitern in den Blick nehmen möchten. Möglicherweise haben Sie das Gefühl, dass Ihnen und Ihren Teammitgliedern im stressigen Arbeitsalltag die Zeit dafür fehlt. Das ist nur zu verständlich. Versuchen Sie trotzdem, das eine oder andere umzusetzen. Wenn Sie in einem größeren Unternehmen arbeiten, geben Sie die Anstöße im Hinblick auf eine mitarbeiterorientierte Unternehmenskultur (Kap. 2) an Ihre Vorgesetzten weiter. Manches können Sie auch im Kleinen – nur in Ihrer Abteilung – umsetzen. Jeder Schritt in Richtung alter(n)sgerechter Führung ist bereits ein Schritt zum Erfolg.

Für wen ist das Buch gedacht?
Das Buch richtet sich explizit an Führungskräfte auf allen Hierarchieebenen: an Abteilungs- und Projektleiter, Vertreter des unteren und mittleren Managements ebenso wie an Geschäftsführer und die Vorstandsebene. Und auch wenn meist von „Unternehmen" die Rede ist, sind die Ausführungen ebenso für Führungskräfte in Ämtern und anderen Organisationen gedacht. Das lässt sich sprachlich nicht immer abbilden, ohne in ein Wenn-dann-Geflecht auszuarten. Deshalb bitte ich um Nachsicht, wenn ich um der besseren Lesbarkeit willen oft nur von „Führungskräften in Unternehmen" spreche, anstatt von „Geschäftsführern und Führungskräften aller Ebenen in Unternehmen, Ämtern und Organisationen jeder Art und Größe".

Da ich selbst Workshops und Schulungen zu generationen- und alternsgerechter Führung und anderen Themen biete, freue ich mich immer über Anregungen und Erfahrungsberichte aus der Praxis. Nehmen Sie gerne Kontakt zu mir auf.

Aufbau des Buchs
Auch wenn dieses Buch als Praxisleitfaden gedacht ist, kommt es doch nicht ganz ohne theoretisches Fundament aus. Dieses Fundament bildet Kap. 2.

In Abschn. 2.1 steht der Wandel der Arbeitswelt im Fokus, vor allem die Frage: Welche Megatrends gibt es, und wie wirken sie sich auf die Arbeitswelt aus? Erste Denkanstöße regen zur Reflexion der Situation im eigenen Unternehmen an.

Der Wandel der Arbeitswelt beeinflusst auch das Verständnis von guter Führung: Führungskräfte nehmen neue Rollen ein, zugleich werden Hierarchien immer flacher, Mitarbeiter müssen in Veränderungsprozessen besonders mitverantwortlich geführt und begleitet werden. Diese Aspekte der Führung im Wandel werden in Abschn. 2.2 beleuchtet.

Wie bereits weiter oben angesprochen, geht es in diesem Buch immer wieder um Selbst- und Mitverantwortung. Was damit im Einzelnen gemeint ist und wie Sie Selbst- und Mitverantwortung im Arbeitsalltag leben können, aber auch an Ihre Mitarbeiter weitergeben können, ist Gegenstand von Abschn. 2.3.

In Kap. 3 geht es um die alters- und alternsgerechte Führung aller Mitarbeiter. Altersgerecht ist ein Führungsstil dann, wenn er die Besonderheiten der verschiedenen Generationen im Blick behält. Dabei werden Generationenklischees vermieden. Alternsgerechte Führung unterstützt die Beschäftigten so, dass sie trotz und mit ihrer Arbeit gesund und gut älter werden.

Um Gesundheit geht es in dem besonders ausführlichen Abschn. 3.1. Sie lernen die fünf Säulen des gesunden Älterwerdens kennen und erhalten zahlreiche praxisnahe Tipps zur Förderung Ihrer eigenen Gesundheit und der Gesundheit Ihrer Mitarbeiter.

Wenn in regelmäßigen Abständen neue Kompetenzen gefragt sind und Wissen rasant veraltet, müssen Beschäftigte immer wieder neu qualifiziert werden. Lebenslanges Lernen und Weiterbildung werden immer wichtiger. Hier sind Sie als Führungskraft in Ihrer Rolle als Coach gefragt: Unterstützen Sie die Beschäftigten mitverantwortlich dabei, eigene Talente zu erkennen und Lösungen für Probleme zu finden. Ebenso wichtig ist die Weitergabe von Wissen an die Nachfolgenden (Generativität), wenn die älteren Mitarbeiter der geburtenstarken Jahrgänge in den kommenden Jahren die Unternehmen und Organisationen verlassen. Tipps und Anregungen dazu finden Sie in Abschn. 3.2.

Um (Arbeits-)Motivation geht es in Abschn. 3.3 – darunter Antworten auf diese Fragen: Was motiviert Ihre Mitarbeiter? Welche Faktoren der Arbeitszufriedenheit lassen sich eventuell noch verstärken? Möglicherweise möchten Sie einige Praxistipps und Übungen dazu einmal ausprobieren.

Bei alter(n)sgerechter Führung gilt es, auch die verschiedenen Altersgruppen im Blick zu behalten. Denn ein älterer Mitarbeiter hat möglicherweise ganz andere Bedürfnisse und Ziele als ein jüngerer. Hier setzt Kap. 4 an.

Zunächst stelle ich Ihnen die drei Mitarbeitergenerationen (Abschn. 4.1) vor. Ein besonderer Schwerpunkt liegt dabei auf den älteren Beschäftigten – und das aus mehreren Gründen: Zum einen wird der Anteil älterer Arbeitnehmer in Unternehmen in Zukunft weiter steigen. Zum anderen sind negative Altersbilder weit verbreitet, die hinterfragt und aufgelöst werden müssen. Und zu guter Letzt profitieren Sie auch selbst davon, wenn Sie sich mit den positiven Seiten des Älterwerdens beschäftigen. Denn das Bild, das wir vom Alter haben, beeinflusst unser eigenes Altern maßgeblich mit.

Wenn Sie mit verschiedenen Generationen zu tun haben, werden Sie immer wieder feststellen, dass es auch innerhalb einer Altersgruppe große Unterschiede geben kann. Daher wird bei der Betrachtung der verschiedenen Generationen in Kap. 4 immer wieder auf Kap. 3 hingewiesen, in dem es um alle Altersklassen geht.

Wie alter(n)sgerechte Führung in der Praxis aussehen kann, ist Gegenstand von Abschn. 4.2. Hier stelle ich Ihnen sieben Gestaltungsfelder vor, in denen Sie tätig werden können. Die wichtigsten Ergebnisse können Sie in Kap. 5, dem Schlusswort, noch einmal komprimiert nachlesen.

Führen in der sich verändernden Arbeitswelt

2

Zusammenfassung

In diesem Kapitel steht die Frage im Vordergrund, was Führung im Wandel der Arbeitswelt ausmacht. Zunächst werden in Abschn. 2.1 die großen Megatrends beschrieben, die viele Führungskräfte im Alltag beschäftigen (u. a. Digitalisierung, Arbeitsverdichtung, Alterung der Gesellschaft und der Belegschaften, Individualisierung und Wertewandel). Wie sich all das auf die Führung auswirkt (u. a. Auflösung von Hierarchiegefällen, Umgang mit Veränderungsprozessen, neue Rollen der Führungskraft), ist Gegenstand von Abschn. 2.2. Die zentrale Frage, die sich Führungskräfte immer wieder stellen müssen, lautet: „Wie kann ich meine Mitarbeiter führen, dass sie gesund, qualifiziert und motiviert arbeiten können und wollen?" Hier spielen die Schlüsselkompetenzen der Selbst- und Mitverantwortung eine zentrale Rolle, die in Abschn. 2.3 vorgestellt werden. Sie sind der Dreh- und Angelpunkt guter Führung in einer sich verändernden Arbeitswelt.

2.1 Arbeitswelt im Wandel

Immer wieder ist davon die Rede, dass sich die Arbeitswelt wandelt und Menschen wie Unternehmen sich an die „neue Arbeitswelt" anpassen müssen. Bevor wir uns damit beschäftigen, wie wir diesem Wandel mit ethischer Verantwortung begegnen, müssen wir erst einmal wissen, was ihn ausmacht und in welchem Zusammenhang das mit generationen- und alter(n)sgerechter Führung steht.

S. Schröder-Kunz, *Generationen (gut) führen*,
https://doi.org/10.1007/978-3-658-24097-4_2

Tab. 2.1 Megatrends der Arbeitswelt. (Vgl. Rump et al. 2017, S. 7)

Demografische Entwicklung	Technisch-ökonomische Entwicklungen	Gesellschaftliche Entwicklungen
• Alterung der Gesellschaft und der Belegschaften • Schrumpfung der Gesellschaft • weniger Nachwuchskräfte • Verlängerung der Lebensarbeitszeit	• Digitalisierung/Arbeiten 4.0 • Wissensgesellschaft Flexibilisierung • Komplexität und Arbeitsverdichtung • Globalisierung • Innovations- und Kostendruck	• Vielfalt/Diversity • Individualisierung • Wertewandel • Urbanisierung • Polarisierung der Gesellschaft • Feminisierung • Sensibilisierung für Nachhaltigkeit

Daher werden in diesem Kapitel die wesentlichen Trends und Entwicklungen dargestellt, die auf Sie als Führungskraft Einfluss haben. Dabei handelt es sich um Trends, die nicht nur die heutige Welt prägen, sondern bereits seit Längerem wirksam sind und voraussichtlich auch noch unsere Kinder und Kindeskinder beschäftigen werden. Es geht um einen Aufbruch in eine neue Zeit, die eigentlich schon längst begonnen hat.

Einen Überblick über die wichtigsten Megatrends, die den Wandel der Arbeitswelt ausmachen, finden Sie in Tab. 2.1. Beachten Sie, dass sich diese Trends gegenseitig beeinflussen und daher in ihrer Wechselwirkung betrachtet werden sollten (vgl. Rump et al. 2017, S. 6).

Die wichtigsten Trends, die Sie als Führungskraft wahrscheinlich beschäftigen, sollen im Folgenden näher vorgestellt werden. Sie bieten gesamtgesellschaftlich, aber auch für jeden Einzelnen von uns Herausforderungen und Chancen – unabhängig von unserem Alter. Diese sind differenziert in den Blick zu nehmen.

Ein Beispiel: Oft wird die Alterung der Gesellschaft als Problem betrachtet, weil die Defizite der Älteren zu stark in den Vordergrund gerückt werden. Doch ältere Menschen verfügen auch über vielfältige Potenziale, die bislang nur wenig Beachtung finden. Daher müssen die Chancen, die eine alternde Gesellschaft bietet, in das allgemeine Bewusstsein gerückt werden. Dann können die Älteren mit ihrem Erfahrungsschatz auch als Ressource unserer Gesellschaft betrachtet werden.

Hierfür – und das ist eine wichtige Voraussetzung – sind allerdings entsprechende Rahmenbedingungen erforderlich. Weiterhin müssen sich die Älteren ihrer Verantwortung in der Gesellschaft bewusst sein. Sie tragen neben der Selbstverantwortung – das ist die Fähigkeit, das eigene Leben gut zu gestalten – auch Mitverantwortung gegenüber anderen (Abschn. 2.3).

- Wie wirken sich der demografische Wandel, die gesellschaftlichen und ökonomisch-technischen Entwicklungen auf Beschäftigte verschiedener Altersgruppen aus?
- Welche Chancen und Risiken bringen sie im Privat- und Berufsleben mit sich?
- Wie können Unternehmen dafür sorgen, dass Mitarbeiter bis ins hohe Alter gut, gesund und motiviert arbeiten können?
- Welche Rolle spielen Führungskräfte wie Sie dabei?
- Wie können lebensphasenorientierte Beschäftigungsmodelle in einer sich wandelnden Arbeitswelt aussehen und gelingen?

Diesen Fragen widmen wir uns in diesem Buch. Um das Wichtigste schon einmal vorwegzunehmen: Ich kann und möchte Ihnen keine Pauschalrezepte an die Hand geben. Wie alter(n)sgerechte Führung gelingt, ist ganz wesentlich von den persönlichen und unternehmerischen Gegebenheiten abhängig. Der Schlüssel zum Erfolg liegt in der individuellen Betrachtung des Einzelfalls und im intensiven Austausch mit den jüngeren und älteren Mitarbeitern sowie – sofern Sie nicht selbst Geschäftsführer sind – mit der Unternehmensleitung. Daher finden Sie immer wieder Denkanstöße, die Sie dazu auffordern, mit anderen ins Gespräch zu kommen und gemeinsam Lösungen oder Lösungsansätze zu finden.

Denkanstoß

Bevor wir genauer in das Thema einsteigen: Wie nehmen Sie die Veränderungen der Arbeitswelt wahr? Welche Vor- und Nachteile sehen Sie?
Wie sieht das jeder Einzelne Ihrer Mitarbeiter – was glauben Sie?
Sind Sie hierzu schon einmal ganz sachlich ins Gespräch gekommen?

Arbeit als Sinnstifter und Belastung zugleich

Unabhängig davon, warum wir arbeiten – aus Pflichtgefühl, aus Freude an der Tätigkeit, aus finanziellen Gründen: Arbeit ist für die allermeisten Menschen ein ganz wichtiges Thema. Sie ist nicht nur Einkommensquelle, sondern auch Identitätsstifter. Nicht zuletzt deshalb unterhalten sich Menschen, die einander kennenlernen, meist zuerst darüber, was sie beruflich machen. Durch die Arbeit sind sie Teil einer Gemeinschaft; beruflicher Erfolg beschert ihnen ein hohes Selbstwertgefühl und Ansehen bei anderen. Im besten Fall können sie in ihrem Job ihre Talente entfalten und sich selbst verwirklichen (vgl. Bundesministerium für Arbeit und Soziales [BMAS] 2015, S. 12).

Doch zugleich sind viele Beschäftigte von und mit ihrer Arbeit überfordert. Laut „Arbeitszeitreport Deutschland" aus dem Jahr 2016 klagen 51 % der Befragten über häufigen Termin- und Leistungsdruck. Ebenso viele Befragte geben an, aufgrund der Arbeit erschöpft und müde zu sein (vgl. Wöhrmann et al. 2016, S. 32–111).

Hier gilt es anzusetzen und gegenzusteuern. Denn: Wer langfristig gestresst und überlastet ist, gefährdet sowohl seine eigene Gesundheit als auch seine Arbeitsfähigkeit. Die Folgen langfristigen Stresses treffen nicht nur den einzelnen Beschäftigten, sondern schaden letztlich auch dem Arbeitgeber.

Die Folgen langfristigen Stresses im Überblick (vgl. Initiative Neue Qualität der Arbeit [INQA] 2014, S. 24):

- gesundheitliche Beeinträchtigung
- eingeschränkte Leistungsfähigkeit/Produktivität im Job
- mehr Fehlzeiten
- sinkende Motivation
- höhere Mitarbeiterfluktuation im Unternehmen
- verringerte Wettbewerbsfähigkeit des Unternehmens

Arbeit schafft also Sinn, ist aber für viele auch sehr belastend. Beides muss von Führungskräften in den Blick genommen werden, damit sie Verantwortung im Wandel der Arbeitswelt übernehmen können. Denn nur wer die beiden Seiten einer Medaille betrachtet, sieht das Ganze. Nähere Informationen und Tipps hierzu erhalten Sie in Kap. 3.

Denkanstoß

Welche Werte, welchen Sinn erleben Sie in Ihrer Arbeit?

Was denken Sie, wie Ihre jüngeren und älteren Mitarbeiter die Werte erleben? In Abschn. 3.1.2.4 werden wir uns noch eingehender damit beschäftigen.

2.1.1 Demografische Entwicklung

Wenn wir hierzulande vom demografischen Wandel sprechen, denken wir oft nur an die zunehmende Alterung der Gesellschaft. Aber demografischer Wandel umfasst noch mehr. Es geht allgemein um die zahlenmäßige Entwicklung von Alter, Geschlecht und Ethnie etc. einer Bevölkerung. Das sollten wir im Hinterkopf behalten, wenn wir von der demografischen Entwicklung sprechen, denn alle Aspekte zeigen ihre Wirkung in der Arbeitswelt.

Die Alterung der Gesellschaft (und letztlich auch der Belegschaften in Organisationen) ist auch im Zusammenhang mit der alters- und alternsgerechten Führung von herausragender Bedeutung. Deshalb lohnt es sich, hier ein wenig genauer hinzuschauen (Kap. 4).

Alterung der Gesellschaft

Die Gesellschaft altert vor allem deshalb, weil zwei Phänomene zusammenwirken:

1. **Höhere Lebenserwartung:** Menschen leben heute länger als je zuvor. Verantwortlich sind dafür ein gesünderer Lebenswandel und der technisch-medizinische Fortschritt.
2. **Sinkende Geburtenrate:** Auch wenn es über die Jahre hinweg gewisse Schwankungen gibt, ist die Geburtenrate in Deutschland seit Jahrzehnten konstant niedrig. In Deutschland liegt sie seit Anfang der 1970er-Jahre unter der Sterberate.

Lange Zeit ging man davon aus, dass die Einwohnerzahl langfristig schrumpfen würde. Durch die Zuwanderung der vergangenen Jahre ist das inzwischen nicht mehr sicher. Sie hat die Gesellschaft merklich verjüngt und vergrößert. Für die Arbeitswelt ist das eine große Chance, denn nun stehen den Unternehmen und Organisationen mehr (junge) Fachkräfte zur Verfügung.

Wie die Bevölkerungsstruktur in 40 Jahren aussehen wird, ist noch ungewiss. Laut Prognosen wird die Gesellschaft allerdings deutlich älter sein als heute. 2060 wird voraussichtlich jeder Dritte 65 Jahre oder älter sein (vgl. Kühn 2017).

Die Alterung wirkt sich auf die Wirtschaft und die Gesellschaft aus. Es beeinflusst die Art, wie wir leben und arbeiten. Im Vergleich zu anderen kontinentaleuropäischen Ländern hat Deutschland eine der niedrigsten Beschäftigungsquoten der 55- bis 64-Jährigen. Das ist unter anderem Folge der bisherigen „Vorruhestandspraxis, einer stark ausgeprägten Frühverrentungsbereitschaft, der nach wie vor hohen Zahl gesundheitsbedingter Frühverrentungen wie auch einer unzureichenden Gleichstellung von Frauen, einer ungenügenden Weiterqualifizierung und nicht zuletzt einer gravierenden betrieblichen Altersdiskriminierung“ (Bundesministerium für Familie, Senioren, Frauen und Jugend [BMFSFJ] 2005, S. 458). Durch die bessere Gesundheit älterer Arbeitnehmer, aber auch dank altersgerechter Arbeitsgestaltung (z. B. technische Assistenz bei schwerer körperlicher Arbeit) können Menschen heute länger arbeiten. Die Belegschaften werden in den kommenden 50 Jahren ebenfalls älter werden. Das Demographie Netzwerk (ddn) prognostiziert:

> Die Altersgruppe der 18- bis 29-Jährigen nimmt von 21,9 auf 18,5 Prozent ab. Die mittlere Altersgruppe zwischen 30 und 49 sinkt von knapp über 50 auf unter 45 Prozent. Einzig die Gruppe der über 50-Jährigen wird deutlich von 25,5 Prozent auf 33,6 Prozent zunehmen (ddn o. J.).

Neben der Verlängerung der Lebensarbeitszeit hat sich auch die Phase des aktiven Ruhestandes ausgedehnt. Wenn die Alten den Jungen zahlenmäßig weit überlegen sind, muss sich die Gesellschaft mit dem Thema Altern und Altsein auseinandersetzen. Ein erster Schritt besteht darin, zu erkennen, wie vielfältig „Alter" sein kann. Oft neigen Generationen dazu, sich gegeneinander abzugrenzen. Es gibt kaum Kontakte untereinander. An dieser Stelle muss ein Umdenken stattfinden, die Beziehungen zwischen den Generationen müssen gestärkt werden (Kap. 4). Da gerade im Arbeitsleben verschiedene Generationen zusammentreffen, ist hier ein gutes Übungsfeld gegeben. Die Frage muss immer wieder lauten: Wie können wir voneinander lernen und uns gegenseitig unterstützen?

Bilder der Generationen in der Arbeitswelt

Leider existiert häufig noch ein negatives Bild von der Leistungsfähigkeit älterer Arbeitnehmer, obwohl es wissenschaftlich erwiesen ist, dass es keinen bzw. nur einen sehr geringen Zusammenhang zwischen dem Lebensalter eines Menschen und seiner Leistungsfähigkeit gibt (Abschn. 4.1.3). Hier müssen wir uns immer wieder selbst fragen, ob und inwiefern wir Vorurteile gegenüber bestimmten Altersgruppen haben.

Verschiedene Generationen können gut und verantwortlich zusammenleben und -arbeiten, wenn sie einander *verantwortlich* (Abschn. 2.3) begegnen. Das bedeutet, den jeweils anderen mit dessen Bedürfnissen, Normen, Werten und Fähigkeiten zu akzeptieren, konstruktiv miteinander zu reden, authentisch aufzutreten und einen wertschätzenden Umgang miteinander zu pflegen.

Unternehmen, Führungskräfte und Beschäftigte sollten wissen:

- Wer sind die Jüngeren und Älteren?
- Welche Kompetenzen und Bedürfnisse haben sie?
- Wo können ihre jeweiligen Potenziale gut eingesetzt werden?
- Welchen Belastungen sind sie in ihrer spezifischen Lebensphase[1] ausgesetzt?
- Welche Verletzlichkeiten ergeben sich durch die Lebensphase?
- Inwiefern kann darauf Rücksicht genommen werden?
- Welche Unterstützungsangebote sind denkbar?
- Wie können sie möglichst lange gesund, qualifiziert und motiviert arbeiten?
- Wie und in welchem Umfang können sie sich in ihrer spezifischen Lebensphase in das Unternehmen einbringen?

---

[1]Die Lebensphase hängt nicht nur vom kalendarischen Alter einer Person ab, sondern auch von den spezifischen Umständen, mit denen eine Person aktuell konfrontiert ist (s. Abb. 2.1).

Abb. 2.1 Faktoren, die die Lebensphasen beeinflussen können. (Eigene Darstellung)

Wenn die Unternehmenskultur[2] Führungskräfte und Beschäftigte dazu anregt, sich mit diesen Fragen auseinanderzusetzen, ist eine wichtige Grundlage zum Erhalt der Arbeitsfähigkeit der bestehenden Arbeitnehmer geschaffen. Durch flexible Konzepte – beispielsweise in der Arbeitszeitgestaltung – kann individuell auf die Mitarbeiter in ihrer spezifischen Lebensphase eingegangen werden (Kap. 4).

[2]Unter Unternehmenskultur wird hier ein „System grundlegender Überzeugungen und der damit verbundenen Werte und Normen verstanden, die das sichtbare Verhalten der Beschäftigten in einem Unternehmen bestimmen bzw. als dominante Verhaltensweisen des Unternehmens erscheinen" (Hauser et al. 2008, S. 18).

Die Verantwortlichen wissen dann auch, was sie bei der Einstellung neuer Mitarbeiter aus den verschiedenen Altersgruppen beachten sollten und sie bei der Rekrutierung von wichtigen Fachkräften entsprechend ansprechen. Außerdem können flexible Regelungen zum Renteneintritt eingeführt werden, die nicht nur vom kalendarischen Alter der Arbeitnehmer abhängen.

Dabei gilt es auch immer wieder in den Blick zu nehmen, dass es zwischen Gleichaltrigen sehr große Unterschiede geben kann. *Die* Älteren gibt es genauso wenig wie *die* Jüngeren. Die Vielfalt nimmt im Alter sogar tendenziell zu. Das ist eigentlich nur logisch: Erfahrungen, die wir im Laufe unseres Lebens machen, prägen uns – und je mehr Erfahrungen und Entwicklungsschritte wir machen, umso mehr unterscheiden wir uns von anderen.

Auch wann man als „alt“ oder „älter“ gilt, hängt von vielen verschiedenen Faktoren ab (Abschn. 4.1.3). Das Alter gewinnt aber auch dadurch ganz neue Facetten, dass es nach Austritt aus dem Berufsleben länger gesund und aktiv gestaltet werden kann. Die Angebote und Möglichkeiten für Ältere sind vielfältig. Es wird eine Generation neuer Alter geben, die als Vorbild für die Jüngeren dienen kann.

Für Sie als Führungskraft bedeutet der demografische Wandel, dass Sie sich auf verschiedene Mitarbeitergenerationen und deren Unterstützung zur konstruktiven Zusammenarbeit einstellen müssen. Sie werden dabei mit immer mehr älteren Arbeitnehmern zusammenarbeiten. Neben den Herausforderungen, die für Sie als Führungskraft damit verbunden sind, sind die Älteren auch eine Chance für Ihren persönlichen Blick auf das eigene Älterwerden und Ihre damit verbundenen persönlichen Ziele.

Denkanstoß

88 % der Teilnehmer aus meinem Seminar „GUTES Leben und Arbeiten in der 2. Lebenshälfte“ im Alter von 45 Jahren und älter sind sich bewusst, dass ihre Generation zu den Trendsettern der *neuen Alten* gehört. Daher halten sie es für wichtig, über die gesellschaftlichen Veränderungen und die Lebensphase „Alter“ informiert zu sein, und wollen aktiv mitwirken.

Was denken Ihre älteren Mitarbeiter über dieses Thema?

Weniger Nachwuchskräfte, Verlängerung der Lebensarbeitszeit

In Verbindung mit dem demografischen Wandel wird immer wieder auf den drohenden Fachkräftemangel hingewiesen. Der Zusammenhang ist naheliegend: Wenn ältere Arbeitnehmer ausscheiden und weniger Junge nachkommen, haben die Arbeitgeber Probleme, die freien Stellen mit qualifiziertem neuem Personal zu besetzen.

Zwar gibt es laut Bundesagentur für Arbeit (2018, S. 6 f.) derzeit noch keinen flächendeckenden Fachkräftemangel in Deutschland. Es gibt jedoch Engpässe in einzelnen technischen Berufsfeldern sowie in Gesundheits- und Pflegeberufen. Laut einer Studie des Instituts für Arbeitsmarkt- und Berufsforschung (IAB) gibt allerdings bereits schon jetzt jedes vierte Unternehmen an, Probleme bei der Stellenbesetzung zu haben (vgl. Demowanda o. J.). Die Situation wird sich in Zukunft sicher noch verschärfen, denn mittlerweile sind die geburtenstarken Jahrgänge der 1950er- und 1960er-Jahre in das höhere erwerbsfähige Alter gekommen. In nicht allzu ferner Zukunft werden sie in Rente gehen. Dann werden die Unternehmen (noch) größere Probleme haben, freie Stellen zu besetzen.

Was ist zu tun?

Um wettbewerbsfähig zu bleiben, müssen sie einerseits mehr neue Mitarbeiter für sich gewinnen und andererseits die bestehenden Mitarbeiter im Unternehmen halten. Wer als Arbeitgeber attraktiv sein möchte, muss seinen bestehenden und auch den potenziellen neuen Mitarbeitern etwas bieten, damit sie sich engagiert für das Unternehmen einsetzen (wollen).

Schon jetzt nimmt der Anteil der Mitarbeiter in den Belegschaften zu, die mehr als 50 Jahre alt sind; der Anteil der jüngeren Mitarbeiter nimmt dagegen kontinuierlich ab (vgl. ddn o. J.). Das muss nicht zwangsläufig problematisch sein. Da der Anteil der „gesunden" Lebensjahre, die man in Unabhängigkeit und Selbstständigkeit verbringt, in den letzten Jahrzehnten stark angestiegen ist und weiter ansteigen wird, können ältere Arbeitnehmer länger arbeiten. Aber – wie bereits gesagt: Hier muss auch die Motivation gegeben sein. Motivierte erfahrene Mitarbeiter können Belegschaften stark bereichern. Denn gerade ältere Mitarbeiter, die schon lange im Unternehmen sind, verfügen über Erfahrungswissen, das oft erfolgsentscheidend ist. Viele Unternehmen sind dementsprechend gefordert, ältere Mitarbeiter möglichst lang im Unternehmen zu halten, sie zu motivieren, gesund zu halten und fortzubilden – und zwar im besten Fall länger, als es das Gesetz vorsieht. Ein verlängertes Arbeitsleben ist aber auch für viele Menschen notwendig, weil ihnen die Altersarmut droht.[3]

[3]In den kommenden Jahren und Jahrzehnten ist ein deutlicher Anstieg der Altersarmut zu erwarten, insbesondere bei Geringverdienern mit längeren Phasen von Unterbeschäftigung und Arbeitslosigkeit, bei Älteren mit Migrationshintergrund, bei allein lebenden alten Frauen sowie bei chronisch kranken Menschen. Langfristig ist der Altersarmut über eine Gestaltung der Arbeitsmärkte und Beschäftigungsformen zu begegnen (vgl. BMFSF 2017, S. 286).

Lebensphasenorientierte Personalpolitik

Durch die längere Lebensarbeitszeit vergrößert sich auch die Vielfalt der persönlichen Lebenssituationen, in denen sich die Beschäftigten befinden. Jede Lebensphase bedingt spezielle Bedürfnisse, Verletzlichkeiten und Anforderungen, die sich auch im Berufsleben auswirken. Das kalendarische Alter ist aber nur einer von vielen Aspekten einer Lebensphase.

Einen Überblick über die verschiedenen Faktoren, die eine Lebensphase beeinflussen können, gibt Abb. 2.1.

Jüngere Mitarbeiter, die sich in der „Rushhour des Lebens" befinden, wünschen sich vielleicht eine Entzerrung dieses Lebensstaus, ältere Beschäftigte wünschen sich vielleicht mehr Zeit für ihre pflegebedürftigen Eltern oder für private Kontakte.

Eine lebensphasenorientierte Personalpolitik berücksichtigt diese Bedürfnisse und sorgt so für gesunde, zufriedene und motivierte Mitarbeiter. Ein Beispiel: Wenn privat belastete Beschäftigte zeitweilig ihre Arbeitszeit reduzieren, verringert sich der Stress, den Zeitdruck und Betreuungsprobleme verursachen. Sie können sich während der Arbeitszeit dann besser auf ihre Tätigkeit konzentrieren, ohne das Gefühl zu haben, sich wie ein Hamster im Rad zu drehen.

Außerdem kann lebensphasenorientierte Personalpolitik dazu führen, dass sich Arbeitnehmer als ganze Person wahrgenommen fühlen, und nicht nur als Arbeitskraft. Diese Wertschätzung ist für viele Menschen ein wichtiger Faktor für Arbeitszufriedenheit. Insofern kann sich eine lebensphasenorientierte Personalpolitik für alle Seiten lohnen (vgl. Rump et al. 2017, S. 37 f.).

Eine lebensphasenorientierte und damit familienfreundliche Personalpolitik ist übrigens eine wichtige Rekrutierungsstrategie. Sie erleichtert die Gewinnung, Bindung und Förderung von Mitarbeitern. Denn die begehrten Fachkräfte werden bei der Wahl ihres Arbeitgebers und auch nach ihrer Einstellung mit Sicherheit darauf achten, ob ihre Bedürfnisse hinsichtlich des individuellen Lebens und Arbeitens verwirklicht und im Laufe der Zeit angepasst werden können.

Weil heutzutage immer mehr Menschen eine sinnstiftende, erfüllende Arbeit mit guter Work-Life-Balance suchen, in der sie sich im Idealfall auch persönlich entfalten können (Kap. 4), müssen Unternehmen hier ebenfalls entsprechende Rahmenbedingungen schaffen, um die (neuen) Mitarbeiter anzuziehen, zu motivieren und zu halten.

Dabei entsteht ein Spannungsfeld: Einerseits sollten Beschäftigungsmodelle möglichst individuell auf die Mitarbeiter zugeschnitten sein; andererseits ist das in der Realität oft gar nicht umsetzbar (vgl. Rump et al. 2017, S. 37 f.). Hier gilt es, immer wieder im Gespräch mit den Mitarbeitern zu bleiben, transparent auch die eigenen (Unternehmens-)Grenzen zu kommunizieren und gemeinsam eine (Kompromiss-)Lösung zu finden, mit der alle Beteiligten leben können.

Arbeitsfähigkeit aller Generationen (präventiv) fördern

Jeder Arbeitgeber muss rechtliche Regelungen zum Arbeits- und Gesundheitsschutz beachten – so sehen es das Arbeitsschutzgesetz und das Arbeitssicherheitsgesetz vor. Doch auch über die gesetzlichen Mindeststandards hinaus sollten Arbeitgeber den Gesundheitsschutz ihrer

Mitarbeiter im Blick behalten. Gerade angesichts des demografischen Wandels können es sich viele Unternehmen nicht leisten, gute und erfahrene Mitarbeiter aus gesundheitlichen Gründen zu verlieren. Hier besteht großer Handlungsbedarf, denn rund die Hälfte aller Über-50-jährigen leidet an einer oder mehreren chronischen Krankheiten, die oft aus langfristigen (beruflichen) Fehlbelastungen entstehen. Viele scheiden aus gesundheitlichen Gründen vorzeitig aus dem Berufsleben aus (vgl. BMAS 2018, S. 8).

Hier können Unternehmen ansetzen und präventive sowie akute Maßnahmen ergreifen, um beeinträchtigte Mitarbeiter im Rahmen ihrer Möglichkeiten zu fördern und gesunde Mitarbeiter vor Fehlbelastung zu schützen.

Natürlich gibt es Grenzen: Wie gesund jemand ist, hängt beispielsweise auch von seinen genetischen Vorbedingungen und seinem Lebensstil ab. Wenn diese Voraussetzungen berücksichtigt und möglichst verschiedene Ansätze zum Gesundheitsmanagement verfolgt werden, ist jedoch eine gute Basis für die Beschäftigungsfähigkeit aller Mitarbeiter gegeben (vgl. BMAS 2018, S. 8 f.).

2.1.2 Technisch-ökonomische Entwicklungen

Digitalisierung

Es ist unleugbar: Die Digitalisierung hat unser Leben und unsere Art zu arbeiten nachhaltig verändert – und sie wird es höchstwahrscheinlich auch in Zukunft tun. Die zunehmende Vernetzung und Kooperation von Mensch und Maschine ändert nicht nur die Art, wie wir arbeiten, sondern schafft auch ganz neue Produkte und Dienstleistungen. Wir sprechen von „Arbeiten 4.0“[4], wenn wir die neue Art der Arbeit meinen, die durch die Digitalisierung und Dynamisierung geprägt ist. Weil die Veränderungen der Arbeitswelt so gravierend sind ist auch gelegentlich von einer „organisatorischen Revolution“ die Rede.

Wie sieht unsere digitale Zukunft aus?

Nahezu jede Organisation stellt sich diese Frage. Wie die jeweiligen Antworten darauf ausfallen, hängt von vielen verschiedenen Faktoren ab. Bei der Suche nach Antworten dürfen Unternehmensverantwortliche jedoch nicht erwarten, dass sie am Ende des Prozesses alles perfekt verstanden und umgesetzt haben werden. Vielmehr sollte es um Training, Beobachtung und einen kontinuierlichen Lernprozess gehen. Wie im Sport kann nur derjenige im digitalen Wettbewerb bestehen, der regelmäßig trainiert.

[4] Arbeiten 1.0 meint die beginnende Industriegesellschaft und die ersten Organisationen von Arbeitern. Arbeiten 2.0 meint die beginnende Massenproduktion und die Anfänge des Wohlfahrtsstaates am Ende des 19. Jahrhunderts. Arbeiten 3.0 meint die Zeit der Konsolidierung des Sozialstaats und der Arbeitnehmerrechte auf Grundlage der Sozialen Marktwirtschaft.

Niemand versteht die Digitalisierung, da sie ein hochgradig komplexer und kleinteiliger Prozess ist, der noch dazu einem konstanten Wandel unterliegt. In keinem Fall sollte die Digitalisierung als einmaliges Projekt mit Projektabschluss verstanden werden (vgl. Mittelstand 4.0-Agentur Kommunikation 2017, S. 25).

Über die Auswirkungen der Digitalisierung könnte man ganze Bücher füllen. Doch da der Fokus dieses Buches auf der alter(n)sgerechten Führung liegt, würde eine ausführliche Diskussion eindeutig zu weit führen. Stattdessen möchte ich nur einen groben Überblick bieten.

Wir können hier (analog zu Rump et al. 2017, S. 11 ff.) vier Ebenen des Systems Arbeit unterscheiden, die durch die Digitalisierung beeinflusst werden. Diese Ebenen sind allerdings nicht immer trennscharf gegeneinander abzugrenzen. Trotzdem hilft es uns, sie in den Blick zu nehmen und zu fragen, wie sich die Digitalisierung darauf auswirkt.

Daraus ergeben sich Fragen zur Selbst- und Mitverantwortung hinsichtlich der Arbeitsorganisation, Beschäftigungs- und Arbeitsmodelle, Arbeitsräume, Hierarchien, Qualifikations- und Kompetenzanforderungen, Ausbildungsberufe, Mitarbeiterbindung, Personalentwicklung, Vereinbarkeit oder Entgrenzung von Arbeits- und Berufsleben und viele mehr (vgl. Rump und Eilers 2017, S. 80). In Kap. 3 und 4 erhalten Sie immer wieder Anregungen und Denkanstöße hierzu.

Die Mikroebene Hier geht es um die Frage, welche Auswirkungen die Digitalisierung auf den einzelnen *Mitarbeiter* hat, so beispielsweise die veränderten Arbeitsbedingungen, -strukturen und -prozesse. Oft sind Arbeitsverdichtung, steigende Komplexität und eine höhere Arbeitsgeschwindigkeit die Folge. Auch die Rolle und der Stellenwert, die Maschinen im Arbeitsalltag einnehmen, ändern sich oft: Möglicherweise dienen sie der (körperlichen) Entlastung, vielleicht werden sie aber auch eher als Belastungsfaktor wahrgenommen, z. B. weil ihre Bedienung mit einseitiger Belastung bei erhöhtem Arbeitstempo verbunden ist. In vielen Organisationen wirkt sich die Digitalisierung auch auf die Arbeitszeit und die Wahl des Arbeitsorts aus: Daraus kann sich eine bessere Vereinbarkeit von Berufs- und Privatleben ergeben, aber auch zusätzlicher Stress durch den Zwang zur permanenten Erreichbarkeit (vgl. Rump et al. 2017, S. 12 f.).

Denkanstoß

Sicher hat die Digitalisierung auch in Ihrer Organisation gravierende Auswirkungen auf Arbeitsprozesse und -bedingungen. Welche erleben Sie als positiv? Wann empfinden Sie sie als negativ?

Wissen Sie, wie Ihre Mitarbeiter darüber denken?

Die Mesoebene Hier geht es um die einzelnen *Unternehmen.* Die Digitalisierung verändert Geschäftsmodelle, Wertschöpfungsketten und die strategischen Kooperationen entlang der Wertschöpfungskette. Die Themen Big Data (Gewinnung und Nutzung großer Datenmengen) und Datensicherheit spielen eine zentrale Rolle. Durch die Digitalisierung entstehen auch Kosten: Oft bedarf es einer neuen technischen Ausstattung und einer Investition in Innovationen, um erfolgreich zu bleiben. Immer wieder müssen auch Prozesse angepasst werden. Vermutlich werden immer mehr Prozesse maschinell abgewickelt. Eine weitere Folge der organisatorischen Revolution besteht darin, dass Hierarchien in vielen Unternehmen flacher werden (Abschn. 2.2.1) und agile Organisationsformen eine größere Rolle spielen (vgl. Rump et al. 2017, S. 13 ff.).

Die Makroebene Hier geht es um *arbeitsmarktpolitische und volkswirtschaftliche Aspekte.* Vor allem müssen Ausbildungsinhalte und Berufsbilder immer wieder angepasst werden. Durch die Digitalisierung ergeben sich auch Beschäftigungseffekte: Die Anforderungen an Qualifikationen und Kompetenzen ändern sich; lebenslanges Lernen spielt eine immer größere Rolle. Zudem werden voraussichtlich viele neue Berufsbilder entstehen, andere werden wegfallen. Gerade sehr monotone und reizarme Berufe werden zukünftig eher von Maschinen ausgeführt (vgl. Rump et al. 2017, S. 15 ff.).

Die Metaebene Hier geht es um *gesellschaftliche, politische und rechtliche Rahmenbedingungen.* Die Digitalisierung bereitet vielen Menschen Sorgen. Arbeitgeber, Sozialpartner und die Politik sind daher gefordert, Informationen über die Auswirkungen der Digitalisierung bereitzustellen, um so der Verunsicherung entgegenzuwirken. Rechtliche Regelungen und Strukturen müssen an die veränderten Beschäftigungsverhältnisse und Arbeitsform angepasst werden. Auch die Anforderungen an Sozialpartnerschaft verändern sich: Statt allgemeingültiger Tarifverträge werden in Zukunft vermutlich eher Mindeststandards festgelegt, die durch modulare Regelungen individuell ergänzt werden (vgl. Rump et al. 2017, S. 18).

Wissensgesellschaft
Immer wieder ist im Zusammenhang mit Arbeit 4.0 und Digitalisierung von der sogenannten Wissensgesellschaft die Rede. Tatsächlich wird Wissen immer wichtiger: In den meisten Berufen rücken geistige, wissensbasierte und kommunikative Tätigkeiten in den Vordergrund. Dementsprechend steigen die Anforderungen an die fachlichen und sozialen Kompetenzen der Beschäftigten. Weil Wissen aber heutzutage auch schnell veraltet, muss es immer wieder aktualisiert werden.

Stärken und Talente der Mitarbeiter – auch der älteren Mitarbeiter – werden in Zukunft noch mehr gefördert werden (müssen). Wie das konkret funktionieren kann und welche Rolle Sie als Führungskraft dabei spielen, können Sie in Abschn. 3.2 nachlesen.

Unternehmen sind hier gefordert, ihren Mitarbeitern die entsprechenden Rahmenbedingungen zu geben (regelmäßige Fortbildungsangebote, lernförderliche Umgebung etc.). Aber auch jeder Einzelne sollte seine individuellen Kompetenzen immer wieder selbstverantwortlich und mitverantwortlich (Abschn. 2.3) überprüfen und gegebenenfalls erweitern. Ebenso relevant wie das Lernen ist es, Wege zu finden, um Wissen weiterzugeben. Das ist auch deshalb wichtig, weil in den folgenden Jahren viele Mitarbeiter der geburtenstarken Jahrgänge aus dem Berufsleben ausscheiden werden und damit (Erfahrungs-)Wissen das Unternehmen verlässt.

Lernen im beruflichen Bereich bezieht sich übrigens nicht nur auf fachliche und soziale Kompetenzen, sondern zunehmend auch auf das Wissen, wie Gesundheit und Arbeitsfähigkeit langfristig erhalten werden können.

Veränderung als Normalzustand

Der Wandel der Arbeitswelt vollzieht sich bereits seit einigen Jahren, doch ein Ende ist nicht in Sicht, vielmehr beschleunigt er sich immer mehr. Die Veränderung wird sozusagen zum Normalzustand. Weil sich Kundenwünsche ändern, müssen Unternehmen flexibler reagieren, indem sie ihre Prozesse, Strategien und Strukturen anpassen. Und weil Unternehmen flexibler reagieren müssen, müssen sich auch die Belegschaften immer wieder auf Neuerungen einstellen und sich anpassen – räumlich, zeitlich und strukturell. Das ist eine Herausforderung für Arbeitgeber und Arbeitnehmer gleichermaßen. Was der stetige Wandel für die Mitarbeiter bedeutet, muss auch im Hinblick auf die Zunahme psychischer Überforderungen in den Betrieben in den Blick genommen werden (Abschn. 2.2 und 3.1).

Der Notwendigkeit von Veränderungen steht das Bedürfnis nach Verlässlichkeit und Stabilität gegenüber. Wie wir auf Veränderungen reagieren, hängt von vielen verschiedenen Faktoren ab: von unserer Persönlichkeit (Kap. 2 und 3; Abschn. 4.1), von dem Sinn, den wir einer Veränderung zuschreiben, und auch davon, wie vertraut wir mit bestimmten Prozessen oder Dingen sind. Je ausgetretener (mentale) Pfade sind, umso schwieriger wird es für uns, sie zu verlassen (vgl. Rump et al. 2017, S. 21). Das heißt für Sie als Führungskraft: Sie werden mit Mitarbeitern konfrontiert sein, die sich mit Veränderungen sehr schwertun. Sie können sie unterstützen, indem Sie feste Orientierungsanker und Bezugspunkte geben.

Studien haben ergeben, dass die Veränderungsbereitschaft maßgeblich von vier Faktoren abhängt (vgl. Stegmaier et al. 2016, S. 538):

- Teilnahme am Veränderungsprozess,
- Vertrauen in die Führung,
- Sinnhaftigkeit der Veränderung und
- ein erweiterter Handlungsspielraum.

Dieses Wissen können Sie im Führungsalltag nutzen, um die Beschäftigten in Veränderungsprozessen „mitzunehmen“: Erklären Sie, warum gewisse Veränderungen anstehen, welche Ziele damit verfolgt werden, welche Maßnahmen dafür notwendig sind. Gehen sie als positives, vertrauenswürdiges Vorbild voran. Versuchen Sie – sofern möglich – den Beschäftigten Entscheidungsspielräume zu geben (Abschn. 2.2). Bildlich ausgedrückt: Wenn es Wegweiser und Wegmarkierungen gibt, können Menschen die ausgetretenen Pfade verlassen und beherzt neue Wege beschreiten.

Das ist in der Praxis nicht immer leicht umzusetzen, denn in vielen Fällen werden Führungskräfte ebenfalls von Veränderungen überrascht, oder sie wissen selbst nicht genug über den anstehenden Change-Prozess (vgl. Rump et al. 2017, S. 22). Ziel sollte es sein, dass Führungskräfte über Veränderungen informiert werden und auch der Weg zum Ziel und die damit verbundenen Probleme benannt werden. Führungskräfte benötigen Unterstützung in der Kommunikation von Veränderungen.

Arbeitsverdichtung und Komplexität

Durch die Digitalisierung werden Arbeitsprozesse beschleunigt, die zu verarbeitende Informationsmenge nimmt zu. Arbeitsprozesse werden heutzutage immer komplexer. Das kann Vor- und Nachteile haben: Überschaubares, Einfaches scheint oft nicht mehr gegeben. Starre Prozesse und Abläufe werden immer stärker aufgelöst. Dementsprechend werden eigenverantwortliches Handeln und Selbstorganisation immer wichtiger (vgl. BMAS 2013, S. 8). Auch das kann für Beschäftigte herausfordernd sein.

Zu der Komplexität kommt oft eine **Leistungsverdichtung** hinzu. Diese entsteht im Berufsleben vor allem dann, wenn Arbeitsplätze abgebaut werden oder vakante Stellen nicht neu besetzt werden. Gleiches gilt, wenn Beschäftigte – beispielsweise durch interne Umstrukturierung – plötzlich mehrere Aufgaben gleichzeitig übernehmen müssen. Dadurch müssen Arbeitnehmer in der gleichen Zeit mehr leisten als zuvor. Das heißt, ihre Leistung „verdichtet“ sich.

Denkanstoß

Wie beurteilen Sie den Umgang mit den wechselnden Anforderungen, denen Ihre Mitarbeiter ausgesetzt sind? An welcher Stelle ist die Arbeit durch flexible Prozesse mit hohem, komplexem Wissensgehalt interessanter geworden? Welche Aspekte der Arbeitsverdichtung überfordern? (Abschn. 4.2.3, Leistungsdruck)

2.1.3 Gesellschaftliche Entwicklungen

Diversität – Individualisierung – Wertewandel

Während sich die Menschen früher sehr stark über ihre Religion, ihren Herkunftsort, ihre Geschlechtszugehörigkeit oder ihre soziale Schicht identifiziert haben, lösen sich diese Bindungen zunehmend auf. Menschen definieren sich selbst also weniger über die Gruppe, der sie angehören (Nation, Religion, Herkunftsort etc.), als vielmehr über ihre Einzigartigkeit. Es gibt immer unterschiedlichere Lebensentwürfe. Hier spricht man von Individualisierung.

Wer den eigenen Bedürfnissen und Interessen folgt, lebt freier als jemand, dessen Leben fremdbestimmt ist. Andererseits muss er auch größere Eigenverantwortung tragen, denn er muss aus der Vielzahl der Möglichkeiten diejenige aussuchen, die für ihn die beste zu sein scheint. Das kann zu Unsicherheit führen und erfordert in jedem Fall deutlich mehr Nachdenken über das eigene Leben und alles, was damit verbunden ist. Ohne einen Orientierungsrahmen, der zu den persönlichen Werten passt, kann man schließlich nicht zufrieden oder glücklich leben (Abschn. 2.3).

Die Vielfalt an Bedürfnissen, Normen und Werten kann aber auch das Zusammenleben und -arbeiten mit anderen erschweren. Verschiedene Meinungen und Lebensmodelle müssen zugelassen werden. Immer wieder gilt es, den anderen im Anderssein „auszuhalten“. Dazu ist – im Vergleich zu früher – mehr soziale Kompetenz erforderlich.

Da es eine Tendenz zu alternden Belegschaften gibt und sich gerade reifere Menschen immer stärker voneinander unterscheiden (weil sie im Laufe ihres Lebens zahlreiche Erfahrungen gemacht haben, die sie unterschiedlich prägen), gewinnt der Begriff der Mitarbeitergenerationen an Bedeutung. Wie gut die Zusammenarbeit innerhalb einer Abteilung oder innerhalb eines Unternehmens gelingt, hängt auch davon ab, wie konstruktiv die verschiedenen Mitarbeitergenerationen zusammenarbeiten. Hier ergibt sich aber auch eine schöne Chance, dem Trend entgegenzuwirken, dass Generationen unter sich bleiben.

Damit die Zusammenarbeit mit vielen verschiedenen Menschen möglichst reibungslos funktioniert, muss man sich zunächst einmal dieser Vielfalt bewusst werden. Das heißt: Man muss verstehen und akzeptieren, dass sich Beschäftigte in unterschiedlichen Lebenssituationen befinden und diverse soziale und kulturelle Hintergründe haben, die sich auf die gemeinsame Arbeit auswirken. Wichtige Voraussetzung hierfür ist übrigens die Offenheit (Abschn. 4.2.4) – eine Tugend, die besonders im Älterwerden gepflegt werden sollte. Ältere Menschen, die sich trotz ihres Lebenswissens Offenheit bewahrt haben, werden häufig besonders geschätzt, auch von den Jüngeren. Wie eine „Brücke der Generationen" in der Praxis aussehen kann und wessen es dazu bedarf, ist Gegenstand von Abschn. 4.2.4.

Wenn die Vielfalt akzeptiert wird, bietet sie enorme Chancen: Verschiedene Menschen können einander sinnvoll in ihren Potenzialen ergänzen. Denn Studien ergeben, dass gemischte Teams oft bessere Arbeit leisten als homogene Gruppen. Das gilt nicht nur im Hinblick auf die Geschlechter, sondern auch in Bezug auf das Alter.

Denkanstoß

Vergleichen Sie sich mit anderen Menschen in Ihrem Alter.

Erleben Sie häufig große Unterschiede?

Wodurch sind die Unterschiede möglicherweise gegeben?

Wo erleben Sie (menschliche) Vielfalt in Ihrer Arbeitsumgebung?

Erleben Sie persönlich eine Bereicherung durch die Vielfalt Ihrer Mitarbeiter? Wenn ja, ist das an bestimmte Voraussetzungen (z. B. Offenheit und Wertschätzung unter den Mitarbeitern) geknüpft?

Wann ergeben sich in Ihrer beruflichen Umgebung Differenzen aus der Vielfalt? Welche spontanen Ideen haben Sie zur nachhaltigen Lösungen mancher Konflikte? Welche innere Haltung müsste bei Ihren Mitarbeitern gegeben sein?

Lesen Sie Abschn. 3.1.2.3 und Kap. 4. Hier finden Sie weitere Anregungen zum gelingenden Miteinander Ihrer Mitarbeiter.

Wertewandel und neue Lebensformen

Individuelle Werte und Erwartungen ändern sich im Laufe eines Lebens, sie werden aber auch von äußeren Faktoren (gesellschaftlicher Wandel, wirtschaftliche Bedingungen) bestimmt. In den westlichen Industrieländern lässt sich beispielsweise beobachten, dass materielle Werte immer unwichtiger werden: Das Streben nach Wohlstand steht nicht mehr im Vordergrund. Das liegt unter anderem daran, dass viele Menschen bereits einen hohen Lebensstandard genießen und nicht mehr auf eine materielle Sicherheit hinarbeiten müssen. Stattdessen stehen Selbstverwirklichung und Sinnhaftigkeit des Handelns im Mittelpunkt (vgl. Bundeszentrale für politische Bildung [bpb] et al. 2016, S. 417).

Das wirkt sich auch auf die Arbeitswelt aus: Unabhängig von ihrem Alter oder ihrer sozialen Schicht nehmen viele Menschen den Alltag als Stress wahr, bei dem das Wesentliche des Lebens in den Hintergrund gerät. Daher streben sie danach, ausreichend Zeit für sinnvolle oder schöne Dinge zu haben; das wird als wesentlicher Bestandteil von Lebensqualität gesehen.

Vor allem jüngere Menschen haben andere Erwartungen an ihren Beruf, als das noch vor einigen Jahrzehnten der Fall war. Sie achten zunehmend auf eine ausgewogene Work-Life-Balance. Ihre Tätigkeit soll möglichst sinnvoll sein. Sie wollen außerdem die Möglichkeit haben, Dinge mitzugestalten und sich zu entfalten. (Vgl. BMAS 2016, S. 46) Selbstbestimmung spielt für Beschäftigte jeden Alters eine immer größere Rolle. Frauen und Männer teilen sich immer öfter die Kinderbetreuung und wünschen sich individuelle Arbeits(zeit)modelle, die zu ihrer Situation passen. In diesem Zusammenhang kann auch ein Wertewandel hin zur Gleichstellung von Frau und Mann (Emanzipation) genannt werden. Sie schreitet merklich – wenn auch langsam – voran. Für die Gestaltung von Eltern- und Erziehungszeit bringt das neue Herausforderungen mit sich. Auch ältere Mitarbeiter – die sich beispielsweise um hochbetagte Eltern kümmern – streben nach flexiblen Modellen, die ihre Bedürfnisse berücksichtigen. Hier setzt lebensphasenorientierte Personalpolitik an (Abschn. 2.1.2 und 4.2.2).

2.1.4 Der Wandel der Arbeitswelt als Herausforderung und Chance

Was lässt sich aus all dem schließen? Die Welt verändert sich. Daran lässt sich nichts ändern. Umso wichtiger ist es, angemessen auf die Veränderungen zu reagieren. Das betrifft jeden Einzelnen von uns, aber auch Unternehmen und Organisationen.

Die demografische Entwicklung stellt die Unternehmen vor neue Herausforderungen: Alternde Belegschaften, eine längere Lebensarbeitszeit und die Verknappung von Nachwuchskräften erfordern veränderte Rahmenbedingungen und einen wertschätzenden, offenen Umgang der verschiedenen Generationen miteinander. Differenzierte Generationenbilder sind eine wichtige Basis dafür.

Die technisch-wirtschaftliche Entwicklungen, allen voran die Digitalisierung, verändern die Arbeitswelt nachhaltig. In Zeiten der Arbeit 4.0 wird vieles leichter, andererseits sind Beschäftigte einer zunehmenden Arbeitsverdichtung ausgesetzt, die Komplexität steigt, die Anforderungen oft auch. Hier ist es oft die herausfordernde Aufgabe der Führungskräfte, mitverantwortlich einen Blick darauf zu haben, wo die Beschäftigten Schwierigkeiten haben oder überfordert sind, wo Lernbedarf besteht und wie die Motivation und die Arbeitsfähigkeit aufrecht erhalten bleiben können (Kap. 3). Zugleich ist jeder Einzelne gefordert, in seiner Selbstverantwortung zu fragen: Was kann ich tun, um in der sich verändernden (Arbeits-)Welt gesund, qualifiziert und motiviert zu bleiben? (Abschn. 2.3)

Nicht zuletzt spielen auch gesellschaftliche Veränderungen eine große Rolle bei dem Wandel der (Arbeits-)Welt. Infolge der Individualisierung, Diversität und des Wertewandels sind Arbeitgeber gefordert, ihren bestehenden Beschäftigten und potenziellen neuen Mitarbeitern etwas zu bieten, um sie langfristig an sich zu binden. Worin dieses Etwas besteht, kann ganz unterschiedlicher Natur sein, denn die Bedürfnisse und Wünsche an den Arbeitgeber werden – ebenso wie die Belegschaften – immer diverser. Lebensphasenorientierte Arbeitsmodelle können hier helfen und dem weitverbreiteten Wunsch nach Work-Life-Balance entgegenkommen.

Denkanstoß

Was hat sich im Laufe Ihres Arbeitslebens verändert?

Wo sind Sie heute mehr als früher gefordert, nach sich selbst zu schauen?

Was ist einfacher geworden?

Wie wirkt sich das veränderte Arbeitsleben auf die beruflichen Beziehungen aus?

2.2 Führung im Wandel

Führung ist so spannend und herausfordernd wie nie zuvor. Einerseits gilt es, in Bewegung zu bleiben, um mit den diversen Trends und rasanten Veränderungen Schritt zu halten, andererseits besteht die Notwendigkeit, dabei die Balance nicht zu verlieren. Bei dieser wichtigen Aufgabe müssen Führungskräfte nicht nur ihre Mitarbeiter, sondern auch sich selbst im Blick behalten.

Die in Abschn. 2.1 beschriebenen Megatrends stellen gerade Führungskräfte vor große Herausforderungen, denn es eröffnen sich zahlreiche Spannungsfelder. Unter anderem stellen sich die folgenden Fragen (vgl. Rump et al. 2017, S. 19):

- Was ist es wert, bewahrt zu werden, was sollte verändert werden?
- Wie viel Präsenzzeit am Arbeitsplatz ist erforderlich? Welchen Stellenwert nimmt mobile Arbeit ein?
- Wann und wie lange müssen die Beschäftigten erreichbar sein, wenn sie nicht am Arbeitsplatz sind? Wann wird die Erreichbarkeit zur Belastung?
- Wie sieht das Verhältnis von Privat- und Berufsleben der Beschäftigten aus?

Tab. 2.2 Transaktionaler und transformationaler Führungsstil im Vergleich. (Nach Rump et al. 2017, S. 43)

Prinzipien der transaktionalen Führung	Prinzipien der transformationalen Führung
Ziele setzen	Als Vorbild handeln
Leistungen kontrollieren	Inspirieren
Systematisches Feedback geben	Fördern
Anreize gestalten	Entwickeln

- Wie können die jüngere Mitarbeitergeneration und die ältere Mitarbeitergeneration gut zusammenarbeiten und einander in ihren Potenzialen ergänzen?
- Wann ist ein transaktionaler Führungsstil erforderlich, wann ein transformationaler Führungsstil (Tab. 2.2)?

Der Wandel der Arbeitswelt lässt viele Fragen offen. Das sorgt für Unsicherheit. Viele Arbeitnehmer fragen sich beispielsweise, wie ihre berufliche Zukunft aussehen wird, oder weshalb altbewährte Prozesse plötzlich verändert werden. Sie stehen Veränderungsprozessen daher manchmal skeptisch gegenüber. Doch ohne den motivierten Einsatz der Beschäftigten kann kein Unternehmen die Herausforderungen der Arbeitswelt 4.0 meistern.

So entsteht ein Spannungsfeld, das nur durch eine mitarbeiterorientierte Unternehmenskultur aufgelöst werden kann. Es gilt, die Zukunftsängste der Beschäftigten zu mindern und ihnen den Sinn und die übergeordneten Ziele der Veränderungsprozesse so nahezubringen, dass sie den Wandel akzeptieren oder – besser noch – aktiv mittragen.

Führungskräften wie Ihnen kommt dabei eine zentrale Rolle zu. Die Anforderungen gehen dabei weit über die rein fachliche Führung hinaus. Sie müssen auch den Zusammenhalt im Team stärken (soziale Führung) und jeden einzelnen Mitarbeiter in seiner Entwicklung fördern (disziplinarische Führung). **Das ist herausfordernd.** Zugleich sehen es viele Führungskräfte als bereichernd an, wenn ihr Einfluss dazu beiträgt, dass das tägliche Miteinander gelingt, dass die Beschäftigten zufrieden sind und dass Veränderungsprozesse gelingen.

Ob das funktioniert, hängt auch davon ab, inwiefern Sie Mitverantwortung (Abschn. 2.3) für Ihre Mitarbeiter übernehmen. Wenn das gelingt, vertrauen die Beschäftigten (eher) darauf, dass sie gemeinsam mit Ihnen den Wandel meistern können.

„Von Führungskräften werden, vereinfacht ausgedrückt, drei Kompetenzfelder angefordert: Fach-, Methoden- und Sozialkompetenz. Die beiden ersten Kompetenzen lassen sich dem Bereich Management zuordnen, die dritte dem Bereich

Leadership“ (Ott 2011, S. 230). Viele Führungskräfte legen den Fokus verstärkt auf die ersten beiden Kompetenzen und vernachlässigen darüber ein wenig die dritte. An dieser Stelle, bei der sozialen Kompetenz, setzt das vorliegende Buch an. Angesichts der vielen Herausforderungen des Alltags scheint soziale Begleitung der Beschäftigten nachrangig zu sein. Keine Frage: Es ist nicht leicht, im alltäglichen Berufsstress auch dafür Zeit zu finden. Trotzdem lohnt es sich. Denn wenn die Mitarbeiter sich verstanden und „mitgenommen“ fühlen, werden sie engagierter und mit mehr Energie arbeiten. Außerdem können so unnötiger Ärger, Missverständnisse und Misstrauen vermieden werden. Die Mitarbeiter finden dann eher Sinn in ihrer Arbeit und in den Arbeitsbeziehungen (Abschn. 3.3).

Das zeigt: Die menschliche (soziale und disziplinarische) Führung ist oft wichtiger, aber auch herausfordernder als die rein fachliche Führung. Denn Führungskräfte tragen nicht nur Sach- und Projektverantwortung; sie müssen in gewisser Hinsicht immer auch Gesundheitsmanager, Coaches, Lernbegleiter u. v. m. (Abschn. 2.2.4) für ihre Mitarbeiter sein.

Eine wichtige Grundlage dieser menschlichen Dimension des Führens besteht darin, dass sich Vorgesetzte wie Sie über die folgenden Aspekte Gedanken machen:

- **Arbeitsfähigkeit:** Was erhält die Arbeitsfähigkeit Ihrer Mitarbeiter, was beeinträchtigt sie? (Kap. 3)
- **Vielfalt:** Wie können Sie produktiv mit Vielfalt umgehen? Wie können sich die Fähigkeiten und Talente Ihrer Mitarbeiter ergänzen? (Kap. 4)
- **Kommunikation:** Was zeichnet gute Kommunikation (Abschn. 2.2.3) im Arbeitsalltag aus? Wie wichtig ist Kommunikation für die Zusammenarbeit und das Erreichen gemeinsamer Ziele?
- **Rollen:** Welche Rollen nehmen Sie als Führungskraft ein (Abschn. 2.2.4), und welche Aufgaben sind damit jeweils verbunden?
- **Generationenbilder:** Welche Vorstellungen haben Sie von den verschiedenen Mitarbeitergenerationen? Welche Potenziale, Bedürfnisse, Werte und Einstellungen haben sie? Worauf basiert Ihre Einschätzung? Was können Sie tun, um die jeweiligen Mitarbeitergenerationen zu unterstützen und zu fördern? (Kap. 4)
- **Wissen:** Wie lässt sich lebenslanges Lernen gestalten? Was benötigen ältere Arbeitnehmer, um ihr Wissen weiterzugeben? (Abschn. 3.2 und 4.1.3)
- **Work-Life-Balance:** Was zeichnet Ihrer Meinung nach ein ausgewogenes Verhältnis von Arbeit und Privatleben aus? Weshalb ist es so wichtig? (Abschn. 3.1.2)
- **Lebensphasenorientierte Arbeit:** Welche Rahmenbedingungen benötigt es, damit die Lebenssituation Ihrer Mitarbeiter immer wieder neu berücksichtigt werden kann? (Abschn. 4.2.2)

Denkanstoß

Haben Sie sich schon einmal Gedanken über diese „großen" Fragen gemacht? Welche spontanen Ideen fallen Ihnen dazu ein, bevor Sie die entsprechenden Kapitel gelesen haben? Möchten Sie Ihre Liste nach dem Lesen noch einmal erweitern?

Welche Rolle spielt die soziale/menschliche Dimension der Führung in Ihrem Arbeitsalltag?

Wie schwer die Mitverantwortung der Führungskräfte (Abschn. 2.3) für ihre Mitarbeiter zu realisieren ist, zeigt eine INQA-Studie aus dem Jahr 2013, für die 400 Tiefeninterviews mit Führungskräften aus Deutschland geführt wurden. Das Ergebnis: Eine große Mehrheit der Befragten sieht starke Unterschiede zwischen den Anforderungen an eine gute Führungskraft und der tatsächlichen Führungspraxis in Deutschland. (Vgl. INQA 2014, S. 10)

Kurz gesagt: Die Arbeitswelt steckt mitten in einem Prozess des Wandels, der gerade für Führungskräfte nicht leicht ist. Die Rahmenbedingungen müssen oft noch ausgestaltet und geregelt werden. Hier gilt es, den Mut nicht zu verlieren und die Bereitschaft zu zeigen, in diesem Prozess konstruktiv mitzuwirken. Auch wenn äußere Rahmenbedingungen wenig Raum für soziale Führung lassen, können Führungskräfte etwas tun, um die Mitarbeiter mitverantwortlich zu begleiten: Wichtig ist vor allem der direkte Kontakt (Abschn. 2.2.3) zu den Beschäftigten. Sprechen Sie über Ziele, Bedürfnisse und Erwartungen. Das schafft Vertrauen. Konkrete Anregungen finden Sie in Kap. 3 und 4.

Demokratisierung der Führung

Die Anforderungen, die an Führungskräfte gestellt werden, sind oft zu vielfältig und zu umfangreich, als dass eine einzige Person allen Ansprüchen genügen kann. Hier hilft es, die Perspektive zu wechseln und die Anforderungen auf mehrere Personen aufzuteilen. Wenn die entsprechenden Kompetenzen in der Abteilung oder im Führungsteam vorhanden sind, können einzelne Aufgaben, Befugnisse oder Handlungsfelder delegiert werden und Mitarbeiter in Entscheidungs(findungs)prozesse miteinbezogen werden. Man spricht hierbei von der Demokratisierung der Führung. (Vgl. Rump et al. 2017, S. 45 f.) Sie ist eng verbunden mit dem Streben nach geringeren Hierarchien und Zusammenarbeit auf Augenhöhe, flachen Strukturen und einer agilen Organisationsform.

Damit die Demokratisierung der Führung gelingt, müssen die Beschäftigten bereit und fähig sein, selbst zusätzliche (Führungs-)Aufgaben und Verantwortung zu übernehmen sowie an Entscheidungsprozessen mitzuwirken. Das ist nicht selbstverständlich gegeben. Möglicherweise geraten einzelne Mitarbeiter im Wandel der Arbeitswelt an ihre Leistungsgrenzen; ein Job Enrichment kann dann zu Überlastung führen. Hier setzen Empowerment-Strategien an, mit denen die Mitarbeiter in ihrer Selbstkompetenz gestärkt werden können. (Vgl. Rump et al. 2017, S. 46) Das Bewusstsein zur Selbst- und Mitverantwortung spielt dabei eine ganz zentrale Rolle (Abschn. 2.3).

Holen Sie sich Unterstützung
Da die Demokratisierung der Führung in den meisten Organisationen (noch) nicht gegeben ist, scheuen Sie sich nicht, immer wieder Hilfe und Unterstützung zu suchen – gerade, wenn es um das soziale Miteinander im Berufsleben geht. Bei diesen Anlaufstellen finden Sie Rat:

Interne oder externe Sozial- und Mitarbeiterberatung Ziel der Mitarbeiterberatung ist es, die Gesundheit und Arbeitsfähigkeit der Beschäftigten präventiv zu fördern. Sie können sich in beruflichen, privaten und die Gesundheit betreffenden Angelegenheiten an die Mitarbeiterberatung wenden. Auch für Führungskräfte ist sie oft ein geeigneter Ansprechpartner. In den informativen INQA-Leitfäden „Kein Stress mit dem Stress" (INQA 2015, 2016) finden Sie weitere Informationen hierzu.

Weiterbildungen Gerade für Führungskräfte, die neu in ihrem Job sind, sind Fortbildungen zum Thema Mitarbeiterführung überaus lohnend. Aber auch „alte Hasen" können dabei Anregungen erhalten. Da das wertschätzende Miteinander für die Zusammenarbeit im Team extrem wichtig ist, können Seminare zu den Themen Teamarbeit, Generationenmanagement, Konfliktkompetenz, Kommunikation und Durchsetzungsvermögen überaus sinnvoll sein. Auch Fortbildungen zum Thema Gesundheit können Ihnen wichtige Impulse und Hintergrundinformationen liefern, da Sie zunehmend auch als Gesundheitsmanager gefragt sind. Schulungen zur Selbst- und Mitverantwortung sind dabei wichtige Grundlage für die innere Motivation und das Erkennen der genannten Problemfelder. Anbieter sind zum Beispiel Industrie- und Handelskammern oder externe Fortbildungsanbieter. In großen Unternehmen werden derartige Fortbildungen möglicherweise auch intern angeboten.

Coaching Coaches können Ihnen dabei helfen, eigene Lösungen zu entwickeln. Die Fragestellungen können den beruflichen Alltag, spezielle Führungsfragen, Probleme mit einzelnen Mitarbeitern, aber auch Ihre eigene berufliche Entwicklung betreffen. Im Gegensatz zu einem Berater entwickelt der Coach keine Lösungsvorschläge, sondern er regt zur Selbstreflexion an. Je nachdem, welche

Themen im Vordergrund stehen, sind Einzel- und Teamcoaching denkbar. Vielleicht gibt es in Ihrem Unternehmen Coaches, die bei Bedarf zur Verfügung stehen oder externe Angebote, die gefördert werden. Mehr Informationen finden Sie in Abschn. 3.2.

Unternehmenskultur und Führung im Einklang?
Möglicherweise können nicht alle Führungskräfte auf Anhieb sagen, welches Führungsverständnis und welche Werte in ihrem Unternehmen herrschen. Denn Unternehmenskultur ist nicht nur das, was sich ein Betrieb auf die Fahnen schreibt, sondern sie besteht auch aus vielen formellen und informellen Aspekten, ungeschriebenen Regeln und Bräuchen. Daher ist es ratsam, gemeinsam mit allen Ebenen des Unternehmens Führungsleitlinien zu definieren und abzustimmen. Sie dienen als Orientierungshilfen für den Führungsalltag. Das sorgt wiederum dafür, dass sich die positive Wahrnehmung des Unternehmens nach innen und außen verstärkt. Wenn auch im Rahmen von Mitarbeitergesprächen regelmäßig Leitlinien wie z. B. Veränderungsbereitschaft, Respekt und Ehrlichkeit zur Sprache kommen, stärkt das die Selbstverpflichtung aller Beteiligten. (Vgl. Rump et al. 2016, S. 51)

2.2.1 Auflösung von Hierarchiegefällen

In vielen Unternehmen herrschen im Vergleich zu früher relativ flache Hierarchien: Führungskräfte greifen weniger stark in die Entscheidungen ihrer Mitarbeiter ein, dafür sind Eigenverantwortung und Eigeninitiative der Beschäftigten umso gefragter. Das trifft auch und vor allem dann zu, wenn Führung demokratisiert wird (Abschn. 2.2). Entsprechend werden Selbstverantwortung und Mitverantwortung (Abschn. 2.3) immer wichtiger – sowohl für Beschäftigte als auch für Führungskräfte. In der Zusammenarbeit auf Augenhöhe wollen Mitarbeiter dennoch gefördert werden und regelmäßig Feedback erhalten. Dabei vertreten sie ihre eigene Haltung oft selbstbewusst, auch gegenüber Vorgesetzten. Die fachliche Führung kann von jeweils erfahrensten Mitarbeiter eines Teams übernommen werden und je nach Themenstellung wechseln. Die Fachkompetenz ist dabei nicht zwangsläufig abhängig vom Alter, jedoch oft gerade bei den Älteren gegeben.

Doch trotz des Trends zu flacheren Hierarchien und der Demokratisierung der Führung wird es nicht zur vollständigen Hierarchiefreiheit kommen. Hierarchische und agile Organisationsformen werden auch in Zukunft ihre Berechtigung haben. (Vgl. Rump et al. 2017, S. 31)

wichtig

Die Rolle der Führungskraft verändert sich sehr stark: Sie werden zunehmend als Mentor, Coach und Moderator gefragt (Abschn. 2.2.4; Kap. 3). Das Vorleben und Anführen eines Teams steht nun wesentlich mehr im Zentrum der Führungsrolle als die klassische hierarchische Vorgesetztenfunktion.

Ihre Aufgabe als Führungskraft besteht darin, sich mit den Mitarbeitern zu entwickeln, den Zusammenhalt zu stärken sowie die Potenziale jedes Einzelnen zu erkennen und zu fördern. Der frühere „Vorgesetzte" wird zum Begleiter bzw. „Leader".

Der Trend zu flachen Hierarchien ist immer auch eine **Chance für den menschlichen Umgang** miteinander. Ob das gelingt, hängt auch davon ab, wie viele Mitarbeiter betreut werden müssen: Sind Führungskräfte für zu viele Mitarbeiter verantwortlich, können sie dem Einzelnen weniger Aufmerksamkeit schenken. Ist die Führungskraft für mehr als 15 Beschäftigte zuständig, führt das schnell zu Überforderung (vgl. Bundesanstalt für Arbeitsschutz und Arbeitsmedizin [BAuA] 2017, S. 46). Je kleiner das Team, desto mehr Zeit bleibt der Führungsperson, um jedes Teammitglied in Hinblick auf seine selbstverantwortliche Entwicklung zu fördern, seine Fähigkeiten, Bedürfnisse und Werte wahrzunehmen. Das ist die mitverantwortliche Aufgabe der Führungskraft (Abschn. 2.3).

Das bedeutet für Sie: Je mehr Zeit Sie für den Einzelnen haben, desto besser können Sie auch generationen- und alter(n)sgerecht führen.

Denkanstoß

- Wie empfinden Sie das Hierarchiegefälle an Ihrem Arbeitsplatz?
- Welche Anforderungen stellen Ihre Mitarbeiter an Sie?
- Empfinden Sie die Zeit, die Sie für Ihre Mitarbeiter haben, als ausreichend?

Unabhängig davon, welche Vor- oder Nachteile flache Hierarchien für Sie persönlich haben: Letztlich müssen Sie mit den Nachteilen, aber auch mit den Vorteilen immer wieder selbst- und mitverantwortlich umgehen (Abschn. 2.3). Das bedeutet einerseits, Chancen zu sehen und zu ergreifen. Andererseits müssen Sie auch Risiken beziehungsweise Schwächen – sofern sie unabwendbar sind – annehmen und bestmöglich damit umgehen. Dabei ist nicht zu leugnen, dass die Überzeugungsarbeit an den verschiedenen „Fronten" sehr anstrengend sein kann. Gerade deshalb sind Sie auch in Ihrer Selbstverantwortung gefordert.

Autorität in einer sich wandelnden Arbeitswelt
Wenn es keine Führungspersönlichkeit gibt, die bei teaminternen Differenzen eine Entscheidung trifft, können unter den Mitarbeitern Unsicherheit und gelegentlich auch Machtkämpfe entstehen. Das zeigt: Auch oder vielleicht gerade in Zeiten flacher Hierarchien, demokratisierter Führung und teamorientierten Arbeitens muss eine Führungskraft Autorität besitzen. Das bedeutet nicht, sich mit einem Machtwort über die Interessen der Mitarbeiter hinwegzusetzen; vielmehr geht es darum, dass die Beschäftigten ihrer Führungskraft respektvoll und wertschätzend in ihren Führungsaufgaben begegnen.

Dazu müssen Führungskräfte die eigene Position akzeptieren und annehmen. Dies ist nicht immer ganz leicht, denn es ist ein Balanceakt, gleichzeitig als Leitperson und als Begleiter auf Augenhöhe aufzutreten. So gehen mit den verschiedenen Rollen (Abschn. 2.2.4), die eine Führungsperson gleichzeitig innehat, ganz unterschiedliche Aufgaben einher: Führungskräfte müssen das Handeln ihrer Mitarbeiter steuern, sie müssen oft unpopuläre Entscheidungen treffen und sie auch vertreten. Sie delegieren und leiten, sind gefordert, den Überblick zu behalten, Vorschläge zu unterbreiten, die Initiative zu ergreifen, jeden Mitarbeiter mit seinen Fähigkeiten und seinem aktuellen Projekt im Blick zu behalten, Gespräche zu führen und immer wieder den Zusammenhang der täglichen Arbeit mit den Zielen des Unternehmens herzustellen. Zugleich sollten sie die Beschäftigten aber auch konstruktiv in Entscheidungsfindungen einbeziehen und sie in ihrer individuellen Entwicklung begleiten.

Es gehört ebenfalls zu den Aufgaben einer Führungskraft, zu prüfen, ob die Teammitglieder ihre Aufgaben erfüllen und sich an die Regeln der konstruktiven Zusammenarbeit halten. Doch da die sinnvolle Überprüfung leicht als Überwachung empfunden werden kann, müssen Vorgesetzte dabei Fingerspitzengefühl beweisen.

▶ Die Autorität einer Führungskraft entsteht aus einer vertrauensvollen, wertschätzenden, verbindlichen und transparenten Interaktion mit den Mitarbeitern, die die Bedürfnisse und Kenntnisse der einzelnen Teammitglieder berücksichtigt und sich zugleich an den fachlichen Aufgaben orientiert.

Wie wichtig soziale Kompetenz ist, lässt sich gar nicht oft genug betonen. Führungsverantwortliche sind dann besonders erfolgreich, wenn sie auf Menschen zugehen und konstruktiv mit ihnen zusammenarbeiten können, wenn sie anderen das Gefühl der Teilhabe vermitteln und klar kommunizieren können.

Als Führungskraft sind Sie immer auch Vorbild: hinsichtlich Ihres Engagements, der Begeisterung und Konsequenz, die Sie im Berufsleben an den Tag legen, hinsichtlich Ihrer Fähigkeit, die eigenen Grenzen gut einzuschätzen, hinsichtlich der Offenheit, mit der Sie neue Aufgaben angehen. Auch im Hinblick auf eigene Alternsprozesse, gesunde Lebensführung und Lebenssituationen sollte eine Führungskraft heute als Vorbild dienen (Kap. 3 und 4). Wer authentisch Werte (vor)lebt, beeinflusst sein Umfeld weitaus mehr als derjenige, der nur Vorgaben von oben weiterleitet, ohne selbst dahinterzustehen. Oder um es mit Albert Schweitzer zu sagen:

> Ein Beispiel zu geben ist nicht die wichtigste Art, wie man andere beeinflusst. Es ist die einzige.

Angesichts dieser vielen Aufgaben und Anforderungen, die eine einzelne Person kaum alle erfüllen kann, ist eine Entlastung der Führungskräfte wünschenswert. Das kann beispielsweise durch die Demokratisierung der Führung (Abschn. 2.2) gelingen. Wie bereits angedeutet, kann das aber nur dann gelingen, wenn die Mitarbeiter willens und in der Lage sind, weitere Aufgaben und einen Teil der Verantwortung zu übernehmen.

Um das zu erreichen, können Empowerment-Strategien (Strategien zur Übertragung von Verantwortung) helfen. Dadurch können die eigenen Gestaltungsspielräume erkannt, genutzt und das Gefühl der Machtlosigkeit überwunden werden. Letztlich geht es darum, selbstbestimmt zu arbeiten. An dieser Stelle setzt das Konzept der Selbst- und Mitverantwortung als ethische Kategorien (Abschn. 2.3) an. Es bildet die Grundlage für alle menschlichen Aktivitäten und Handlungen.

2.2.2 Umgang mit Veränderungsprozessen

Wie bereits in Abschn. 2.1 erläutert, wirkt sich die Veränderung der Arbeitswelt nachhaltig auf Unternehmen und ihre Geschäftsmodelle aus: Regelmäßig müssen Veränderungsprozesse eingeleitet werden. Diese sind oft umfangreich und folgenschwer. Das hat natürlich auch Auswirkungen auf die Mitarbeiter. Viele Beschäftigte sind verunsichert, sie fühlen sich von den sich stetig wandelnden Anforderungen überfordert. Die Flexibilisierung und Beschleunigung der Arbeit führen nicht selten zu Überlastung.

Führungskräften wie Ihnen kommt daher eine extrem wichtige Rolle zu, denn gute Führung kann die Veränderungsbereitschaft der Mitarbeiter erhöhen, ihre

Ängste mindern und im besten Fall dafür sorgen, dass die Beschäftigten Veränderungsprozesse aktiv mitgestalten.

Transaktionale und transformationale Führung
In einer Zeit, in der Diversität, konstante Veränderungen, Agilität und Beschleunigung, Verdichtung und Vernetzung auf der Tagesordnung stehen, ist es umso wichtiger, dass Führungskräfte ihre Mitarbeiter mitverantwortlich unterstützen. Dabei ist Fingerspitzengefühl gefragt: Ein transaktionaler Führungsstil, der sich an Management-Regeln hält, ist nicht immer zielführend. Daneben sind oft auch Leadership-Kompetenzen gefragt. Dann spricht man von transformationaler Führung. Worin sich die beiden Führungsstile unterscheiden, zeigt Tab. 2.2.

Gerade in Veränderungsprozessen kommt einem transformationalen Führungsstil eine wichtige Bedeutung zu. Dann geht es darum, Werte und Visionen nicht nur vorzugeben, sondern selbst dahinterzustehen und den Mitarbeitern einen Weg aufzuzeigen, wie das Ziel gemeinsam erreicht werden kann. Ein transformationaler Führungsstil lässt sich weniger in Seminaren erlernen, sondern entspringt einer inneren Haltung. Diese innere Haltung entsteht wiederum aus der ethischen Verantwortung (Abschn. 2.3).

Denkanstoß

Haben Sie sich über die verschiedenen Führungsstile schon einmal Gedanken gemacht? In welchen Situationen halten Sie einen transaktionalen Führungsstil für angemessen? Wann ist Ihres Erachtens transformationale Führung besonders wichtig?

Vier Aspekte – die sogenannten vier Is – spielen bei der transformationalen Führung eine große Rolle (vgl. Stegmaier et al. 2016, S. 539):

1. **Idealized Influence:** Vertrauen entsteht, wenn die Führungskraft nicht nur Leitlinien vorgibt und Werte kommuniziert, sondern sie auch selbst vorlebt. Wenn Vorgesetzte als Vorbild und Identifikationsfigur handeln, bieten sie Mitarbeitern Orientierung. Dies sollte authentisch sein. Daher ist die Selbstverantwortung (Abschn. 2.3) für Sie von zentraler Bedeutung.
2. **Inspirational Motivation:** Wer es schafft, Mitarbeitern ein attraktives Bild von der Zukunft zu vermitteln, weckt Begeisterung.
3. **Intellectual Stimulation:** Wenn Beschäftigte dazu angeregt werden, Gegenwärtiges zu hinterfragen und Neues auszuprobieren, stehen sie dem Neuen offener gegenüber.

4. **Individualized Consideration:** Bei der Verteilung von Aufgaben und bei der Unterstützung der Mitarbeiter orientiert sich die Führungskraft an den individuellen Bedürfnissen und Talenten jedes Einzelnen. Dabei haben vor allem diejenigen Vorgesetzten Vorteile, die ursprünglich aus dem Sachgebiet stammen oder bereits lange Zeit als Führungskraft für dieselben Mitarbeiter verantwortlich sind.

Zahlreiche Studien haben belegt, dass transformationale Führung sich positiv auf die Zufriedenheit, die Motivation und die Leistung der Geführten auswirkt und auch die Effektivität der Führungskräfte zunimmt. (Vgl. Stegmaier et al. 2016, S. 539)

Denkanstoß

Wie setzen Sie die vier Is in Ihrem beruflichen Alltag ein? An welchen Stellen entdecken Sie bei sich noch Handlungsbedarf?

In der Praxis ist es nicht immer leicht, einen solchen transformationalen Führungsstil zu pflegen. Denn Führungskräfte sind darauf angewiesen, dass die Unternehmensleitung ihnen alle erforderlichen Informationen zur Verfügung stellt, selbst eine klare Strategie verfolgt und Raum für die Umsetzung der Veränderungsprozesse gegeben ist (vgl. Sonntag und Spellenberg 2005).

Das ist nicht immer gegeben und möglich, gesteckte Ziele werden manchmal nicht erreicht oder vorzeitig abgebrochen (vgl. Stegmaier et al. 2016, S. 538).

Damit Führungskräfte ihrer wichtigen Aufgabe bei der Bewältigung von Veränderungsprozessen nachkommen können, sind sie auf die Unterstützung durch eine entsprechende Unternehmenskultur angewiesen. Sie müssen aber auch in Ihrer Selbst- und Mitverantwortung (Abschn. 2.3) immer wieder überlegen, wie sie ihre Beschäftigten in diesem Prozess „mitnehmen" können und wie sie auch Entscheidungen mittragen und führen können, wenn die Rahmenbedingungen nicht ideal sind.

2.2.3 Kommunikation als Schlüsselelement zwischenmenschlichen Umgangs

Fachkenntnisse allein machen keine gute Führung aus. Dazu braucht es Menschenkenntnis und Kommunikationsgeschick. Kommunikationsstrategien können dabei helfen, ehrlich, zielgerichtet und wertschätzend Inhalte zu vermitteln und wahrzunehmen.

Wie bereits mehrfach erwähnt, gehören soziale Kompetenzen zum notwendigen Rüstzeug guter Führungskräfte. Ebenso unerlässlich ist die Fähigkeit, klar und verbindlich zu kommunizieren. Kein menschliches Miteinander – weder im Berufs- noch im Privatleben – funktioniert, wenn man nicht (richtig) miteinander kommuniziert.

Und da Sie als Führungskraft Projekt-, Sach- und Personalverantwortung tragen – kurzum: für das kurz- und langfristige Gelingen des Arbeitsalltags und die Zufriedenheit der Beschäftigten mitverantwortlich sind – sind die Ansprüche an Ihre Kommunikationskompetenz enorm hoch. Daher lohnt es sich, sich immer wieder mit dem Thema Kommunikation zu beschäftigen.

Kommunikation im digitalen Zeitalter

Führungskräfte mit Mitarbeitern in räumlich verteilten oder zeitlich asynchron arbeitenden Teams sehen sich hinsichtlich der Kommunikation mit besonderen Herausforderungen konfrontiert. Denn die Zusammenarbeit läuft dann hauptsächlich über digitale Kommunikations- und Informationstechnologien und nur selten persönlich ab. Wie diese virtuelle Führung in der Praxis gelingen kann, ist noch weitgehend unerforscht. Erste Ansätze liefert Müller (2018), doch noch bleiben viele Fragen offen. (Vgl. BAuA 2017, S. 46)

Sie kommunizieren nicht nur als Führungskraft, sondern in erster Linie als Mensch: Sie hören zu, beraten, begleiten, unterstützen und ermutigen. Wenn es Ihnen dabei gelingt, Ihre Mitarbeiter nicht nur in Bezug auf die Sache, sondern auch in Bezug auf ihre persönliche Entwicklung und spezifische Lebensphase zu begleiten, dann haben Sie eine solide Vertrauensbasis geschaffen. Um das zu erreichen, müssen Sie immer wieder kommunizieren und aktiv das Gespräch suchen.

Denkanstoß

- Wie oft reden Sie mit Ihren Mitarbeitern? Worum geht es da im Wesentlichen? Gibt es auch Raum für Privates? Wo ist Nähe, wo gesunde Distanz gefordert?
- In welcher Lebensphase befindet sich jeder einzelne Mitarbeiter? Welche Potenziale sind gegeben, wo kann er seine Kräfte zeigen? Welche Belastungen sind aktuell gegeben, auf die unter Umständen Rücksicht genommen werden muss?

Die verschiedenen Aspekte sollten Sie sachlich und vertrauensvoll besprechen. Das kann (am besten) auf dem persönlichen Weg gelingen. Ein guter Zeitpunkt, um diese und weitere Themen anzusprechen, sind Mitarbeiter- und Entwicklungsgespräche, die regelmäßig über das gesamte Berufsleben hinweg geführt werden sollten. (Vgl. Schuett 2014, S. 20)

Ein paar erste Tipps zur Kommunikation
Die Erfolgsfaktoren guter Kommunikation sind längst kein Geheimnis mehr, doch manchmal geraten sie im Alltag aus dem Blickfeld. Es ist daher immer wieder wichtig, sich diese Aspekte bewusst vor Augen zu halten. Wenden Sie sie doch gleich im nächsten Mitarbeitergespräch, in der nächsten Teamsitzung, in der nächsten Auseinandersetzung an. Bedenken Sie dabei: Kommunikation umfasst nicht nur die Sprache, sondern auch Mimik und Gestik.

Respekt und Wertschätzung Respekt gegenüber anderen Menschen ist eine wichtige – wenn nicht sogar die wichtigste – Grundbedingung für erfolgreiche Kommunikation. Denn wer sich nicht ernst genommen fühlt, wendet sich schnell innerlich ab. Daher sollte man in jeder Situation die sogenannte goldene Regel befolgen: „Behandle andere so, wie du von ihnen behandelt werden willst".

Aufmerksamkeit Auch wenn Sie Ihr Gegenüber sehr gut kennen, können Sie seine Gedanken nicht erraten. Für die Kommunikation bedeutet das: Hören Sie erst einmal zu und fragen Sie nach. So erkennt Ihr Gesprächspartner, dass Sie ihm Aufmerksamkeit schenken und offen für seine Ansichten sind.

Lösungsorientierung Wenn etwas schiefläuft, passiert es leicht, dass man sich zu sehr auf die Frage konzentriert, wer daran schuld ist. Durch diese Fokussierung auf das Problem und seine Ursachen wird der Blick auf die Lösung oft verstellt. Gehen Sie als Vorbild voran und zeigen Sie, dass Sie nicht an „Wer-hat-recht-und-wer-nicht-Spielchen" interessiert sind. Suchen Sie stattdessen gemeinsam konstruktiv nach Lösungen.

Offenheit Zeigen Sie Interesse an Meinungen anderer – egal, ob Sie deren Einstellung teilen oder nicht. Es ist nicht notwendig, dass Sie immer mit anderen übereinstimmen. Unstimmigkeiten sind bei Diskussionen sogar erwünscht. Es ist hilfreich, offen zu bleiben und nicht sofort alles zu bewerten. Interesse an den Ideen und Gedanken anderer bildet Brücken. Möglicherweise entwickeln Sie so gemeinsam Lösungen und Ideen, auf die Sie niemals alleine gekommen wären.

Empfängergerecht kommunizieren Jeder Mensch tickt anders. Manche Menschen nehmen mit Zahlen untermauerte Argumente am besten auf, andere benötigen konkrete Beispiele. Sie als Führungskraft kennen Ihre Mitarbeiter. Sie wissen, wer welche Informationen benötigt, und können entsprechend handeln. Da Vertreter verschiedener Mitarbeitergenerationen unterschiedliche Bedürfnisse haben (Abschn. 4.1.1, 4.1.2 und 4.1.3), sollten Sie auch darauf eingehen, wenn

Sie direkt mit den Beschäftigten sprechen. Seien Sie immer darum bemüht, alles so verständlich wie möglich auszudrücken.

Generationenbilder hinterfragen Die Leistungsfähigkeit, Motivation und Bedürfnisse der Mitarbeiter ändern sich im Laufe eines Arbeitslebens. Um das Miteinander reibungslos und positiv zu gestalten, muss auch die Kommunikation auf Altersunterschiede Rücksicht nehmen. Das gehört zur empfängergerechten Kommunikation dazu. Damit Missverständnisse und falsche Zuschreibungen ausgeschlossen werden können, sollten Sie als Führungskraft ihr Bild von verschiedenen Altersstufen immer wieder hinterfragen.

Vor allem, wenn jüngere Führungskräfte ältere Mitarbeiter führen, nehmen beide Seiten gelegentlich problematische Zuschreibungen vor. Junge Führungskräfte sollten sich daher immer wieder vor Augen führen, welche Altersstereotype sie im Kopf haben, um sich dann davon zu lösen. Gleiches gilt selbstverständlich auch für das Verhältnis von älteren Führungskräften gegenüber jungen Mitarbeitern. (Vgl. BAuA 2017, S. 47; Abschn. 4.2.4)

Wissen teilen Wenn im Team eine Lösung gefunden wurde, sollte sie nicht nur aufgelistet, sondern klar kommuniziert werden, zum Beispiel in einer Teamsitzung. Zum einen signalisieren Sie so Wertschätzung für diejenigen, die an der Lösungsfindung beteiligt waren. Zum anderen können die übrigen Teammitglieder unter Umständen Anregungen erhalten, die ihnen bei der Bewältigung eigener Probleme helfen.

Grundsätzlich gilt: Wiederholen Sie wichtige Dinge immer wieder und halten Sie sie wenn möglich auch schriftlich fest. So bleibt das Wichtigste hängen.

Zu den eigenen Fehlern stehen Jeder Mensch macht Fehler. Entscheidend ist, wie man damit umgeht. Wer sofort einen Sündenbock sucht oder mit allen Tricks versucht, ein Missgeschick zu vertuschen, macht sich unglaubwürdig. Erkennen Sie Ihre Ausrutscher an und entschuldigen Sie sich, wenn nötig. Geben Sie auch ruhig zu, wenn Sie etwas nicht wissen. Das ist ein Zeichen von Stärke und wird Sie nur umso glaubwürdiger machen (Abschn. 3.2; Kompetenz vs. Perfektionismus).

Arbeitsumgebung Gestalten Sie die Arbeitsumgebung so, dass Sie sich wohlfühlen. Ziel ist es, dass ein (kommunikativer) Raum entsteht, in dem Ideen frei geäußert werden können, auch wenn sie noch nicht ausgereift sind. Denn wenn Menschen das Gefühl haben, dass sie ohne Zurückhaltung oder Angst sprechen dürfen, können einerseits besonders kreative Ideen gedeihen und andererseits eine kollegiale, angstfreie Atmosphäre entstehen. Offenheit und gegenseitiger Respekt sind in einem solchen Raum Grundbedingungen. Ob ein solcher Raum ein echtes Zimmer ist, in dem der kollegiale Austausch stattfindet, oder ob er nur als gedankliches Konstrukt existiert, ist dabei zweitrangig. Mehr Informationen zur Arbeitsumgebung finden Sie in Abschn. 4.2.5.

Denkanstoß

- Erkennen Sie Unterschiede hinsichtlich der Kommunikationsbedürfnisse Ihrer Mitarbeiter? Wenn ja, welche sind das? Wie gehen Sie in Ihrem Kommunikationsverhalten darauf ein?
- Welche Vorstellungen von den verschiedenen Mitarbeitergenerationen haben Sie? Inwiefern beeinflussen diese Stereotype Ihren Umgang mit den Mitarbeitern?
- Wann haben Sie zum letzten Mal ein Konfliktgespräch geführt? Haben Sie die oben genannten Tipps dabei berücksichtigt?
- Empfinden Sie die Arbeitsumgebung als vertrauens- und kommunikationsfördernd? Wie, glauben Sie, schätzen das Ihre Mitarbeiter ein?

Kommunikation im Großraumbüro

Viele Unternehmen setzen zunehmend auf Großraumbüros. Das hat Vorteile, aber auch Nachteile: Einerseits können sich Mitarbeiter so leichter untereinander austauschen, andererseits können sich Unbeteiligte durch Gespräche auch gestört fühlen. Daher ist bei der Gestaltung von Großraumbüros darauf zu achten, dass es ansprechend gestaltete kommunikative Bereiche gibt, die ausreichend Abstand zu Arbeitsplätzen (und im besten Fall auch schallisolierende Elemente) haben, damit Unbeteiligte ungestört arbeiten können.

Denkanstoß

Gibt es auch in Ihrem Unternehmen Großraumbüros? Fallen Ihnen Maßnahmen ein, wie sich Arbeits- und Kommunikationszonen innerhalb der Büros noch besser gestalten ließen? Möchten Sie sich dazu einmal mit Ihren Mitarbeitern austauschen?

In Abschn. 3.1.2.3 (aktives Zuhören) und Abschn. 3.2.2 (gewaltfreie Kommunikation) finden Sie weitere Tipps und Übungen zur Kommunikation.

2.2.4 Coach, Gesundheitsmanager, Lernbegleiter u. v. m. – das neue Rollenverständnis der Führungskräfte

Die Hauptaufgabe für Führungskräfte bestand früher – überspitzt gesagt – oft darin, den Mitarbeitern Aufgaben zu geben und deren Einhaltung zu überwachen. Dagegen steht für Führungskräfte heute die Frage im Mittelpunkt: „Was kann ich tun, um meine Mitarbeiter gesund, kompetent und motiviert zu halten?".

Es geht nun also nicht mehr nur darum, dass das eigene Team möglichst gute Ergebnisse innerhalb einer bestimmten Frist abliefert, sondern auch, dass jeder Einzelne als Person wertgeschätzt, individuell gefördert und langfristig begleitet wird.

Daraus ergeben sich weitere Fragen der Mitverantwortung (Abschn. 2.3), zum Beispiel:

- Was kann ich tun, wenn meine Mitarbeiter unter einer zunehmenden Arbeitsverdichtung leiden?
- Wie kann ich gemeinsam mit meinen Mitarbeitern ein Leitbild für das gesamte Team erarbeiten?
- Was kann ich tun, um jüngere, mittlere, ältere Mitarbeiter mit ihren Fähigkeiten und Potenzialen zu fördern?
- Wie kann ich die Potenziale der verschiedenen Generationen konstruktiv zusammenführen?
- Wie kann ich meine Mitarbeiter bei privaten Belastungen unterstützen, die sich auch durch ihre jeweilige Lebensphase ergeben?

Denkanstoß

Haben Sie sich darüber schon einmal Gedanken gemacht? Zu welchen (ersten) Antworten kommen Sie? In Kap. 3 und 4 erhalten Sie hierzu weitere Hintergrundinformationen, Anregungen und Denkanstöße.

Führungskräfte als Coaches

Wie in Abschn. 2.2.1 bis Abschn. 2.2.3 bereits beschrieben wurde, tragen Führungskräfte nicht nur Sach- und Projektverantwortung, sondern sie sind auch in der menschlichen Führung ihrer Mitarbeiter gefordert. Da sich Hierarchien zunehmend auflösen und einzelne Mitarbeiter an Verantwortung gewinnen, sind die Führungskräfte weniger Macht- oder Kontrollinstanz. Stattdessen sind sie als Coach gefragt. Als solcher begleiten Sie Ihre Mitarbeiter beispielsweise dabei, eigene Lösungen und Perspektiven zu entwickeln. Was das konkret für den Führungsalltag bedeutet, können Sie in Abschn. 3.2 nachlesen.

Führungskräfte als Lernbegleiter
Wie wichtig lebenslanges Lernen ist, wurde bereits in Abschn. 2.1 deutlich: Die (Arbeits-)Welt verändert sich. Das wirkt sich auch auf die beruflichen Anforderungen aus. Immer wieder müssen sich Beschäftigte mit neuen Programmen, Methoden oder Aufgaben auseinandersetzen. Dafür brauchen sie die erforderlichen Kompetenzen und Qualifikationen. Indem Sie die Beschäftigten in ihrer eigenverantwortlichen Entwicklung begleiten, sind Sie zugleich Lernbegleiter. (Abschn. 3.2.1.3)

Führungskräfte als Alter(n)s-Experten, -Gestalter und -Vorbilder
Da infolge des demografischen Wandels nicht nur die Gesellschaft, sondern auch die Belegschaften älter werden, rückt das Alter(n) zunehmend in den Vordergrund. Um dem gerecht zu werden, benötigen Führungskräfte Wissen über die Psychologie des Alterns (Abschn. 4.1). Dabei ist es zunächst extrem wichtig, sich klarzumachen, dass Altern – entgegen der landläufigen Meinung – ein vornehmlich psychologischer Veränderungsprozess ist. Oder anders gesagt: *Altern wird weitgehend im Kopf bestimmt.* Das zeigt beispielsweise eine neue Studie zur Demenz (vgl. Levy et al. 2018): Je positiver die knapp 5000 Teilnehmer zum Altern eingestellt waren, desto mehr sank ihr Demenzrisiko. Selbst genetische Vorbelastete konnten das Risiko erheblich senken.

Weitere Schlüsselerkenntnisse der Psychologie des Alterns sind:

- Altern geschieht lebenslang (Wachstum, Reifung, Lernen).
- Altern ist multidimensional (Körper, Psyche, Sozialverhalten).
- Altern ist multidirektional (Gewinne, Verluste).
- Der Prozess des Alterns ist lebenslang beeinflussbar (durch die eigene Person, die Gesellschaft, die Kultur).
- Es gibt nicht *die* Alten, genauso wenig, wie es *die* Jungen gibt. Die Individualität steigt mit fortschreitender Lebensdauer. In keinem Lebensabschnitt unterscheiden sich Menschen so stark wie nach dem sechzigsten Geburtstag. (Vgl. Schuett 2014, S. 11 f.)

Denkanstoß

Machen Sie sich Gedanken darüber, wie Sie den Blick Ihrer Mitarbeiter auf das positive Altern lenken können. Beantworten Sie zuvor die Frage für sich persönlich: Was denken Sie über das Alter? Gelingt Ihnen auch der positive Blick, oder wollen Sie sich hierzu noch mehr Wissen aneignen? Es gibt Bücher und Seminare zum Thema.

Neben dem Blick auf die psychologische Komponente sind Führungskräfte aber auch gefordert, die Arbeit für ihre Mitarbeiter altersgerecht zu gestalten. Sie sind neben ihren anderen Rollen auch als Alter(n)s-Experten und Alter(n)s-Gestalter gefragt, denn auch die Arbeit bestimmt, wie wir altern. (Vgl. Schuett 2014, S. 19) Arbeiten muss gesund halten, immer wieder qualifizieren und motivieren (Kap. 3). Hierfür sind insbesondere Arbeitsplatz, Arbeitsinhalt, Arbeitszeit und Arbeitsflexibilität wichtig. Über- und Unterforderung ist zu vermeiden. Wie Sie die Arbeit für alle Mitarbeiter altersgerecht gestalten können und auf welche Aspekte zu achten ist, erfahren Sie in Abschn. 4.2, in dem die Gestaltungsfelder für alle Generationen aufgezeigt werden.

Auch Sie selbst altern. Insofern sind Sie als Alter(n)s-Vorbild gefragt. Achten Sie darauf, dass auch Sie selbst langfristig gesund, motiviert, zufrieden und qualifiziert bleiben. Sie dienen dann nicht nur als Vorbild für Ihre Mitarbeiter, sondern legen auch die Basis für altersgerechte Führung. Kurz gesagt: Sie leben Selbst- und Mitverantwortung.

Führungskräfte als Gesundheitsmanager

Neben den vielen anderen Rollen nehmen Führungspersonen auch immer mehr die des Gesundheitsmanagers ein. Dabei geht es nicht nur um die Frage nach der Erhaltung der Gesundheit im Alter. Sie als Führungskraft können Beschäftigte aller Altersklassen dazu motivieren, etwas für ihre Gesundheit zu tun. Bei riskantem oder schädlichem Konsum von Suchtmitteln und nicht stoffgebundenen Konsumformen (Spielsucht etc.), die sich am Arbeitsplatz auswirken, kommt Ihnen eine Schlüsselfunktion zu.

Mehr Informationen, was die Rolle des Gesundheitsmanagers umfasst, wie Sie sie ausfüllen können und wo Sie sich Unterstützung für diese anspruchs- und verantwortungsvolle Aufgabe holen können, erhalten Sie in Abschn. 3.1.

Führungskräfte als Motivatoren

Zu Ihren vielfältigen neuen Rollen zählt auch die des Motivators. Dabei geht es darum, die Beschäftigten so zu unterstützen, dass sie ihre Arbeit gerne machen. Denn nur wer gerne arbeitet, kann auch Gutes leisten. Vertrauen, Respekt und Anerkennung sind wichtige Grundlagen für die Arbeitsmotivation. Wichtig ist auch, dass die Beschäftigten in ihrer Tätigkeit einen Sinn sehen. Hier können Sie als Führungskraft unterstützen, indem Sie immer wieder deutlich machen, welche übergeordneten Ziele verfolgt werden und wie sich einzelne Aufgaben in das große Ganze einordnen lassen. Nicht zuletzt arbeiten Menschen viel motivierter, wenn sie aktiv in Entscheidungen eingebunden werden und Verantwortung übernehmen dürfen. In Abschn. 3.3 finden Sie weitere Anregungen und Denkanstöße zu diesem wichtigen Thema.

Führungskräfte als Konfliktmanager
Immer wenn Menschen miteinander interagieren, kann es zu Konflikten kommen. Das gilt besonders für das Berufsleben, denn am Arbeitsplatz treffen oft Menschen aufeinander, die unterschiedliche Wertvorstellungen, Persönlichkeiten, Herangehensweisen und Bedürfnisse haben. Daher sind Sie als Führungskraft auch als Konfliktmanager gefragt. Hintergrundinformationen und Tipps dazu erhalten Sie in Abschn. 3.2.2.

Die Führungskraft als Vorbild
Als Führungskraft sind Sie immer auch ein Vorbild für Ihre Mitarbeiter. Gerade wenn ein transformationaler Führungsstil gefragt ist, gilt es, authentisch mit gutem Beispiel voranzugehen – zum Beispiel bei Veränderungsprozessen.

Vorbild sind Führungspersonen auch hinsichtlich der Frage, wie im beruflichen Umfeld mit dem Prozess des Alterns und älteren Arbeitnehmern umgegangen wird. Das, was die Führungskraft über das Altern sagt – aber noch viel mehr das, was sie selbst für das erfolgreiche Altern tut und wie sie den Prozess des Alterns (vor)lebt –, kann die Einstellung und das Verhalten der Mitarbeiter nachhaltig beeinflussen.

Die vielen Rollen einer Führungskraft
Wie Sie sehen, werden unterschiedliche Anforderungen an Sie als Führungskraft gestellt, die einander teilweise überlagern, ergänzen, aber auch gelegentlich widersprechen. Einen Überblick über die verschiedenen Rollen und die damit verbundenen Aufgaben bietet Abb. 2.2.

Denkanstoß

Denken Sie an die vergangenen vier Arbeitswochen zurück: Welche Rollen haben Sie als Führungskraft in dieser Zeit ausgefüllt? Wovon hängt es ab, welche Rolle Sie gerade einnehmen? Haben Sie mehrere Rollen zugleich inne, oder dominiert stets eine bestimmte Rolle?

2.3 Selbstverantwortung und Mitverantwortung – Schlüsselkompetenzen für Führungskräfte und Mitarbeiter

Führungskräfte sind gefordert verantwortlich zu handeln. Doch seiner Verantwortung gerecht zu werden, ist nicht immer leicht – gerade dann, wenn sich das (Arbeits-)Leben stark und rasant verändert (Abschn. 2.1 und 2.2).

Herausforderungen werden nicht allein dadurch bewältigt, dass die äußeren Rahmenbedingungen entsprechend gestaltet werden. Auf die neuen Anforderungen

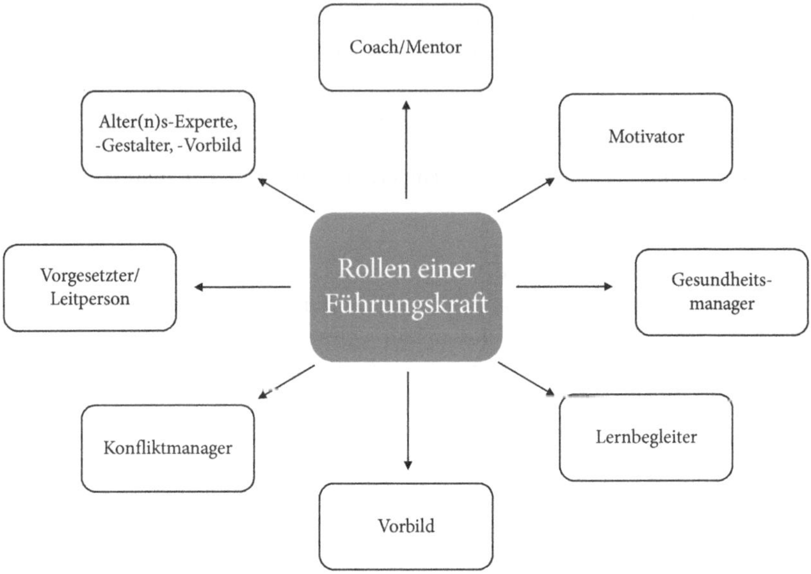

Abb. 2.2 Die neuen Rollen einer Führungskraft. (Eigene Darstellung)

müssen auch Führungskräfte und ihre Mitarbeiter neue Antworten geben. Zur Orientierung sollten daher übergeordnete Verantwortungsdimensionen aufgezeigt werden, die ethische Fragen in den Blick nehmen. Selbstverantwortung und Mitverantwortung sind hier wichtige Schlüsselkompetenzen.

Einen Überblick über den Zusammenhang zwischen den Herausforderungen der Arbeit 4.0 und der Notwendigkeit von Selbst- und Mitverantwortung zeigt Abb. 2.3.

Verantwortung

Gemeinhin wird Verantwortung mit „Verpflichtung“ assoziiert. Äußere Einflüsse – wie beispielsweise der Klimawandel oder die alternde Gesellschaft – erfordern verantwortungsvolles Handeln. Doch hier ist etwas anderes gemeint: Das englische Wort für Verantwortung – responsibility – weist in die richtige Richtung. Es beinhaltet ability (Fähigkeit) und response (Antwort). Verantwortung kann man demnach als die Fähigkeit betrachten, auf das Leben und seine Herausforderungen zu antworten.

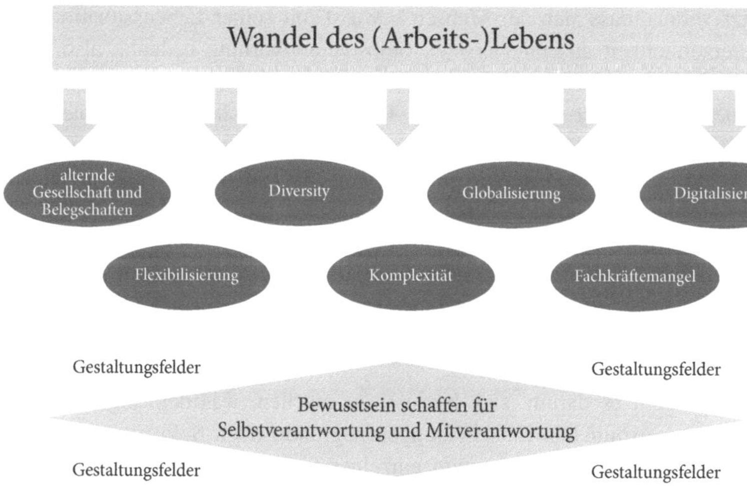

Abb. 2.3 Der Wandel der Arbeitswelt und die Notwendigkeit von Selbst- und Mitverantwortung. (Eigene Darstellung)

Einer Verantwortung in diesem Sinne geht der Mensch gerne nach, sie ist innerlich gewollt; sie wird als etwas Zielführendes und Gutes empfunden. In dieser positiven Bedeutung sind auch Selbstverantwortung und Mitverantwortung zu verstehen. Um Antworten zu finden, muss der Mensch regelmäßig fragen: „Was soll ich tun?“

Diese einfache Frage ist in einer komplexer werdenden Welt immer schwerer zu beantworten. Die Konsequenzen des persönlichen Handelns sind oft nicht mehr zu überblicken, und die möglichen Antworten erzeugen manchmal ein Spannungsfeld von widerstreitenden Gefühlen und Bedürfnissen. Dem Verantwortungsbewussten erscheint es dann unmöglich, die richtige Entscheidung zu treffen. Die Beschäftigung mit Selbstverantwortung und Mitverantwortung kann dabei helfen.

Selbstverantwortung

Selbstverantwortung ist für eine Führungskraft in der sich verändernden Arbeitswelt von großer Bedeutung. Selbstverantwortung ist die **Fähigkeit, das eigene Leben gut zu gestalten**. „Gut“ meint in diesem Fall, dass das Leben den eigenen Bedürfnissen, Werten und Normen entspricht (vgl. Kruse 2005, S. 281).

Das setzt voraus, dass sich der Mensch bewusst mit seiner Lebenssituation und seiner Persönlichkeit auseinandersetzt. Selbstverantwortung bedeutet also, dass sich jeder Einzelne vergegenwärtigt, was ein gutes – also ein glückliches und gelungenes – Leben für ihn auszeichnet. Das Streben nach Glück darf hier aber nicht zu „Glücksstress" führen. Vielmehr ist hier die Fülle des Glücks gemeint, in der Freude und Leid, Chancen und Risiken als Teil des Lebens verstanden werden (Abschn. 3.3.2) und in deren Spannungsfeld gut im Sinne der Selbstverantwortung und Mitverantwortung gehandelt wird.

Da in diesem Denken und Handeln immer auch die Mitverantwortung in den Blick genommen wird, hat Selbstverantwortung nichts mit einer übersteigerten Selbstbeziehung oder Narzissmus zu tun. Sie reflektiert sich selbst als Teil der Gemeinschaft.

Weiterhin geht es darum, sich bewusst zu machen, was dem eigenen Handeln und den persönlichen Entscheidungen zugrunde liegt. Selbstverantwortung umfasst gleichermaßen die Reflexion einzelner Situationen und die „Deutung" des eigenen Lebens.

Fragen der Selbstverantwortung sind zum Beispiel:

- Wie sieht meine persönliche Lebenssituation aus? Welche Anforderungen werden an mich gestellt? Welche Möglichkeiten habe ich?
- Was kann ich tun, wenn die Anforderungen an mich zu hoch sind?
- Wie fühle ich mich, wenn ich über- oder unterfordert bin?
- Wie kann ich mit schwierigen Rahmenbedingungen umgehen?
- Welche Bedürfnisse habe ich?
- Welche Normen und Werte vertrete ich?
- Wie finde ich zur Ruhe? Wie und wo kann ich Kraft tanken?
- Was tut mir gut?
- Welche Bedeutung hat Gesundheit für mich? Was kann ich dafür tun?
- Wo liegen meine Fähigkeiten, und wie kann ich sie ausbauen?
- Wo will und kann ich noch etwas lernen?
- Was bedeutet Leistung für mich? Wann habe ich Freude an der Arbeit?
- Wie ist es um meine sozialen Kontakte bestellt?

Werden Werte und Normen in den Blick genommen, kommen wir schnell auch zu der Frage nach dem Sinn. Das kann allerdings dazu führen, dass wir uns auf der Suche nach *der einen allein gültigen Antwort* verlieren, dass wir unrealistische Erwartungen an diese Antwort haben und uns selbst dadurch lähmen. Es ist daher wichtig, sich immer wieder bewusst zu machen, dass der Schlüssel zum guten und sinnerfüllten Leben auch im Kleinen und Einfachen liegen kann.

Fragen zur Selbstverantwortung im Beruf könnten beispielsweise lauten:

- Was bereitet mir in meinem Beruf Freude?
- Was sind meine Kraftquellen, wenn ich überlastet bin? Was tut mir dann gut?
- Wo und wie erlebe ich Unzufriedenheit im Arbeitsleben? Was kann ich verändern, was muss ich (jetzt) akzeptieren?
- Inwiefern bin ich bereit, Unveränderliches anzunehmen?
- Was kann ich durch schwere Situationen lernen? Wie wird dadurch meine persönliche Entwicklung beeinflusst?
- Kann ich auch in schweren (Arbeits-)Situationen eine gewisse Gelassenheit erlangen, die es mir ermöglicht, Sinn (in meiner Arbeit) zu finden, ohne zu hohe Erwartungen zu haben?

Es ist nicht ganz leicht, Antworten auf diese Fragen zu finden. Doch die Auseinandersetzung damit kann ein wichtiger Weg der Selbststärkung sein, der sich lohnt. Indem sich der Einzelne selbst besser kennenlernt, kann er mit sich besser umgehen, und er findet eine gesunde Distanz zu sich selbst. Der realistische Blick wird geübt, Stärken und Schwächen werden als etwas dem Menschen natürlich Gegebenes angenommen. Zudem kann er konkrete Gestaltungsmöglichkeiten finden oder auch erkennen, wo er sich Hilfe holen sollte.

Auch in einer Führungsposition geht es nicht um Perfektion. Niemand ist vollkommen. Wir müssen nicht immer jung, dynamisch oder erfolgreich sein. Wir dürfen auch mal Fehler machen. Zu hohe Erwartungen an die eigene Person werden vermieden, wenn man selbstverantwortlich denkt und handelt. Da man rechtzeitig Grenzen setzen kann, ist man weniger schnell erschöpft und hat seltener das Gefühl, ausgebrannt zu sein. In der Selbstverantwortung sorgt sich der Mensch auf kluge Weise um sich selbst und bemüht sich um eine gesunde Lebensführung, ohne eine Selbstoptimierung anzustreben.

Auch die Frage nach den eigenen Werten gehört zur Selbstverantwortung. Wie leben wir unsere Werte? Wie verwirklichen wir sie? Bleiben wir ihnen treu? Können wir uns anderen gegenüber abgrenzen, wenn es unseren „Wertvorstellungen" nicht entspricht? Das kann auch für Sie als Führungskraft von Bedeutung sein.

Die Diskussion mit sich selbst kann das eigene Leben bereichern. An welchen Werten orientiere ich mein Verhalten? Was halte ich für wertvoll? Welchen Werten gebe ich in einer speziellen Situation Vorrang? Wie entscheide ich mich, z. B. zwischen Bindung und Freiheit oder zwischen Sicherheit und Risiko? Welche Werte sind für das gemeinschaftliche Zusammenleben und Zusammenarbeiten wichtig?

Wie der Weg zu mehr Selbstverantwortung gelingen kann, ist Gegenstand von Kap. 3.

Mitverantwortung

Auch Mitverantwortung ist für Führungskräfte von großer Bedeutung. Mitverantwortung ist die **Fähigkeit, sich in andere hineinzuversetzen und einen Beitrag für die Gesellschaft zu leisten** (vgl. Kruse 2005).

Jeder Mensch trägt automatisch Mitverantwortung für andere, denn niemand handelt im luftleeren Raum; wir stehen immer in einem Beziehungsgeflecht zu anderen. Dementsprechend haben alle menschlichen Handlungen Auswirkungen auf andere.

Je besser die Selbstverantwortung gelingt, ohne daraus eine übersteigerte Selbstbetrachtung zu machen, umso besser gelingt auch der Weg vom Ich zum Wir.

▶ Machen Sie sich daher bewusst: Alles, was Sie über die gesunde Selbstverantwortung Ihrer Mitarbeiter lernen, sollten Sie auch vorleben (Abschn. 2.2.4). Daher werden Ihnen in Kap. 3 und 4 auch immer wieder Fragen hierzu gestellt, die Sie dazu auffordern, über Ihre persönliche Selbstverantwortung nachzudenken.

Mehr Verständnis für andere erhalten wir durch einen gelegentlichen Perspektivwechsel, so z. B. auch für eine andere Generation, mit der wir zusammenarbeiten. Es ist immer wieder sinnvoll zu fragen: In welcher Phase des Lebens befindet sich mein Mitarbeiter? Was haben seine Erfahrungen mit den Besonderheiten seines Lebens zu tun?

Mitverantwortung meint aber auch, den anderen in seiner Selbstverantwortung zu sehen. Das bedeutet dann manchmal, bewusst nicht einzugreifen und stattdessen dem anderen zuzutrauen, dass er die Verantwortung in der gegebenen Situation tragen kann.

Zu den Fragen der Mitverantwortung im Arbeitskontext zählen unter anderem die folgenden:

- Wie sieht die persönliche Lebenssituation des Mitarbeiters aus? Welche Anforderungen werden an ihn gestellt? Welche Möglichkeiten hat er? Welcher kulturelle Hintergrund prägt ihn?
- Welche Fähigkeiten hat er? Wie kann ich ihn darin unterstützen?
- Was bedeutet Leistung für ihn? Wo erlebt er Freude an der Arbeit?
- Wie kann ich ihn insgesamt unterstützen? Wie kann Hilfe angeboten und angenommen werden?
- Welche Erwartungen habe ich an ihn, und hat er die Fähigkeiten dazu?
- Wie gehen wir miteinander um? Wie können wir unseren Umgang miteinander verbessern?

- Wie können wir im Konfliktfall gewaltfrei miteinander kommunizieren (Abschn. 3.2)?
- An welcher Stelle ist es wichtig, dass ich auf den Mitarbeiter Rücksicht nehme?
- Welche Bedeutung hat Gesundheit für ihn? Wie ist sein Gesundheitsverhalten?
- Wie erleben wir einander als Generationen? Was hat den Mitarbeiter im (Arbeits-)Leben geprägt?

Durch ihre Orientierung an Normen und Werten sind Selbstverantwortung und Mitverantwortung ethische Kategorien. Es geht also um eine positive innere Haltung mit dem Ziel eines ethischen, guten Lebens.

Selbstverantwortung und Mitverantwortung in Balance

Als Führungskraft sind Sie auf besondere Weise in der Selbstverantwortung und Mitverantwortung gefordert. Sie haben die Aufgabe übernommen, andere Mitarbeiter zu führen, Sie sind weisungsbefugt und tragen Verantwortung für das, was Ihre Mitarbeiter in Ihrem Auftrag tun. Dabei sollten Sie sich selbst nicht aus den Augen verlieren.

Die Frage der ethischen Verantwortung „Was soll ich tun?“ deutet auch auf die Frage „Wer soll bzw. wer will ich sein?“. Um einem erstrebenswerten Selbstbild näherzukommen, an dem wir realistisch arbeiten können, gehen wir über die Wirklichkeit hinaus und suchen nach dem, was uns wünschenswert erscheint. Auch hier ist es wichtig, den realistischen Blick zu behalten und allzu hohe Erwartungen zu vermeiden. Sonst drohen möglicherweise Enttäuschungen.

In Ihrer Verantwortung müssen Sie – mehr als ein Mensch ohne Führungsverantwortung – andere Mitarbeiter und dazu noch die Unternehmensziele und -herausforderungen in den Blick nehmen. Das erfordert unter Umständen einen regelrechten Spagat. Es kann so anstrengend sein, ein Projektziel zu verfolgen, dass Sie sich als Führungskraft ebenso überfordert fühlen wie Ihre Mitarbeiter. Auf welche Signale Sie dabei achten können, erfahren Sie in Kap. 3 (Stressampel). Dann kann es hilfreich sein, kleine Schritte zu gehen, für die man gemeinsam Verantwortung trägt. Der Weg ist das Ziel. Auf diesem Weg ist der Prozess in der Selbstverantwortung, in der Mitverantwortung, aber auch in der Beziehung der beiden Verantwortungsdimensionen zueinander zu keinem Zeitpunkt abgeschlossen. Es handelt sich um eine stetige Arbeit. Diese Arbeit kann den Blick weiten und zur persönlichen Entwicklung und Reifung beitragen. Die Verschiedenheit (Diversität) der Menschen, denen Sie auf Ihrem Weg zum Ziel begegnen, kann dabei eine Quelle der Kreativität und Produktivität in Ihrer Abteilung sein.

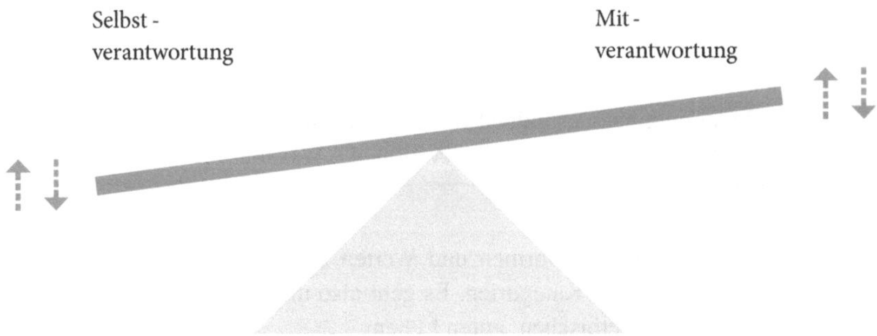

Abb. 2.4 Die Balance von Selbstverantwortung und Mitverantwortung als stetige Arbeit. (Eigene Darstellung)

Da es dem Menschen als soziales, fürsorgliches Wesen immer auch ein Bedürfnis ist, Mitverantwortung für andere zu übernehmen, kann Mitverantwortung als Teil der Selbstverantwortung betrachtet werden. Manchmal stehen sich diese beiden Verantwortungsdimensionen allerdings auch gegenüber.

Da es keine allgemeingültigen Prinzipien ethischen Handelns gibt, muss jeder Mensch in jeder Situation für sich festlegen, wie er handeln und mit anderen umgehen möchte. Wir können individuell entscheiden, wie wir leben wollen und wer wir sein wollen. Diese Freiheit sollte nicht nur den eigenen Anspruch im Blick haben, sondern immer auch die anderen miteinbeziehen. Denn es droht die Gefahr, dass wir die Bedürfnisse anderer aus dem Blick verlieren, wenn wir unsere eigenen Interessen verfolgen.

Kurz gesagt: Es sollte ein Gleichgewicht zwischen Selbstverantwortung und Mitverantwortung angestrebt werden.

Das Verhältnis der beiden Dimensionen muss dementsprechend immer wieder neu austariert werden (Abb. 2.4). In manchen Situationen erfordern Selbstverantwortung und Mitverantwortung identische Handlungen und sind leicht miteinander in Einklang zu bringen. In anderen Situationen muss ein Kompromiss zwischen den beiden gefunden werden.

Praxisbeispiel: Selbstverantwortung und Mitverantwortung in Balance

Die hochbetagte Mutter einer berufstätigen Frau muss nach einem Sturz dauerhaft gepflegt werden. Die Tochter möchte, dass sie zuhause versorgt wird, und versteht, dass die Mutter keine fremde Pflegekraft in ihrem Haushalt möchte. Daher reduziert sie die Zahl ihrer Arbeitsstunden, um sich selbst um sie zu kümmern. Neben der Arbeit kümmert sie sich ausschließlich um die

Erkrankte. Ihr eigenes Bedürfnis, regelmäßig Sport zu treiben und sich mit Freunden zu treffen, unterdrückt sie. Anfangs ist das noch kein Problem. Doch mit der Zeit merkt sie, wie sehr sie unter der Situation leidet.

Sie sucht daraufhin einen ambulanten Pflegedienst, der einmal täglich nach ihrer Mutter schaut, lässt dreimal pro Woche Essen auf Rädern kommen und nimmt sich Zeit für ihre eigenen Hobbys. Bei der Arbeit ist sie nun wieder konzentrierter. Im Umgang mit ihrer Mutter ist sie wieder viel ausgeglichener. Der Mutter hat sie von ihren Bedürfnissen und nachlassenden Kräften erzählt. Diese zeigt Verständnis und bemüht sich, die fremde Hilfe anzunehmen.

14 Handlungsfelder der Verantwortung

Um herauszufinden, wie ältere Arbeitnehmer und Vertreter der mittleren Mitarbeitergeneration über Selbst- und Mitverantwortung denken und wie sie die zentrale Verantwortungsfrage „Was soll ich tun?" beantworten, habe ich zwischen 2013 und 2015 mit vielen Beschäftigten im Alter von 45 Jahren und älter Gespräche geführt (vgl. Schröder-Kunz 2016).

Es ließen sich 14 Handlungsfelder ableiten, wie man ethisch verantwortlich leben kann. Diese kann man wiederum vier übergeordneten Gruppen zuordnen:

I. **Kognition und seelisch-geistiges Bewusstsein**
   1. Aneignen von Wissen (lebenslanges Lernen)
   2. Reflexion
   3. Zulassen von Gefühlen

II. **Handeln und Tun**
   4. Gestaltung des (Arbeits-)Lebens
   5. Aktivität und Ruhe
   6. Achtsamkeit
   7. Verzicht und Grenzen

III. **Verantwortung in der Begegnung**
   8. Akzeptanz von Vielfalt
   9. gute Kommunikation
   10. Ehrlichkeit und Verlässlichkeit
   11. Weitergabe von Erfahrung und Wissen (Generativität)

IV. **Verantwortung im Spannungsfeld des Lebens**
   12. Akzeptanz der Polaritäten des Lebens und der damit verbundenen Spannungsfelder
   13. Freude vs. Leid
   14. Selbstbestimmung vs. Fremdbestimmung bzw. Abhängigkeit

Die 14 Handlungsfelder ergänzen und beeinflussen sich wechselseitig bzw. fließen ineinander über. Wie sie sich gestalten lassen und inwiefern Sie Ihre Mitarbeiter darin mitverantwortlich unterstützen können, ist Gegenstand von Kap. 3 und 4.

Denkanstoß

Sie möchten verstärkt auf Ihre Selbstverantwortung und/oder Mitverantwortung achten? Schreiben Sie konkrete Arbeitssituationen (z. B. Beziehungen, Projekte) aus Ihrem Leben auf, die Sie hinsichtlich Ihrer Selbstverantwortung und Mitverantwortung in den Blick nehmen möchten. Beschäftigen Sie sich nun mit den folgenden Fragen zu den 14 Handlungsfeldern.

Je nach Situation können für Sie verschiedene Fragen von Bedeutung sein. Notieren Sie die Fragen, mit denen Sie sich weiter beschäftigen möchten. Formulieren Sie sie gegebenenfalls so um, dass sie zu Ihrer spezifischen Situation passen.

Denken Sie über die Fragen nach, die Sie mit Priorität behandeln möchten. Vielleicht möchten Sie auch mit einem Menschen Ihres Vertrauens darüber reden. Oft sind gerade die kleinen Schritte wertvoll. Beachten Sie: Es geht nicht darum, *die* Lösung zu finden, denn im Wandel von Außen- und Innenwelt des Menschen sind immer Spannungsfelder gegeben.

1. **Aneignen von Wissen:** Habe ich ausreichend Wissen (z. B. über Projektplanung), um die Situation richtig beurteilen zu können? Hole ich mir Hilfe, wenn mir Informationen fehlen? Verstehe ich mich selbst in der gegebenen Situation? Erkenne ich meine typischen Handlungsmuster (z. B. autoritären Führungsstil)? Habe ich ausreichend Wissen über die anderen betroffenen Personen? Frage ich nach, um das notwendige Wissen zu erhalten und konstruktiv mit der Situation umzugehen?
2. **Reflexion:** Nehme ich die verschiedenen Blickwinkel (z. B. der Mitarbeiter oder der Unternehmensleitung) ein (Grundlage: Wissen)? Suche ich den differenzierten Blick und vermeide ich Pauschalisierungen?
3. **Zulassen von Gefühlen:** Erkenne ich meine Gefühle, die durch die Situation entstehen? Bin ich bereit, unangenehme Gefühle anzunehmen? Bin ich bereit, meine „Gefühlsmuster" anzuschauen und gegebenenfalls daran zu arbeiten? Sorge ich für emotionalen Ausgleich?
4. **Gestaltung des (Arbeits-)Lebens:** Erkenne ich, dass es in der Situation Gestaltungsmöglichkeiten gibt? Hinterfrage ich meine innere Haltung in der Situation? Versuche ich, sie „produktiv" weiterzuentwickeln? Was tue ich aktiv (z. B. Wissen sammeln, Ausgleich nach Anspannung suchen, aktiv an der guten Kommunikation arbeiten)?

5. **Aktivität und Ruhe:** Kann ich in der Situation zu einer guten Balance zwischen Aktivität und Ruhe finden? An welcher Stelle möchte ich noch aktiver werden? Wie kann ich in der Situation Ausgleich finden? Welche Entspannungsübungen sind für mich gut? Gibt es in meinem Leben Rituale, durch die ich entspannen kann? Was will ich möglicherweise ausprobieren? (Abschn. 3.1.2)
6. **Achtsamkeit:** Kann ich Achtsamkeit in der Situation leben? Kann ich beobachten und wahrnehmen, ohne zu werten?
7. **Verzicht und Grenzen:** Kann ich in der entsprechenden Situation verzichten, etwas unterlassen oder loslassen? Erkenne ich, an welcher Stelle Nichtstun/Verzicht sinnvoll ist? Kann ich Nein sagen oder Verantwortung zurückgeben und meine Entscheidung freundlich erklären?
8. **Akzeptanz von Vielfalt:** Sehe ich in der entsprechenden Situation die Menschen mit ihren unterschiedlichen Bedürfnissen, Werten, Normen und Fähigkeiten? Akzeptiere ich die Vielfalt? Übe ich genügend Toleranz?
9. **Gute Kommunikation:** Kann ich in der gegebenen Situation gut kommunizieren? Höre ich aktiv zu? Spreche ich von meinen Beobachtungen oder Gefühlen (Ich-Botschaften) und vermeide Vorwürfe?
10. **Ehrlichkeit und Verlässlichkeit:** Bin ich in der gegebenen Situation ehrlich, authentisch und verlässlich? Kann ich meine Bedürfnisse ehrlich kommunizieren? Verhalte ich mich dabei gegenüber meinen Mitmenschen wertschätzend?
11. **Weitergabe von Erfahrung und Wissen:** Gebe ich mein Wissen und meine Erfahrungen weiter? Gelingt mir das ohne Selbsterhöhung und erhobenen Zeigefinger? Bin ich bereit, daneben auch dem anderen zuzuhören und von ihm zu lernen?
12. **Akzeptanz der Polaritäten des Lebens:** Akzeptiere ich, dass in der gegebenen Situation Spannungsfelder (z. B. Qualitäts- vs. Kostendruck, berufliche und private Situation) und Ambivalenzen vorhanden sind? Nehme ich sie als natürlichen Teil des (Arbeits-)Lebens an? Verstehe ich Konflikte als Chance? Versuche ich, sie konstruktiv zu lösen und Kompromisse zu schließen?
13. **Freude vs. Leid:** Akzeptiere ich Freude und Leid als Teil des Lebens? Erkenne ich das Positive und die Chance in der Situation? Bin ich bereit, den Mangel zu akzeptieren und dennoch das Wertvolle bzw. die Chance zu sehen? Kann ich auch in belastenden Situationen Freude leben und damit einen Ausgleich (Lebensqualität) finden? Wofür bin ich dankbar? Kann ich das unabänderliche Leid (Belastung) annehmen? Achte ich auf meinen Raum für Traurigkeit?

14. **Selbstbestimmung vs. Fremdbestimmung:** Kann ich in der gegebenen Situation selbstständig handeln? Akzeptiere ich auch Aspekte der Fremdbestimmung und Abhängigkeit von anderen? Nehme ich diese Abhängigkeit an, wenn sich an den äußeren Umständen wenig ändern lässt (z. B. beruflich: schwere Rahmenbedingungen, privat: körperliche Einschränkung)? Wenn eine andere Person ebenfalls betroffen ist: Wie sieht sie die Situation? Wünscht sie sich von mir mehr Selbstständigkeit und aktives Handeln? Wenn ja, in welchen Bereichen? Kann sie meine Abhängigkeit oder Machtlosigkeit akzeptieren und mich unterstützen?

Ebenen der Verantwortung im Unternehmen

Die in Abschn. 2.1 und 2.2 angesprochenen Veränderungen innerhalb der Arbeitswelt fordern die Beschäftigten als Einzelperson und als Team, die Verantwortlichen der Unternehmenskultur und die Führungskräfte gleichermaßen auf, verantwortlich zu handeln. Gerade wenn besonders rasche oder große Veränderungen auftreten, sind wir angehalten, aus unserer Routine, aus unseren Mustern herauszutreten und in dem Wandel ein neues Bewusstsein und neues Handeln zu finden. Verantwortung ist gefragt. Die Sinnfragen verändern sich im Wandel der Arbeitswelt, aber auch mit dem Eintreten jüngerer Generationen in das Arbeitsleben. Die 14 Handlungsfelder können daher wichtige Anhaltspunkte für die Arbeit der Zukunft sein.

Die vier Verantwortungsebenen – Beschäftigte als Einzelpersonen, Beschäftigte als Team, Führungskräfte und Unternehmensleitung/Verantwortliche der Unternehmenskultur – beeinflussen sich wechselseitig. Dadurch entstehen unterschiedliche Schnittmengen, in denen sie konstruktiv aufeinander einwirken können.

Wenn sämtliche Beteiligte bewusst reflektieren, wie sie selbst- und mitverantwortlich handeln können und sollten, wirkt sich das auf allen Ebenen aus. Beschäftigte können so ihren Bedürfnissen und Wünschen näherkommen und diese deutlicher kommunizieren. Dafür müssen geeignete Rahmenbedingungen im Unternehmen geschaffen werden. Weil Führungskräfte und Unternehmen jedoch sicherlich nicht allen Vorstellungen entsprechen können, müssen Kompromisse gefunden werden. Anders ausgedrückt: In den immer wieder auftretenden Spannungen (siehe Handlungsfelder 12, 13, 14) muss immer wieder auch Frust und Mangel ausgehalten werden. Hierzu kann eine innere Haltung eingeübt werden, ohne dass die Selbstverantwortung aus dem Blick gerät.

Die zeitliche und inhaltliche Auseinandersetzung mit den selbst- und mitverantwortlichen Beschäftigten bedeutet einerseits Mühe und Anstrengung, andererseits können so auch nachhaltige Lösungen gefunden werden. Das kann für alle Beteiligten gewinnbringend sein.

Welche der 14 Handlungsfelder der Verantwortung dabei besonders wichtig sind, hängt von der jeweiligen Situation ab. Häufig stehen sie miteinander in Verbindung bzw. bedingen einander. Eine begleitende ethische Beratung kann hilfreich sein.

Ethische Begleitung
Die Auseinandersetzung mit den Fragen zu den 14 Handlungsfeldern kann auch mithilfe einer ethischen Begleitung in Form von Seminaren, Vorträgen und Einzelgesprächen unterstützt werden. Aber auch Schulungsunterlagen können die Beteiligten ergänzend dazu anregen, über Selbst- und Mitverantwortung nachzudenken. Die ethische Begleitung kann präventiv erfolgen, aber auch in einer als unbefriedigend empfundenen Situation. Ziel ist das Erlernen der selbstständigen Reflexion zu den 14 Handlungsfeldern in einer konkreten (Arbeits-)Situation, die im Leben des Einzelnen immer wieder stattfinden sollte.

So können Führungskräfte und Beschäftigte zunächst in ihrer individuellen Selbstverantwortung und Mitverantwortung begleitet werden, um schließlich autonom oder als Multiplikatoren zu agieren. Die ethische Begleitung regt den Menschen dazu an, Antworten auf die Fragen zu finden, die seiner Persönlichkeit entsprechen. So kann ein Bewusstsein für die Potenziale und Verletzlichkeiten des Lebens entstehen, die unter dem Dach der Selbstverantwortung und Mitverantwortung zu betrachten sind. Auch der konstruktive Umgang mit anderen ist Gegenstand der ethischen Begleitung: Dabei werden die Beziehungen in einer Gruppe betrachtet. Der Mitarbeiter analysiert seinen „Beitrag“ und seine Möglichkeiten in der Interaktion. Dann entwickelt er Alternativen zum Problemverhalten oder zu seinen Sichtweisen (lösungs- und ressourcenorientierter Ansatz). Dabei wird er vom Begleiter unterstützt, sodass er die Situation aus einer anderen Perspektive betrachten kann. Der Mitarbeiter beschreibt die mögliche/gewünschte Lösung und analysiert die Faktoren, die zu ihrer Realisierung notwendig sind.

In der ethischen Begleitung sind drei Säulen zentral: Leben, Arbeiten und Älterwerden. Sie müssen immer wieder im Hinblick auf Selbst- und Mitverantwortung betrachtet werden.

Unternehmen gestalten die Arbeitswelt von heute und morgen maßgeblich mit. Der Erfolg eines Unternehmens hängt unter anderem von der Unternehmenskultur, der Arbeitsqualität und dem Engagement der Mitarbeiter ab. In Zukunft werden die Fachkräfte zunehmend knapp und die Beschäftigten im Durchschnitt immer älter. Zugleich werden die Unternehmen immer flexibler und innovativer agieren müssen, um wettbewerbsfähig zu bleiben. In Anbetracht dessen sollten die Verantwortlichen der Unternehmenskultur verstärkt auf die Bedürfnisse der Beschäftigten achten, auch wenn sie nicht alle voll befriedigen können.

Bei der Entwicklung einer mitarbeiterorientierten Unternehmenskultur spielen Führungskräfte eine entscheidende Rolle, denn sie haben eine Schnittstellenfunktion inne. Sie müssen mitverantwortlich auf die Beschäftigten eingehen, deren Bedürfnisse erkennen und diese dann wiederum an die Geschäftsleitung weitervermitteln. Zugleich kommt ihnen die Aufgabe zu, die Unternehmenskultur authentisch vorzuleben und dadurch ein Vorbild für ihre Mitarbeiter zu sein.

Eine mitarbeiterorientierte Unternehmenskultur zeigt sich vor allem darin, dass sie Zeit und Raum für Führungsaufgaben gibt. Denn so können Führungskräfte ihre Teammitglieder mit ihren Bedürfnissen mitverantwortlich im Blick haben und entsprechend mitarbeiterorientiert handeln. Das bedeutet auch, dass Zeit für das Vermitteln von Unternehmenszielen und -entscheidungen bleibt. So werden Vertrauen und Motivation der Mitarbeiter gefördert, aber auch die Bindung an das Unternehmen. Und das wiederum ist in der sich schnell verändernden Arbeitswelt überaus wichtig. Wie bereits in Abschn. 2.2.1 erwähnt, kann das nur gelingen, wenn eine Führungskraft für eine überschaubare Mitarbeiteranzahl zuständig ist. Das Unternehmen sollte das bei der Personalplanung berücksichtigen (vgl. Rump et al. 2017, S. 32).[5]

In der Praxis bieten nicht alle Unternehmen einen mitarbeiterorientierten Verantwortungsrahmen. Gerade in derartigen Organisationen kommt Führungskräften eine besonders wichtige Aufgabe zu: Als direkte Ansprechpartner der Beschäftigten sind sie gefordert, die Arbeitnehmer mitverantwortlich zu begleiten und in ihrer Selbstverantwortung zu unterstützen (Kap. 3).

Die Verantwortung **jedes einzelnen Beschäftigten** für sich selbst ist überaus wichtig. Denn eine mitarbeiterorientierte Unternehmenskultur und kompetente Führungskräfte können die Herausforderungen der sich ständig wandelnden Arbeitswelt nur teilweise auffangen. Hier ist jeder Einzelne gefragt, selbstverantwortlich im Hinblick auf seine Gesundheit, soziale Kontakte, die Einstellung zu seiner Arbeit etc. zu handeln.

Daher sind Führungskräfte zunehmend gefordert, alle Mitarbeiter in ihrer Selbstverantwortung zu unterstützen. Dazu müssen sie sich mit jedem Einzelnen auseinandersetzen, seine Potenziale, Fähigkeiten und Bedürfnisse erkennen und ihm dann Aufgaben übertragen, deren Anforderungen er gerecht werden kann. In gemeinsamen Gesprächen können diese ermittelt werden. Es geht nicht darum, den Beschäftigten „nur" mehr Kompetenz zu übertragen, sondern ihnen dabei zu helfen, dass sie ihren Arbeitsalltag selbstverantwortlich gut meistern können. Hier und da, je nach Persönlichkeit des Mitarbeiters, wird es um Fördern und Fordern gehen. Dabei ist es ratsam, dem Mitarbeiter Vertrauen entgegenzubringen und ihm auch Aufgaben zu übertragen, die durchaus herausfordernd sein können. Signalisieren Sie dabei auch, dass Sie gemeinsam nach neuen Lösungen suchen, wenn es nicht klappt.

Beschäftigte, die selbstverantwortlich agieren, verhandeln möglicherweise mit anderen – Kollegen wie Vorgesetzten – über Arbeitsinhalte und – ziele. Das

---

[5]Auch die Verantwortung für die steigende Zahl der Leiharbeiter und eine sichere und gesunde Gestaltung von Leiharbeit sind in den Blick zu nehmen.

kann für Führungskräfte herausfordernd sein. Ihre Aufgabe besteht darin, jeden Einzelnen mitverantwortlich vor Überlastung zu schützen und in seiner Selbstverantwortung zu stärken, ohne die Zielvorgaben aus den Augen zu lassen.

In Anbetracht des Verantwortungsgeflechts ist es wichtig, dass Sie als Führungskraft Ihren Mitarbeitern auch ihre Mitverantwortung bewusst machen. Angesichts massiver und umfassender Krisen, zahlreicher Unternehmensskandale und gestiegener ethischer Herausforderungen sollten die Mitarbeiter für die Konsequenzen ihrer Handlungen im Unternehmenskontext sensibilisiert werden (vgl. Enste et al. 2013, S. 28).

Gleiches gilt auch für die **Beschäftigten als Team.** Mitarbeiter tragen nicht nur als individuelle Personen Selbst- und Mitverantwortung, sondern auch als Gruppe. Es gilt, Rücksicht auf die Kollegen zu nehmen, ohne eigene Bedürfnisse zu verleugnen. Diese Rücksichtnahme bezieht sich auch auf Sie als Vorgesetzten. Sie sollten Ihren Mitarbeitern zeigen, dass auch Sie ein Mensch mit Bedürfnissen, Stärken und Schwächen sind. Diesen muss in der Mitverantwortung mit Wertschätzung begegnet werden. So können Mitarbeiter schließlich auch mitverantwortlich reagieren, wenn sie erkennen, dass ihr Vorgesetzter überfordert ist. In einer Zeit, in der die Hierarchien immer flacher werden, ist auch diese Sichtweise wichtiger Bestandteil der Unternehmenskultur. Die bereits erwähnte Demokratisierung der Führung (Abschn. 2.2) ist nur dann möglich, wenn die Beschäftigten Selbst- und Mitverantwortung bewusst reflektieren: Sie erkennen dann in ihrer Mitverantwortung, dass die vielen Anforderungen an und Aufgaben der Führungsperson nicht von einem Einzelnen erfüllt werden können. In ihrer Selbstverantwortung erkennen sie, was sie selbst zur Entlastung des Vorgesetzten beitragen können (vgl. Rump et al. 2017, S. 45 ff.). Unter Umständen müssen sie in ihrer Selbstverantwortung im Sinne des Empowerments gestärkt werden.

Als Führungsperson kommt Ihnen die Aufgabe zu, die Beschäftigten gemäß ihren Potenzialen und – wenn möglich – nach ihren Wünschen so einzuteilen, dass sich die Gruppenmitglieder gegenseitig in ihren Fähigkeiten ergänzen. Aber auch die verschiedenen sozialen Bedürfnisse (Kap. 4) müssen berücksichtigt und zusammengebracht werden.

Wie bereits mehrfach angesprochen, sind **Führungskräfte** im Hinblick auf die sich wandelnde Arbeitswelt besonders gefordert, denn sie vermitteln zwischen dem Unternehmen und den Mitarbeitern bzw. den Teams.

Abb. 2.5 verdeutlicht die vielfältigen Verantwortungsdimensionen, die einer Führungskraft in der sich wandelnden Arbeitswelt zukommen.

Die Anforderungen an Führungskräfte sind zweifelsohne sehr hoch. Doch zugleich haben sie großen Einfluss auf das Gelingen des beruflichen Miteinanders: **Wenn sie selbst- und mitverantwortlich führen, können sie**

Abb. 2.5 Verantwortungsdimensionen von Führungskräften. (Eigene Darstellung)

einen entscheidenden Beitrag dazu leisten, dass die Mitarbeiter gut und gerne arbeiten und dass das Unternehmen Erfolg hat.

Mitverantwortung der Führungskräfte

> Die gute mitverantwortliche Begleitung Ihrer Mitarbeiter bedeutet, sie immer wieder loszulassen, ohne sie fallen zu lassen. – frei nach Wilma Thomalla.

Zur Mitverantwortung der Führungskraft gehört es,

1. regelmäßig an die Verantwortlichen der Unternehmenskultur zu berichten,
2. die Beschäftigten als Einzelpersonen wahrzunehmen, zu unterstützen und zu begleiten,
3. die Mitarbeiter als Team zu fördern,
4. auch Mitverantwortung für die Sache zu übernehmen, also dem Unternehmensziel gegenüber verpflichtet zu bleiben.

Zu 1.: Eine mitarbeiterorientierte Unternehmenskultur ist nur dann realisierbar, wenn es einen regelmäßigen Austausch zwischen den Verantwortungsebenen gibt. Dabei kommt Führungskräften die anspruchsvolle Vermittlerrolle zu.

Zu 2.: Die Frage der Mitverantwortung von Führungskräften gegenüber ihren Mitarbeitern muss immer wieder lauten: „Ist dem Beschäftigten die Gesundheit, Kompetenz und Motivation gegeben, um diese Aufgabe zu lösen?“ Wie Sie Ihre Mitarbeiter hinsichtlich dieser Aspekte konkret unterstützen können, ist Gegenstand von Kap. 3.

Zu 3.: Der Blick auf jeden Einzelnen ist auch eine wichtige Voraussetzung, um das Team möglichst mitverantwortlich zu führen und zu fördern. Die verschiedenen Fähigkeiten der Mitarbeiter und Generationen (und damit ihre fachlichen Bedürfnisse) müssen konstruktiv zusammengeführt werden. Dabei gilt es auch, die sozialen Bedürfnisse im Blick zu behalten.

Zu 4.: Alle Beschäftigten sollten neben der Selbstverantwortung und der Mitverantwortung für andere auch die Unternehmensziele mittragen und sich engagiert für den Erfolg der Firma einsetzen. In der Praxis ist dies nicht immer leicht und auch nicht immer gegeben. Führungskräfte haben die Aufgabe, beispielhaft voranzugehen und das Leitbild des Unternehmens mit Leben zu füllen. Darin können sie ein Vorbild für ihre Mitarbeiter sein. Wenn sie die unternehmerischen

Ziele verinnerlichen, konsequent verfolgen und den Mitarbeitern nahebringen, können sie zu deren Motivation und damit letztlich zu einem größeren Unternehmenserfolg beitragen. Erleichtert wird das, wenn die unternehmerischen Rahmenbedingungen dafür gegeben sind.

Denkanstoß

- Werden Sie aktiv in Veränderungen miteinbezogen, oder kommunizieren Sie diese Notwendigkeit nach oben, sodass Sie Ihren Mitarbeitern die Veränderungen mitverantwortlich erläutern können?
- Wo müssen Sie Entscheidungen abwarten und können nicht aktiv Einfluss nehmen? Wie können Sie dieses „Warten" gemeinsam mit Ihren Mitarbeitern aushalten und gestalten?
- Wie begegnen Sie Ihren Mitarbeitern in ihren Sorgen bezüglich der Veränderungen der Arbeitswelt (Abschn. 2.2.3)?

Notwendigkeit der Selbstverantwortung von Führungskräften

Die Anforderungen an Führungskräfte sind so vielfältig, dass sie ohne ausreichende Selbstverantwortung kaum bewältigt werden können. Reflektieren Sie deshalb unbedingt Ihre Stärken und Schwächen, und behalten Sie Ihre Bedürfnisse im Auge. Dieses Bewusstsein sowie die dafür benötigte Zeit sollten durch die mitarbeiterorientierte Unternehmenskultur gefördert werden. Durch Ihre Selbstverantwortung können Sie auch zum Vorbild für die Mitarbeiter werden.

Sicher gibt es einzelne Bereiche, in denen Sie Unterstützung benötigen. Zögern Sie nicht, diese Unterstützung anzunehmen. Mögliche Maßnahmen sind beispielsweise Coaching, Supervision, Sozial- und Mitarbeiterberatung, geeignete Fortbildungen, die intern oder extern (zum Beispiel von Industrie- und Handelskammern) angeboten werden sowie die ethische Begleitung.

Literatur

Verwendete Literatur

Bundesagentur für Arbeit. (2018). Fachkräfteengpassanalyse Juni 2018. https://statistik.arbeitsagentur.de/Navigation/Footer/Top-Produkte/Fachkraefteengpassanalyse-Nav.html. Zugegriffen: 31. Juli 2018.

Bundesanstalt für Arbeitsschutz und Arbeitsmedizin (BAuA). (2017). Alterns- und altersgerechte Arbeitsgestaltung Grundlagen und Handlungsfelder für die Praxis. https://www.baua.de/DE/Angebote/Publikationen/Praxis/Arbeitsgestaltung.pdf. Zugegriffen: 01. Aug. 2018.

Bundesministerium für Arbeit und Soziales (BMAS). (2013). Fortschrittsreport „Altersgerechte Arbeitswelt". Ausgabe 3: „Länger gesund Arbeiten" [sic!]. www.bmas.de/SharedDocs/Downloads/DE/PDF-Publikationen-DinA4/fortschrittsreport-ausgabe-3-september-2013.pdf. Zugegriffen: 31. Juli 2018.

Bundesministerium für Arbeit und Soziales (BMAS). (2015). Arbeit weiter denken, Grünbuch Arbeiten 4.0. https://www.bmas.de/SharedDocs/Downloads/DE/PDF-Publikationen-DinA4/gruenbuch-arbeiten-vier-null.pdf. Zugegriffen: 31. Juli 2018.

Bundesministerium für Arbeit und Soziales (BMAS). (2016). Wertewelten Arbeiten 4.0. www.arbeitenviernull.de/fileadmin/Downloads/Wertestudie_Arbeiten_4.0.pdf. Zugegriffen: 31. Juli 2018.

Bundesministerium für Arbeit und Soziales (BMAS). (2018). Erhalt der Beschäftigungsfähigkeit. Arbeitsmedizinische Empfehlung. http://www.bmas.de/SharedDocs/Downloads/DE/PDF-Publikationen-DinA4/a452-erhalt-beschaeftigungsfaehigkeit.pdf. Zugegriffen: 31. Juli 2018.

Bundesministerium für Familie, Senioren, Frauen und Jugend (BMFSFJ). (2005). Fünfter Bericht zur Lage der älteren Generation in Deutschland. Potenziale des Alters in Wirtschaft und Gesellschaft. Der Beitrag älterer Menschen zum Zusammenhalt der Generationen.https://www.bmfsfj.de/blob/79080/8a95842e52ba43556f9ebfa600f02483/fuenfter-altenbericht-data.pdf. Zugegriffen: 23. Aug. 2018.

Bundesministerium für Familie, Senioren, Frauen und Jugend (BMFSF). (2017). Siebter Altenbericht. Sorge und Mitverantwortung in der Kommune – Aufbau und Sicherung zukunftsfähiger Gemeinschaften und Stellungnahme der Bundesregierung. https://www.bmfsfj.de/blob/120144/2a5de459ec4984cb2f83739785c908d6/7--altenbericht---bundestagsdrucksache-data.pdf. Zugegriffen: 18. Aug. 2018.

Bundeszentrale für politische Bildung (bpb), Statistisches Bundesamt (Destatis), Wissenschaftszentrum Berlin für Sozialforschung (WZB), Das Sozio-oekonomi-sche Panel (SOEP) am Deutschen Institut für Wirtschaftsforschung (DIW Berlin). (2016). Datenreport 2016. Ein Sozialbericht für die Bundesrepublik Deutschland. https://www.destatis.de/DE/Publikationen/Datenreport/Downloads/Datenreport2016.pdf. Zugegriffen: 31. Juli 2018.

Das Demographie Netzwerk (ddn). (o. J.). Fakten zum demographischen Wandel. https://www.demographie-netzwerk.de/praxis/fakten/. Zugegriffen: 31. Juli 2018.

Demowanda. (o. J.). Personalrekrutierung. https://www.demowanda.de/DE/Arbeitsmarkt/Personalrekrutierung/personalrekrutierung_node.html. Zugegriffen: 31. Juli 2018.

Enste, D. H., Eyerund, T., & Knelsen, I. (2013). Führung im Wandel Führungsstile und gesellschaftliche Megatrends im 21. Jahrhundert. https://www.romanherzoginstitut.de/publikationen/detail/download/fuehrung-im-wandel.html. Zugegriffen: 02. Aug. 2018.

Hauser, F., Schubert, A., & Aicher, M. (2008). Abschlussbericht zum Forschungsprojekt „Unternehmenskultur, Arbeitsqualität und Mitarbeiterengagement in den Unternehmen in Deutschland". https://www.bmas.de/SharedDocs/Downloads/DE/PDF-Publikationen/forschungsbericht-f371.pdf. Zugegriffen: 02. Aug. 2018.

Initiative Neue Qualität der Arbeit (INQA). (2014). Führungskultur im Wandel. Kulturstudie mit 400 Tiefeninterviews. https://www.inqa.de/SharedDocs/PDFs/DE/Publikationen/fuehrungskultur-im-wandel-monitor.pdf?__blob=publicationFile. Zugegriffen: 15. Aug. 2018.

Initiative Neue Qualität der Arbeit (INQA). (2015). Kein Stress mit dem Stress. Eine Handlungshilfe für Führungskräfte. https://www.inqa.de/SharedDocs/PDFs/DE/Publikationen/psyga-kein-stress-mit-dem-stress-fuehrungskraefte.pdf?__blob=publicationFile&v=3. Zugegriffen: 01. Aug. 2018.

Initiative Neue Qualität der Arbeit (INQA). (2016). Kein Stress mit dem Stress. Lösungen und Tipps für gesundes Führen. Mit vielen Arbeitshilfen und Praxisbeispielen. https://www.inqa.de/DE/Angebote/Publikationen/psyga-kein-stress-mit-dem-stress-handlungshilfe-beschaeftigte.html. Zugegriffen: 01. Aug. 2018.

Kruse, A. (2005). Selbstständigkeit, bewusst angenommene Abhängigkeit, Selbstverantwortung und Mitverantwortung als zentrale Kategorien einer ethischen Betrachtung des Alters. *Zeitschrift für Gerontologie und Geriatrie, 38*(4), 273–287.

Kühn, F. (2017). Die demografische Entwicklung in Deutschland [20.8.2017]. https://www.bpb.de/politik/innenpolitik/demografischer-wandel/196911/fertilitaet-mortalitaet-migration. Zugegriffen: 31. Juli 2018.

Levy, B. R., Slade, M. D., Pietrzak, R. H., Ferrucci, L. (2018). Positive age beliefs protect against dementia even among elders with high-risk gene [07.02.2018]. http://journals.plos.org/plosone/article?id=10.1371/journal.pone.0191004. Zugegriffen: 08. März 2018.

Mittelstand 4.0-Agentur Kommunikation. (2017). Digitalisierung braucht Führung und Kommunikation. Bedarfe und Status quo. http://docplayer.org/63126195-Studie-digitalisierung-braucht-fuehrung-und-kommunikation-bedarfe-und-status-quo.html. Zugegriffen: 01. Aug. 2018.

Müller, S. (2018). *Virtuelle Führung. Erfolgreiche Strategien und Tools für Teams in der digitalen Arbeitswelt*. Wiesbaden: Springer Gabler.

Ott, U. (2011). Hebelwirkungen der Führungskräfte. In W. Jäger & L. Rolke (Hrsg.), *Personalkommunikation. Interne und externe Öffentlichkeit für HR-Themen gewinnen* (S. 227–238). Köln: Wolters Kluwer.

Rump, J., Kreis, L.-M., Wilms, G., & Zapp, D. (2016). STRATEGIE FÜR DIE ZUKUNFT. Was Sie von King Kong, Maja und Flipper lernen können. Werteorientierte Gestaltung einer Lebensphasenorientierten Personalpolitik. http://www.lebensphasen-orientierte-personalpolitik.de/Leitfaden_2016/Strategie-Brosch_2016-FINAL.pdf. Zugegriffen: 01. Aug. 2018.

Rump, J., & Eilers, S. (2017). Im Fokus: Digitalisierung und soziale Innovation. In J. Rump & S. Eilers (Hrsg.), *Auf dem Weg zur Arbeit 4.0. Innovationen in HR* (S. 79–84). Wiesbaden: Springer Gabler.

Rump, J., Zapp, D., & Eilers, S. (2017). Erfolgsformel: Arbeiten 4.0 und Führung 4.0. http://www.ibe-ludwigshafen.de/download/arbeitsschwerpunkte-downloads/digitalisierung/Erfolgsformel-Arbeiten-4.0-und-FuCC88hrung-4.0_NEU_2.pdf. Zugegriffen: 31. Juli 2018.

Schröder-Kunz, S. (2016). Selbstverantwortung und Mitverantwortung bei älteren Arbeitnehmern in der sich verändernden Arbeitswelt. (bislang unveröffentlicht).

Schuett, S. (2014). *Führung im demografischen Wandel. Ein Leitfaden für Führungskräfte und Personalmanager*. Wiesbaden: Springer Gabler.

Sonntag, K., & Spellenberg, U. (2005). *Erfolgreich durch Veränderungen – Veränderungen erfolgreich managen*. Stuttgart: IPA-Verlag.

Stegmaier, R., Nohe, C., & Sonntag, K. (2016). Veränderung bewirken: Transformationale Führung und Innovation. In K. Sonntag (Hrsg.), *Personalentwicklung in Organisationen. Psychologische Grundlagen, Methoden und Strategien.* (4., vollständig überarbeitete und erweiterte Aufl., S. 533–559). Göttingen: Hogrefe.

Wöhrmann, A. M., Gerstenberg, S., Hünefeld, L., Pundt, F., Reeske-Behrens, A., Brenscheidt, F., & Beermann, B. (2016). Arbeitszeitreport Deutschland 2016. https://www.baua.de/DE/Angebote/Publikationen/Berichte/F2398.pdf. Zugegriffen: 31. Juli 2018.

Weiterführende Literatur

Böhm, S. (2016). Auswirkungen der Digitalisierung auf die Gesundheit von Berufstätigen. Ergebnisse einer bevölkerungsrepräsentativen Studie in der Bundesrepublik Deutschland [27.09.2016]. https://www.barmer.de/blob/34728/f3576976c7e2d74c84699fffcd b1f615/data/vortrag.pdf. Zugegriffen: 25. Aug. 2018.

Bundesministerium des Innern, für Bau und Heimat (BMI). (2015). Jedes Alter zählt. Die Demografiestrategie der Bundesregierung. Arbeitsgruppenergebnisse zum Strategiekongress am 22. September 2015. https://www.demografie-portal.de/SharedDocs/Arbeitsgruppen/DE/2014/Ergebnisse/Ergebnisbericht_Arbeitsgruppen.pdf?__blob=publicationFile&v=4. Zugegriffen: 25. Aug. 2018.

Bundesministerium für Bildung und Forschung (BMBF). (2013a). Erfahrener, flexibler, weiblicher. Die Zukunft der Arbeitswelt. https://www.wissenschaftsjahr.de/2013/die-themen/themen-dossiers/arbeitswelten/erfahrener-flexibler-weiblicher.html. Zugegriffen: 25. Aug. 2018.

Bundesministerium für Bildung und Forschung (BMBF). (2013b). Erfolgsfaktoren für alternsgerechtes Arbeiten. Ein Selbsttest für Unternehmen. https://www.wissenschaftsjahr.de/2013/die-themen/themen-dossiers/arbeitswelten/erfolgsfaktoren-fuer-alternsgerechtes-arbeiten.html. Zugegriffen: 25. Aug. 2018.

DIHK Service GmbH im Auftrag von: Bundesministerium für Arbeit und Soziales. (2018). Digitalisierung weiterdenken – Qualifizierungsbedarfe von KMU erkennen und im Netzwerk Fachkräfte für die Region sichern. Langfassung. https://www.dihk.de/ressourcen/downloads/studie-digitalisierung-weiterdenken. Zugegriffen: 25. Aug. 2018.

Dubielzig, F., & Schaltegger, S. (2005). Corporate Social Responsibility. In M. Althaus, M. Geffken, & Rawe, S. (Hrsg.), *Handlexikon Public Affairs* (S. 240–243). Berlin u. a: LIT-Verlag.

Eichhorst, W., & Tobsch, V. (2014). Flexible Arbeitswelten. Bericht an die Expertenkommission „Arbeits- und Lebensperspektiven in Deutschland". https://www.bertelsmann-stiftung.de/fileadmin/files/BSt/Publikationen/GrauePublikationen/GP_Flexible_Arbeitswelten.pdf. Zugegriffen: 25. Aug. 2018.

Elias, N. (1987). *Die Gesellschaft der Individuen*. Frankfurt am Main: Suhrkamp.

Gebhardt, B., Hofmann, J., & Roehl, H. (2015). Zukunftsfähige Führung – Die Gestaltung von Führungskompetenzen und –systemen. https://www.bertelsmann-stiftung.de/fileadmin/files/BSt/Publikationen/GrauePublikationen/ZukunftsfaehigeFuehrung_final.pdf. Zugegriffen: 25. Aug. 2018.

Gesellschaft für Konsumforschung (GfK) und St. Gallen Symposium. (2017). Global Perspectives Barometer 2017. http://www.gfk-verein.org/forschung/studien/global-perspectives-barometer-voices-leaders-tomorrow/2017. Zugegriffen: 01. Aug. 2018.

Initiative Neue Qualität der Arbeit (INQA). (2009). Lernfähig im Tandem – Betriebliche Lernpartnerschaft zwischen Älteren und Jüngeren. www.inqa.de/SharedDocs/PDFs/DE/Publikationen/lernfaehig-im-tandem.pdf?__blob=publicationFile. Zugegriffen: 25. Aug. 2018.

Institut der deutschen Wirtschaft Köln e. V. (2014). Lebensphasenorientierte Personalpolitik – Theoretisches Konzept und empirische Evidenz. www.bmwi.de/BMWi/Redaktion/PDF/Publikationen/Studien/lebensphasenorientierte-personalpolitik,property=pdf,bereich=bmwi2012,sprache=de,rwb=true.pdf. Zugegriffen: 25. Aug. 2018.

Jonas, H. (1979). *Das Prinzip Verantwortung – Versuch einer Ethik für die technologische Zivilisation*. Frankfurt am Main: Insel.

Jungmann, F., Bilinska, P., & Wegge, J. (2014). Alter(n)sgerechte Führung. In J. Felfe (Hrsg.), *Trends der psychologischen Führungsforschung: Neue Konzepte, Methoden und Erkenntnisse* (S. 467–479). Göttingen: Hogrefe.

Kant, I. (2011). *Kritik der praktischen Vernunft*. Köln: Anaconda.

Kienbaum. (2017). Flache Hierarchien sorgen für mehr Innovationen. https://www.kienbaum.com/de/news/presse/studie-flache-hierarchien-sorgen-fuer-mehr-innovationen.

Kruse, A., Hüther, M. (2014). Berufliche Entwicklung in Veränderung. In A. Kruse & H.-W. Wahl (Hrsg.), *Lebensläufe im Wandel – Entwicklung über die Lebensspanne aus Sicht verschiedener Disziplinen* (S. 150–165). Stuttgart: Kohlhammer.

Initiative Neue Qualität der Arbeit (INQA). (2013). Führungskultur im Wandel. Kulturstudie mit 400 Tiefeninterviews. http://www.inqa.de/SharedDocs/PDFs/DE/Publikationen/fuehrungskultur-im-wandel-monitor.pdf;jsessionid=DE8E782A9E19925A75DD030F04B77A1C?__blob=publicationFile&v=3. Zugegriffen: 25. Aug. 2018.

Robert Bosch Stiftung GmbH. (2009). Starke Familie – Solidarität. Subsidiarität und kleine Lebenskreise. http://www.bosch-stiftung.de/content/language2/downloads/Starke_Familie_2_Kommissionsbericht_ganz_final.pdf. Zugegriffen: 25. Aug. 2018.

Rosenmayr, L. (2007). *Schöpferisch Altern. Eine Philosophie des Lebens*(2. Aufl.). Berlin u. a.: LIT.

Schröder-Kunz, S. (2015). Schulungsunterlagen: GUTES Leben und Arbeiten 50 plus. Ein Arbeitsbuch mit über 100 Denkanstößen.

Sonntag, K., & Seiferling, N. (2016). Potenziale älterer Erwerbstätiger nutzen. Ageing Workforce. In K. Sonntag (Hrsg.), *Personalentwicklung in Organisationen. Psychologische Grundlagen, Methoden und Strategien*. (4., vollständig überarbeitete und erweiterte Aufl., S. 495–534). Göttingen: Hogrefe.

3 Mitarbeiterführung und -unterstützung für jedes Alter

Zusammenfassung
In diesem Kapitel steht die Frage im Vordergrund, wie Sie als mitverantwortliche Führungskraft Ihre Mitarbeiter aller Altersgruppen dabei unterstützen können, gesund, kompetent und motiviert zu arbeiten. In Abschn. 3.1 setzen Sie sich damit auseinander, was Sie als Gesundheitsmanager für die physische und psychische Gesundheit Ihrer Mitarbeiter tun können. In Abschn. 3.2 geht es um die Kompetenz Ihrer Mitarbeiter: Welche Talente haben sie? Wie kann lebenslanges Lernen gestaltet werden? Was können Sie als Coach tun, um nicht nur die Beschäftigten, sondern auch eine positive Arbeitsatmosphäre zu fördern? Abschn. 3.3 ist dem Thema Motivation gewidmet. Dank der Hintergrundinformationen und Praxistipps zu diesem Thema können Sie Ihrer Rolle als Motivator gerecht werden.

Doch grau ist alle Theorie, deshalb finden Sie in diesem Kapitel zahlreiche Praxistipps, Denkanstöße und Übungen, die Sie in Ihrem Führungsalltag anwenden können.

Im Wandel der Arbeitswelt sind Führungskräfte mehr als je zuvor gefordert, ihre Mitarbeiter in den Blick zu nehmen. Es bedarf der Unterstützung, Führung und Begleitung des Einzelnen – egal welchen Alters – auch wenn die Lebensphase des Einzelnen von Bedeutung ist. Was ist nötig, um Gesundheit, Kompetenz und Motivation der Mitarbeiter zu erhalten und zu fördern? Um diese Frage zu beantworten, ist es sinnvoll, sich das sogenannte Haus der Arbeitsfähigkeit nach Juhani Ilmarinen (2012) anzuschauen.

Die Arbeitsfähigkeit versteht Ilmarinen als die Summe der Faktoren, die einen Beschäftigten in die Lage versetzen, seine Aufgaben erfolgreich zu bewältigen.

S. Schröder-Kunz, *Generationen (gut) führen*,
https://doi.org/10.1007/978-3-658-24097-4_3

Diese Faktoren bilden jeweils die einzelnen Stockwerke im Haus der Arbeitsfähigkeit (vgl. Ilmarinen 2012, S. 3 f.):

- Die Basis bzw. das unterste Stockwerk bildet die Gesundheit der Beschäftigten, also die physische und psychische Leistungsfähigkeit (Abschn. 3.1).
- Das zweite Stockwerk machen Kompetenz, Fertigkeiten und Wissen aus (Abschn. 3.2).
- Das dritte besteht aus Werten, Einstellungen und der Motivation; sie spielen eine zentrale Rolle für die Selbstverantwortung und Mitverantwortung des Beschäftigten und können auf besondere Weise die anderen Stockwerke beeinflussen (Abschn. 3.3).
- Das vierte und oberste Stockwerk bildet das Arbeitsleben selbst. Passt es zu den individuellen Ressourcen aus den unteren drei Stockwerken, ist eine gute Arbeitsfähigkeit gegeben.

Die einzelnen Stockwerke sind nicht losgelöst voneinander zu betrachten, sondern sie beeinflussen sich wechselseitig. Die Weltgesundheitsorganisation (WHO) definiert Gesundheit beispielsweise als einen „Zustand des vollständigen körperlichen, geistigen *und sozialen* Wohlergehens und nicht nur das Fehlen von Krankheit oder Gebrechen." Damit ist ein fließender Übergang zwischen dem ersten und dem zweiten Stockwerk im Haus der Arbeitsfähigkeit gegeben, in dem es nicht nur um die fachliche, sondern auch um die soziale Kompetenz geht.

Die drei unteren Stockwerke werden von verschiedenen Faktoren beeinflusst, beispielsweise die Lebensphase, in der sich ein Mitarbeiter befindet, oder die Prägung, die er in seiner Generation erfahren hat. Ein jüngerer Mitarbeiter hat beispielsweise noch nicht so viel Berufserfahrung wie ein Älterer, ist dafür aber vertrauter mit digitalen Medien. Ihre Kompetenzen unterscheiden sich dementsprechend. Zudem wirken viele äußere Faktoren auf das Haus der Arbeitsfähigkeit ein. Nicht nur die private Situation in der Familie oder im Freundeskreis hat auf unsere Leistung Einfluss, sondern auch kulturelle und rechtliche Rahmenbedingungen unseres Lebens. Das haben Sie bei Ihren Mitarbeitern bestimmt schon erlebt: Private Sorgen führen dazu, dass ein Teammitglied unkonzentriert arbeitet.

In diesem Kapitel werden Sie immer wieder konkrete Denkanstöße für den Erhalt der Gesundheit, Kompetenz und Motivation Ihrer Mitarbeiter erhalten. Dabei soll hier noch nicht auf das Alter eingegangen werden, sondern auf die Individualität des Einzelnen. Es geht nicht um Patentrezepte, sondern um Anregungen, die Ihnen in Ihrer persönlichen Führungssituation helfen können. Gerade im Hinblick auf die Individualisierung (Abschn. 2.1.3) gibt es sicher auch unter Ihren Beschäftigten viele unterschiedliche Bedürfnisse und Werte; daher ist es wichtig, mit den Mitarbeitern ins Gespräch zu kommen. Versuchen Sie gemeinsam, die Interessengebiete Ihres Teams zu erkunden:

- Was passt zu Ihnen und Ihren Mitarbeitern?
- Wie stellen sie sich den Lebensraum Arbeit vor?
- Was wünschen sich Ihre Mitarbeiter?
- Was kann gemeinsam für Gesundheit, Kompetenz und Motivation getan werden?

In Abschn. 3.1, 3.2 und 3.3 werden Sie viele Denkanstöße zur Selbstverantwortung und Mitverantwortung finden. Dabei wird die Beschäftigung mit den Themen Gesundheit, Kompetenz und Motivation in Bezug auf Ihre Selbstverantwortung eine wichtige Grundlage für Ihre Mitverantwortung sein.

Erst wenn Sie sich persönlich damit auseinandergesetzt haben, werden Sie Ihren Mitarbeitern empathisch und damit mitverantwortlich begegnen können. Zudem betreffen diese Themen nicht ausschließlich das Berufsleben, sondern stehen häufig auch in Verbindung mit dem Privatleben. Die Beschäftigung damit kann demnach über das Arbeitsleben hinaus zur persönlichen Reifung und Bereicherung beitragen. Wer sich aktiv mit Selbstverantwortung und Mitverantwortung auseinandersetzt, wird möglicherweise offener für Neues, fühlt genauer in sich hinein und versucht, sich auch in andere hineinzuversetzen. Diese wichtigen Fähigkeiten helfen Ihnen in allen Lebensphasen, besonders im Alter, wenn das Wohlbefinden in den sozialen Kontakten an Bedeutung gewinnt. *Das Führungstraining zur Selbstverantwortung und Mitverantwortung wird damit zum Lebenstraining.*

Fühlen sich Ihre Mitarbeiter von Ihnen verstanden, werden sie Ihnen wahrscheinlich eine neue Offenheit und Wertschätzung entgegenbringen. Denn auch das ist noch einmal zu betonen: Ihre Mitarbeiter haben immer auch Mitverantwortung für Sie als Führungskraft. Sie sollten als Mensch mit Stärken und Schwächen wahrgenommen werden, auf die es auch Rücksicht zu nehmen gilt – beispielsweise im Hinblick auf gewisse Rahmenbedingungen im Unternehmen, an die Sie gebunden sind und an denen Sie (vorerst) nichts ändern können. Durch eine gute Selbstverantwortung und Mitverantwortung aller Beteiligten in Ihrem Team, einschließlich Ihnen selbst, kann gerade in schweren Zeiten ein Zusammengehörigkeitsgefühl entstehen.

Beachten Sie Bei allem, was Sie im Hinblick auf Gesundheit, Kompetenz und Motivation für Ihre Mitarbeiter tun, ist auf ein gesundes Maß an Nähe und Distanz zu achten. Viele Arbeitnehmer bevorzugen den Kontakt auf der Sachebene und möchten nicht, dass der Chef Einblick in ihr Privatleben erhält. Auch das ist zu respektieren. Es kann sich – wenn Sie die Sachebene verlassen – nur um Angebote handeln. Beim Fördern der Mitarbeiter, sei es im Gesundheitsverhalten, der Kompetenz oder der Motivation, kann es hilfreich sein, sich die kleinen Fortschritte bewusst zu machen und sich darüber zu freuen. Bedenken Sie außerdem: Ein Mensch lässt sich nicht von Grund auf verändern. Aber er kann sich entwickeln und dazulernen.

Ihre Aufgabe ist es, immer wieder die Arbeitsfähigkeit im Hinblick auf Gesundheit, Kompetenz und Motivation zu betrachten, Ihre eigenen Erwartungen zu überprüfen und Vorschläge zur Förderung der einzelnen Aspekte im Sinne der Mitverantwortung mit Ihrem Mitarbeiter zu besprechen.

Ein Überstülpen ist meistens von wenig Erfolg geprägt. Vielmehr geht es darum, den Beschäftigten Angebote zu machen, sodass sich jeder Mitarbeiter individuell entwickeln kann. Die Frage „Wie wollen wir miteinander arbeiten?" können Sie beispielsweise in Abteilungsbesprechungen gemeinsam beantworten. Damit wird der Lebensraum Arbeit kreiert, was wiederum zu Wohlbefinden und Engagement beitragen kann. Wenn alle miteinbezogen werden, kann auf ganz natürliche Weise eine mitarbeiterorientierte Führung gelingen. Mithilfe von Arbeitsblättern und Denkanstößen, die Sie in diesem Buch finden, kann die Reflexion des Einzelnen angestoßen werden. Das Ziel besteht darin, Diskussionen und Reflexion in Gruppen- und Einzelarbeit (ohne sich outen zu müssen) anzustoßen.

Fragen Sie Ihre Mitarbeiter auch: Was kann ich tun? Welche Unterstützung wünschen Sie sich von mir? Werden daraufhin Wünsche geäußert, die Sie nicht mit Ihrer Führungsposition vereinbaren können, gilt es, das so transparent wie möglich zu erläutern. Manchmal kann es auch hilfreich sein, um Bedenkzeit zu bitten und später die Forderung für sich oder mit anderen in Ruhe zu überlegen. In einer mitarbeiterorientierten Unternehmenskultur geht es nicht darum, allen Wünschen gerecht zu werden. Konflikte und Frust sind Teil des (Arbeits-)Lebens. Auch das gehört zur selbstverantwortlichen und mitverantwortliche Reflexion einer Führungskraft (Abschn. 3.1.2.3).

Die folgenden Anregungen, die als Angebote für die Mitarbeiter zu betrachten sind, benötigen Zeit – etwas, das gerade unter Führungskräften als Mangelware gilt (vgl. Schröder-Kunz 2016, S. 42). Überlegen Sie, wie sie dennoch regelmäßige Gespräche mit dem Team oder einzelnen Mitarbeitern führen können.

Sind Sie in einer Position, in der Sie selbst einen oder mehrere Vorgesetzte haben, sprechen Sie mit ihnen über Ihre Aufgaben und Ihre zeitlichen Ressourcen. Sind Sie in einer Position, in der sie wiederum für verschiedene Führungskräfte verantwortlich sind, geben Sie die folgenden Ansätze zu einer mitarbeiterorientierten Führung weiter und versuchen Sie, Ihren mitarbeitenden Führungskräften Zeit dafür zu geben.

Auswirkungen der Digitalisierung auf Gesundheit, Kompetenzen und Motivation

Eine Befragung unter Beschäftigten im Auftrag des Bundesministeriums für Arbeit und Soziales (BMAS 2016, S. 4 f.) zeigt, wie sich die Digitalisierung am Arbeitsplatz auswirkt. Die wichtigsten Ergebnisse:

- Bei fast vier von fünf Beschäftigten hat sich die technische Ausstattung am Arbeitsplatz in den vergangenen fünf Jahren verändert. Dabei gilt: je höher das Ausbildungslevel, desto mehr technische Veränderung.
- Die technologische Veränderung hat für manche (knapp 30 %) eine körperliche Entlastung zur Folge. Die Anforderungen an ihre Fähigkeiten nehmen ab. Die Befragten, auf die das zutrifft, nehmen seltener als andere an beruflichen Weiterbildungen teil.
- Andererseits wird es immer wichtiger sich weiterzuentwickeln: Jeder achte Beschäftigte hält es für notwendig, seine Fähigkeiten ständig weiterzuentwickeln, um mit den technologischen Veränderungen Schritt zu halten. Sie nehmen entsprechend häufiger an beruflichen Fortbildungen teil.
- Fast zwei von drei Befragten nehmen eine Verdichtung ihrer Arbeit wahr.
- Für rund ein Drittel der Beschäftigten bringen die technologischen Entwicklungen eine größere Entscheidungsfreiheit mit sich.
- Über 50 % meinen, dass sie durch die Digitalisierung produktiver arbeiten können.
- 13 % der Beschäftigten halten es für wahrscheinlich, dass ihre Arbeit in Zukunft von Maschinen übernommen wird.

Denkanstoß

Wie geht es Ihnen und Ihren Mitarbeitern hinsichtlich der Veränderung der Arbeitswelt durch die Digitalisierung? Welche Auswirkung hat diese auf die Gesundheit, auf die erforderlichen Kompetenzen und auf die Fortbildungsbereitschaft?

Schauen Sie sich die oben dargestellten Ergebnisse der BMAS-Studie an.

- Wo würden Sie Ihre Mitarbeiter einordnen?
- Möchten Sie mit Ihren Mitarbeitern hierzu ins Gespräch kommen?
- Welche Lösungen können Sie sich vorstellen?

3.1 Gesundheit – die Führungskraft als Gesundheitsmanager

Die meiste Zeit unseres Erwachsenenlebens verbringen wir bei der Arbeit. Auch in der Freizeit müssen dann noch die Steuererklärung gemacht, der Haushalt und gegebenenfalls der Garten in Ordnung gehalten, das Auto zur Inspektion gebracht und viele andere unliebsame Dinge erledigt werden. Bei alledem gilt es, immer wieder auf die eigene Gesundheit zu achten.

Denkanstoß

Haben Sie schon einmal darüber nachgedacht, regelmäßig (zum Beispiel einmal pro Monat) „Gesundheits-Meetings" mit Ihren Teammitgliedern abzuhalten? Als Führungskraft können Sie Themen vorschlagen und die Mitarbeiter entscheiden lassen, welche Aspekte gemeinsam bearbeitet werden. Beziehen Sie die Beschäftigten von Anfang an mit ein. So wecken Sie das Interesse und die aktive Teilnahme in den Sitzungen.

Als Führungskraft in der Wirtschaft oder in einer Behörde haben Sie in der Regel keine Ausbildung in einem Gesundheitsberuf. Dennoch wird von Ihnen zunehmend verlangt, dass Sie auf die Gesundheit Ihrer Mitarbeiter achten. Es geht hierbei um Führungskompetenzen, die der sogenannten Sorgfaltspflicht gerecht werden.

Da wir Menschen einen Großteil unseres Lebens bei der Arbeit verbringen, haben die Arbeitsbedingungen und das Arbeitsumfeld großen Einfluss auf unsere Gesundheit und letztlich auch auf die Frage, wie wir altern. Daher ist es überaus wichtig, dass Führungskräfte ein Bewusstsein für gesundes Älterwerden entwickeln und Mitarbeiter dabei immer wieder unterstützen.

Es gibt inzwischen zahlreiche wissenschaftliche Studien, die einen Zusammenhang zwischen dem Führungsverhalten einerseits und dem Wohlbefinden, der Arbeitsfähigkeit und Anwesenheit sowie der Arbeitszufriedenheit der Mitarbeiter andererseits belegen (vgl. Sonntag et al. 2016, S. 436).

Ihnen als Führungskraft kommt eine Vorbildfunktion zu: Wenn Sie aktiv etwas für Ihre Gesundheit und Leistungsfähigkeit tun, kommt das nicht nur Ihrer Work-Life-Balance zugute, sondern es ist auch eine Voraussetzung dafür, dass sich die Mitarbeiter mit einer engagierten, motivierten und gesundheitsförderlichen Arbeitswelt identifizieren können.

Gutes Führungsverhalten und gute Arbeit von Vorgesetzten ist der einzige hoch signifikante Faktor, für den eine Verbesserung der Arbeitsfähigkeit zwischen dem 51. und 62. Lebensjahr nachgewiesen wurde (Ilmarinen und Tempel 2013, S. 245).

Gesundheitsförderliche Führung zeichnet sich durch vier empirisch nachgewiesene Aspekte aus (vgl. Sonntag et al. 2016, S. 436):

1. Vorbildfunktion der Führungskraft im Hinblick auf Gesundheit
2. positiv gestaltete Beziehung zu den Mitarbeitern
3. gesundheitsförderliche Gestaltung der Arbeitsbedingungen
4. Beitrag zur Gestaltung des betrieblichen Gesundheitsmanagements

Zugleich kann das Thema ressourcenorientierte Gesundheitsförderung[1] auch für Führungskräfte in ihrer Selbstverantwortung spannend sein. Denn: Der Lehrer lernt immer auch selbst mit. Und weil es zahlreiche verschiedene Aspekte des gesundheitsbewussten Verhaltens im (Berufs-)Alltag gibt, ist dieses Kapitel besonders wichtig und besonders ausführlich.

Was ist Gesundheit?
Der Soziologieprofessor Aaron Antonovsky hat ein Modell entwickelt, das die Entstehung von Gesundheit (Salutogenese) beschreibt. Er geht davon aus, dass absolute Gesundheit und absolute Krankheit zwei Pole auf einer Skala darstellen, die nie hundertprozentig erreicht werden. Jeder Mensch befindet sich jederzeit in einem bestimmten Abstand von diesen Extremen. Gesundheit ist also nicht als Zustand, sondern als Prozess zu verstehen (Vgl. Antonovsky 1997).

Jeder ist damit nicht entweder gesund oder krank, sondern immer sowohl gesund als auch krank. Daher sollten wir auch in Zeiten der Krankheit auf unsere gesunden Anteile achten. Letztlich geht es dabei immer auch um Lebensqualität. Diese wird maßgeblich von unserem (subjektiven) Gefühl beeinflusst. An körperlicher und seelischer Gesundheit kann in den verschiedensten Bereichen gearbeitet werden. Wenn wir uns wünschen, gesund zu bleiben, heißt das nicht, dass wir von Krankheiten verschont bleiben. Unter Umständen bedeutet es, dass wir seelisches Wohlbefinden spüren, auch wenn wir körperlich krank sind.

[1]Ressourcenorientiert meint hier, dass solche Faktoren gestärkt werden sollen, die es den Mitarbeitern ermöglichen, sich aktiv mit ihrer persönlichen Lebenssituation auseinanderzusetzen und sie zu beeinflussen, um dadurch gesundheitsgefährdende Einflüsse abzumildern (Abschn. 3.3.3).

3.1.1 Gesunde Entwicklung im Laufe des Lebens (gesundes Altern)

Was können wir für unsere gesunde Entwicklung über das Leben hinweg tun? Wie können wir gesund altern? Und: Wann ist man alt? „Alter" wird beileibe nicht nur vom Geburtsdatum beeinflusst. Die Leistungsfähigkeit im Alter hängt neben genetischen Faktoren und dem individuellen Lebensstil ganz wesentlich von arbeitsbedingten Einflüssen ab (vgl. Bundesanstalt für Arbeitsschutz und Arbeitsmedizin [BAuA] 2017a, S. 8 f.). Das verwundert kaum, denn wir verbringen einen Großteil unserer Lebenszeit bei der Arbeit. Risikoberufe für die gesunde Entwicklung sind vor allem solche, die Gering(er)qualifizierte ausüben, die viel schwere körperliche Arbeit leisten und selbst nur wenig Entscheidungsspielraum haben. Menschen, die höher qualifiziert sind, größere Kompetenzbereiche und Entscheidungsbefugnisse haben, altern dagegen meist weniger schnell (vgl. BAuA 2017a, S. 9 f.).

Die Auswirkungen nicht gesundheitsgerecht gestalteter Arbeit zeigen sich nur schleichend und über mehrere Jahre hinweg.

Wir sollten die Gesundheit in unserem (Berufs-)Alltag immer wieder selbst- und mitverantwortlich fokussieren und entsprechend handeln. Es geht um die gesunde Selbststeuerung (Verhaltensprävention) und das gesunde Miteinander in der Zusammenarbeit (Systemprävention). Diese doppelte Präventionsstrategie hat sich auch in der Praxis als besonders geeignet erwiesen.

Wenn Sie als Führungskraft die Gesundheitsrisiken für Ihre Mitarbeiter minimieren und sie gleichzeitig in ihrer Entwicklung stärken wollen, lesen Sie Kap. 3 und 4.

Gesundheitsmanagement

Betriebliches Gesundheitsmanagement (BGM) ist Teil der Unternehmenskultur und kann aus präventiven Maßnahmen ebenso wie aktuellen Fördermaßnahmen bestehen.

Das Gesundheitsmanagement muss darauf abzielen, für Mitarbeiter ein Mehr an Gesundheit und Lebensqualität zu ermöglichen und für das Unternehmen ein Mehr an Produktivität und Qualität zu organisieren.

Für Unternehmen lohnt sich ein BGM, weil dadurch in der Regel die Zahl der Krankheitstage und die Personalfluktuation abnehmen. Das steigert wiederum die Wettbewerbsfähigkeit des Unternehmens. Leistungsbereitschaft, Motivation und Leistungsfähigkeit der Beschäftigten nehmen zu, das Betriebsklima wird dadurch besser. Für den Einzelnen bedeutet das eine erhöhte Arbeits- und Lebensqualität, weniger Stress, mehr Freude im und am Beruf und ein gesunder Lebensstil.

▶ Die Einführung und aktive Pflege eines betrieblichen Gesundheitsmanagements bringt daher für alle Beteiligten Vorteile.

Übrigens: Auch kleinste Betriebe mit einem bis zehn Beschäftigten können ein BGM installieren, z. B. durch die anteilige Übernahme von Kosten für gesundheitsfördernde Maßnahmen wie Rückentraining, Pilates, Yoga, Stressabbau, Ernährung etc. oder durch die Anschaffung von gesundheitsschonenden Arbeitsmaterialien und Geräten (vgl. Institut für Arbeits-, Sozial- und Umweltmedizin der Johannes Gutenberg-Universität Mainz 2014).

3.1.2 Fünf Säulen des gesunden Älterwerdens

Mit dem Älterwerden und Alter sollten sich schon die ganz Jungen beschäftigen. Denn wie alt wir werden, ist nicht nur von unseren Genen, sondern auch von den Umwelteinflüssen und Zellveränderungen abhängig. Unsere Gene können wir nicht verändern, doch an den anderen beiden Punkten können wir ansetzen.

Zu den schädlichen Umwelteinflüssen zählen beispielsweise Stress, wenig Schlaf, ungesunde Ernährung, Medikamente, Umweltschadstoffe und Gifte (z. B. Nikotin). Daher sollten auch jüngere Menschen an eine gesunde Lebensführung denken.

Die Leistungsfähigkeit der Zellen nimmt mit zunehmendem Alter ab. Zudem wachsen und vermehren sich viele Zellen nicht mehr. Dies ist ein natürlicher Prozess. Dennoch können wir einiges dafür tun, um ihn zu verlangsamen und Risikofaktoren auszuschalten, zum Beispiel, indem wir uns ausgewogen ernähren, uns viel bewegen und eine positive Lebenseinstellung pflegen.

Neben Körper (1), Kopf (2) und sozialen Kontakten (3) sind Arbeit (4) und die innere Haltung zum Leben (5) entscheidend für die gesunde Entwicklung des Menschen. Ich nenne sie die fünf Säulen des gesunden Älterwerdens. Sie sollten nicht nur von Älteren, sondern von allen Generationen berücksichtigt werden. Man könnte sie daher auch die *fünf Säulen des gesunden Lebens* nennen. Die Säulen stehen miteinander in Verbindung und beeinflussen sich gegenseitig. Außerdem geht es bei der Gesundheit immer um das rechte Maß: Es sollte stets ein ausgewogenes Verhältnis von Aktivität und Ruhe herrschen – und zwar im Hinblick auf alle Säulen. Ein Zuviel an körperlicher oder geistiger Tätigkeit kann genauso schädlich sein wie ein Zuwenig. Pausen sind wichtig für die physische und psychische Regeneration. Weiterhin sollte es eine Balance zwischen Geselligkeit (Mit-anderen-Sein) und Alleinsein (Mit-sich-Sein) geben, zwischen Tun/Arbeiten und Nichtstun/Müßiggang.

Auch ein ausgewogenes Verhältnis von Berufs- und Privatleben gehört dazu, also die viel zitierte Work-Life-Balance. Wie gut sich beide Bereiche verbinden lassen, hängt in erheblichem Maße von der Arbeitszeitgestaltung ab. In Kap. 4 wird uns dieses Thema noch ausführlicher beschäftigen.

Welche Bedeutung haben die fünf Säulen nun für Ihren (Berufs-)Alltag? Betrachten wir sie in Abschn. 3.1.2.1 bis 3.1.2.5 genauer.

3.1.2.1 Säule 1 – Körper: Bewegung, Regeneration, Ernährung, Verzicht

Gesundheit und Wohlbefinden in Beruf und Privatleben hängen ganz maßgeblich von einem gesundheitsförderlichen Lebensstil mit ausreichender Bewegung und ausgewogener maßvoller Ernährung ab. **„Wie halte ich mich körperlich gesund?“ Das ist eine wichtige Frage der Selbstverantwortung.** Auch hier geht es wieder darum, Bedürfnisse und Werte zu betrachten. Diese können einander durchaus widersprechen: „Ich muss etwas für mich tun“ und „Ich habe jetzt keine Lust, Sport zu treiben“ sind Gedanken, die die meisten von uns kennen. Wir sind immer wieder in der Verantwortung, „hinzufühlen“ und achtsam zu schauen, was uns guttut. Dabei dürfen wir in unserem Wissen über ein gesundes Verhalten keinen Raubbau am eigenen Körper betreiben. Weil wir uns wichtig sind. Weil unser Körper an sich einen Wert in unserem Leben darstellt, den wir pflegen und erhalten wollen. Nutzen Sie Ihr Wissen zu Bewegung, Ernährung und gesunder Lebensführung, und betrachten Sie mit einer gewissen Gelassenheit, was gut für Sie ist.

Doch Vorsicht: Wenn wir permanent unseren Lebensstil, den Körper und das eigene Befinden kritisch beäugen, kann ein Leistungsdruck aufgebaut werden. Eine sogenannte Selbstoptimierung hat nichts mit der in diesem Buch beschriebenen Selbstverantwortung zu tun. Bei manchen Menschen kann das auch in Demotivation umschlagen. Wir erfahren die von außen geforderte Selbstbetrachtung möglicherweise als „Gesundheitsdiktatur“ und machen erst mal gar nichts mehr.

Die Säule Körper besteht aus mehreren Teilkomponenten, die im Folgenden Schritt für Schritt vorgestellt werden.

Bewegung

- Für ein gutes Leben und ein gesundes Älterwerden sind Sport und Regeneration wichtig. Jeden Tag rund eine halbe Stunde (Ausdauer-) Sport mit anschließender Erholung sind optimal (vgl. Schwarzer 2015). Mit zunehmendem Alter sollte man auf gelenkschonende Sportarten achten – wie z. B. Schwimmen, Walken oder Radfahren.
- Ausdauertraining ist hinsichtlich des gesunden Alterns wichtiger als Krafttraining, denn es beeinflusst das Herzkreislaufsystem positiv. Gemeinsam mit

der richtigen Ernährung kann es zudem das Gewicht reduzieren und Diabetes verhindern oder sich zumindest günstig darauf auswirken. Durch körperliches Ausdauertraining wird auch das Gehirn aktiviert. Hier überschneiden sich die Säulen 1 und 2 (Abschn. 3.1.2.2).

- Neben dem gezielten Sport ist auch Bewegung im Alltag sinnvoll: Anstatt pauschal den Aufzug zu nehmen, kann man beispielsweise Treppen steigen, und auch Garten- oder Hausarbeit können fit halten.
- Besonders wichtig bei alldem ist eine positive innere Haltung gegenüber körperlicher Anstrengung (Überschneidung mit Säule 5, Abschn. 3.1.2.5). Wer jegliche Bewegung als lästige Pflicht empfindet, neigt zu Vermeidungsstrategien (innerer Schweinehund, s. u.) und tut sich selbst letztlich keinen Gefallen.
- Wie bereits in Abschn. 3.1.2 erwähnt, ist immer eine Balance aus Aktivität und Ruhe anzustreben. Bewegung ist wichtig, aber ebenso die anschließende Regeneration, die im Alter zunehmend an Bedeutung gewinnt.

Der innere Schweinehund

Viele Menschen kennen den sogenannten inneren Schweinehund. Vor allem Bewegungsmuffel können ihn nur schwer überwinden, aber auch andere haben immer wieder mit ihm zu kämpfen. Doch was steckt dahinter?

Diese *Vermeidungstendenzen gegenüber unserer Selbstverantwortung* rühren oft daher, dass mehrere Bedürfnisse in uns miteinander konkurrieren.

- Ein Beispiel ist die innere Prioritätensetzung: Wenn wir gefühlt nur wenig Zeit haben, warum sollten wir dann ausgerechnet Sport machen, wenn wir sie viel lieber mit der Familie, Freunden oder lieb gewonnenen Hobbys verbringen möchten?
- Auch die zeitliche Orientierung kann eine Rolle spielen: Wenn wir jetzt keine Lust auf Bewegung haben, warum sollten wir uns jetzt damit quälen, auch wenn wir wissen, dass wir in Zukunft gesundheitliche Probleme bekommen können? Die Gegenwart und unsere aktuellen Bedürfnisse liegen uns schlichtweg näher als die Zukunft.
- Auch vergangene negative Erfahrungen können sich auf unser aktuelles Verhalten auswirken: Aufgrund einer schlechten Sportnote oder sportlichen Misserfolgen in der Vergangenheit denken wir, wir eignen uns nicht als Sportler, oder haben Angst vor möglichem Frust.

Oft übernehmen wir erst dann Selbstverantwortung für unsere Gesundheit, wenn wir diese Vermeidungstendenzen in uns erkennen und beginnen sie abzubauen.

Welche Prioritäten setzen wir? Welche Kompromisse sind gut? Wie können wir unsere Entscheidungen erklären, wenn es dadurch zu Konflikten in unseren Beziehungen kommt? Der folgende Denkanstoß soll helfen, diese **Fragen zur Selbstverantwortung** zu beantworten.

Denkanstoß

Erkennen Sie häufig die oben genannten Vermeidungsstrategien an sich, wenn es um Bewegung geht? Dann kann es mit Blick auf die Selbstverantwortung helfen, Antworten auf folgende Fragen zu finden:

- Warum ist Bewegung wichtig? Warum brauche ich mehr Bewegung?
- Was hält mich davon ab, Sport zu treiben (z. B. Erinnerung an schlechte Sportnote in der Schule, Gefühl der Unsportlichkeit, Überlastung im Alltag)?
- Welche Gewohnheiten und Rituale finde ich für die Übung im Alltag (z. B. Treppe ins Büro nehmen, beim Zähneputzen auf einem Bein balancieren)?
- Welcher Sport ist für mich geeignet? Was könnte ich ausprobieren?
- Wie kann ich mich mental unterstützen (Selbstsuggestion: positive, klare, sich wiederholende Formulierung)?
- Was hilft mir, meinen Vorsatz zu realisieren (z. B. Zeitmanagement → feste Termine; Kosten → „Ich habe für den Kurs bezahlt, jetzt gehe ich auch hin!"; soziale Kontakte → feste Verabredung)?
- Wann empfinde ich Freude an der Bewegung? An welchen Stellen fühlt sich mein Körper gut an? Welches Wohlgefühl erlebe ich nach der Bewegung?
- Welche Ziele sind für mich realistisch? Welche kleineren Teilziele kann ich mir stecken?
- Wie kann ich mich belohnen (z. B. gutes Körpergefühl genießen, sich selbst loben, sich etwas gönnen, geselliges Beisammensein nach dem Sport)?

Verbinden Sie körperliche Betätigungen mit schönen Ereignissen und bringen Sie dadurch Freude in Ihr Leben. Wenn Sie sich regelmäßig bewegen, kann die körperliche Aktivität zur (lieb gewonnenen) Gewohnheit werden.

Tipp

Damit Ihre Vorsätze auch umgesetzt werden, können sechs Schritte helfen:

1. Informationen sammeln
2. Entscheidungen treffen
3. kleine Ziele stecken

4. Vorhaben und neue Gewohnheiten festlegen bzw. aufschreiben
5. Belohnung, das Erreichte feiern
6. bei Erfolg das Ziel leicht steigern

Wenn Sie sich mit dem Thema Bewegung beschäftigen und ehrliche Antworten auf die oben genannten Fragen finden, können konkrete Handlungen und Verhaltensänderungen folgen.

Sie tragen auch in dieser Hinsicht Mitverantwortung für Ihre Mitarbeiter. Regen Sie sie sowohl zu Bewegung als auch zu Pausen an. Dabei gilt es jedoch, nicht autoritär Verhaltensänderungen von außen aufzuzwingen, sondern aufzuklären und motivierend zu unterstützen. Der folgende **Denkanstoß zur Mitverantwortung** hilft Ihnen möglicherweise dabei.

Denkanstoß

Sind die Themen Bewegung und innerer Schweinehund für Ihre Mitarbeiter interessant? Fragen Sie nach. Falls Interesse besteht, wären die folgenden Handlungsstrategien möglich:

- Sie fassen die bisherigen Infos und Fragen auf einem Handout zusammen oder kopieren den obigen Denkanstoß und ergänzen die Frage: „Woran möchten Sie arbeiten?" So kann sich jeder individuell damit auseinandersetzen, ohne etwas von sich preisgeben zu müssen.
- Sie notieren die Tipps gegen den inneren Schweinehund auf ein Flipchart und bitten die Mitarbeiter um Ergänzungen.
- Sie stellen Ihrem Team eine Auswahl (kostenloser) Computerprogramme vor, die an Pausen erinnern und Bewegungsvorschläge machen. Wer Interesse an einem solchen Programm hat, wird zum Download ermuntert. Und vielleicht steckt die Motivation des einen auch die anderen an.
- Gibt es noch Fragen oder Anregungen? Kommen Sie mit Ihrem Team ins Gespräch.

Regeneration und Schlaf

Wie bereits in Abschn. 3.1.2 beschrieben, ist nur eine ausgewogene Mischung zwischen Aktivität und Ruhe gesundheitsförderlich. Zu viel körperliche Bewegung ohne die entsprechende Regeneration ist genauso ungesund wie zu wenig Bewegung. Zu einer gesunden Lebensweise – und zwar in jedem Lebensalter – gehört daher auch ausreichend Raum, um sich auszuruhen. Ein wichtiger Faktor dabei ist der Schlaf. Dieses Thema gewinnt seit einigen Jahren enorm an Brisanz.

Laut „DAK Gesundheitsreport 2017" gibt es von 2010 bis 2017 bei Schlafstörungen einen Anstieg von 66 %. Vier von fünf Arbeitnehmern schlafen schlecht. Das bedeutet für Unternehmen: Viele Mitarbeiter sind bei der Arbeit müde oder gar regelmäßig erschöpft. Das wirkt sich auch auf die Fehltage der Beschäftigten aus. Da sich längerfristige Schlafprobleme nachhaltig auf die Gesundheit auswirken können, beispielsweise das Risiko für Depression oder eine Angststörung zunimmt, muss das Problem ernst genommen werden. Jeder zweite Betroffene bekämpft die Schlaflosigkeit allerdings auf eigene Faust mit Schlafmitteln, die rezeptfrei in der Apotheke oder im Drogeriemarkt erhältlich sind (vgl. DAK 2017).

Fragen Sie sich in Ihrer Mitverantwortung für die Beschäftigten in Ihrem Team: Gibt es berufliche Risikofaktoren, die Sie bei den Mitarbeitern erkennen können? Niemand erwartet von Ihnen, dass Sie allein die Schlafgesundheit Ihrer Mitarbeiter verbessern. Sie können aber auf Aufklärung und Hilfe zur Selbsthilfe setzen.

Sie können beispielsweise die folgenden Fragen kopieren und an Ihre Beschäftigten austeilen, damit sie ihr Schlafverhalten selbstverantwortlich analysieren. Auch Sie können sich im Hinblick auf Ihre Selbstverantwortung fragen, wie es um Ihren Schlaf bestellt ist:

- Haben Sie längerfristig Ein- oder Durchschlafprobleme?
- Wenn ja, worin liegen die Ursachen für diese Probleme? Können Sie Risikofaktoren in Ihrem Berufsleben (z. B. Überbelastung, hoher Leistungs- oder Termindruck, viele Überstunden, Nachtschichten oder dauerhafte Erreichbarkeit auch nach Feierabend) oder in Ihrem Privatleben (z. B. zu viel abendliche Computer-, Smartphone- oder Fernsehnutzung, Vermischung von Schlafzimmer und Büro durch Laptop etc.) ausmachen?
- Gibt es Stellschrauben, an denen Sie persönlich drehen können, um Ihr Schlafverhalten zu verbessern?

Hilfreich ist auch ein deutlich sichtbarer Aushang, der auf Unterstützungsangebote hinweist. Die DAK-Gesundheit bietet beispielsweise eine Hotline an: Unter der Telefonnummer 040 325 325 805 geben Mediziner Tipps rund um die Themen Schlaf und Schlafstörungen. Alternativ gibt es auch auf der Homepage der Krankenkasse zahlreiche Informationen: www.dak.de/schlaf.

Ernährung

Ein weiterer wichtiger Faktor, um gesund zu bleiben, ist eine ausgewogene Ernährung. Sie wirkt sich auch auf die Art, wie wir altern, auf unsere Leistung und auf unser Wohlbefinden aus und ist daher ein Thema für alle Generationen.

Die Deutsche Gesellschaft für Ernährung (DGE o. J.) hat zehn Regeln für eine genussvolle und ausgewogene Ernährung formuliert, die aktuellen wissenschaftlichen Erkenntnissen entsprechen. Kurz gefasst besagen sie Folgendes:

1. abwechslungsreiche Ernährung mit Schwerpunkt auf pflanzlichen Lebensmitteln
2. fünf Mal am Tag Obst und Gemüse (mindestens drei Handvoll Gemüse und zwei Handvoll Obst täglich)
3. Vollkornprodukte wählen
4. Milch und Milchprodukte täglich, Fisch ein- bis zweimal pro Woche, Fleisch und Wurst nicht mehr als 600 g pro Woche
5. pflanzliche Öle vorziehen, versteckte ungesunde Fette in Lebensmitteln meiden
6. Zucker und Salz (auch in Getränken) meiden, lieber mit Kräutern würzen
7. rund 1,5 L Flüssigkeit pro Tag, am besten Wasser oder ungesüßten Tee trinken
8. Essen schonend zubereiten, dabei wenig Wasser und wenig Fett verwenden
9. achtsam essen, d. h. langsam und mit Genuss
10. auf das Gewicht achten und in Bewegung bleiben

Diese zehn Regeln sind unter https://www.dge.de/ernaehrungspraxis/vollwertige-ernaehrung/10-regeln-der-dge/ auch als PDF-Dokument, Poster und als Faltblatt erhältlich. Vielleicht möchten Ihre Mitarbeiter sie in der gemeinsamen Küche aufhängen?

Sie können Ihre Mitarbeiter auch mitverantwortlich unterstützen, indem Sie beispielsweise dafür sorgen, dass immer mineralhaltiges Wasser am Arbeitsplatz zur Verfügung steht. Denn neben anderen Organen braucht vor allem unser Gehirn eine ausreichende Menge Flüssigkeit, um möglichst gut zu funktionieren (Abschn. 3.1.2.2). Wenn die unternehmerischen Rahmenbedingungen gegeben sind, ist auch ein frischer kostenfreier Obstvorrat in der Küche eine gute Idee.

Denkanstoß

Haben Sie sich mit Ihren Mitarbeitern schon einmal über gesunde Ernährung unterhalten? Wissen Sie, ob Ihre Mitarbeiter sich für das Thema interessieren? Fragen Sie doch einmal nach. Und wenn ja: Wer möchte sich an einem Austausch dazu beteiligen, und wie soll dieser gestaltet sein? Wie wäre es beispielsweise mit einer Sammlung einfacher (gesunder) Pausenrezepte, die untereinander ausgetauscht werden?

Vielleicht möchte Ihre Abteilung auch einmal in der Woche gemeinsam einen Salat zum Mittagessen zubereiten. Die Zeit der Vorbereitung könnte für ein Brainstorming des anstehenden Projekts genutzt werden.

Verzicht

Eine gesunde Ernährung bedeutet nicht nur, das Richtige zu essen, sondern auch das Falsche wegzulassen und Grenzen zu setzen (Handlungsfeld 7, Abschn. 2.3). Eine ausgewogene Ernährung ist wichtig, sie sollte allerdings auch nur in Maßen zugeführt werden. Die erforderliche Mäßigung hat bereits Platon als eine der Kardinaltugenden erkannt. Auch knapp 2500 Jahre später kann man dieser Einschätzung nur zustimmen: Verzicht, Unterlassen, Loslassen und das Setzen von Grenzen sind – gerade in Überflussgesellschaften wie der unseren – unerlässlich (Abschn. 3.1.2.5).

Suchtmittelkonsum

Verzicht sollte in besonderem Maße bei Suchtmitteln geübt werden. Wenn Sie einen riskanten oder schädlichen Konsum von Suchtmitteln eines oder mehrerer Ihrer Arbeitnehmer vermuten oder entdecken, sind Sie gefordert einzugreifen.

Das ist selbstverständlich ein sehr heikles und zugleich ein besonders verantwortungsvolles Thema. Suchen Sie sich daher auf jeden Fall professionelle Unterstützung. Das fällt vielen Führungskräften schwer, ist aber unerlässlich. Wenn es in Ihrem Betrieb einen Suchtbeauftragten gibt, unterstützt er Sie gerne bei der Vorbereitung passender Gespräche. Auch externe Mitarbeiterberatungen, die Sie im Internet finden, können Ihnen dabei helfen.

Auf der Website der Suchtbeauftragen der Universität Hannover, die sich explizit an Führungskräfte wendet, finden Sie grundlegende Informationen zu Suchtmittelkonsum, Verhaltenstipps und hilfreiche Leitfäden für die Vorbereitung von Problemgesprächen (https://www.uni-hannover.de/de/universitaet/organisation/beauftragte/sucht/beratung/fuehrungskraefte).

Die Ursachen von Süchten sind vielfältig und haben häufig auch mit der psychischen Fehlbelastung am Arbeitsplatz zu tun. Präventionsangebote können unter Umständen helfen, zum Beispiel Konfliktberatung, Entspannungstrainings oder Seminare zur Stressbewältigung.

Denkanstoß

- Wann haben Sie in Ihrem Leben schon einmal freiwillig und bewusst auf etwas verzichtet?
- Welche Erfahrungen haben Sie damit gemacht?
- Was hat Ihnen geholfen?

Vielleicht möchten Sie sich mit dem Thema näher auseinandersetzen und bei Gelegenheit Ihr (neu erworbenes) Wissen im Gespräch mit Ihrem Team einfließen lassen, um auch Ihre Mitarbeiter mitverantwortlich zur Reflexion anzuregen. Vielleicht lohnt sich auch ein Austausch darüber, welche Erfahrungen die Beschäftigten mit dem Thema gemacht haben.

3.1.2.2 Säule 2 – Kopf: Anregung des Geistes, Stärkung der Psyche

In einem gesunden Körper wohnt ein gesunder Geist.

Dieses viel zitierte Sprichwort trifft nur zum Teil zu. Die physische und die mentale Komponente der Gesundheit sind unzertrennlich. Doch ein gesunder Körper ist nicht die einzige Voraussetzung für reges Denken. Auch der Kopf muss in Bewegung gehalten werden, um fit zu bleiben.

Doch was heißt das: geistig fit sein? Zu den sogenannten kognitiven Fähigkeiten zählt nicht nur die Kunst, Dinge schnell zu lernen, sondern auch sie wahrzunehmen, zu abstrahieren – also kreativ zu sein, sich etwas zu merken, aufmerksam zu sein, sich ein Urteil zu bilden und vieles mehr. Sie sind dementsprechend wichtig für ein gutes und gesundes Leben. Umso wichtiger ist es, regelmäßig das Gehirn zu fordern, und zwar nicht erst in der zweiten Lebenshälfte, sondern in jedem Lebensalter.

Wer seine kognitiven Fähigkeiten trainieren möchte, sollte möglichst vielfältige Dinge tun und erleben. Einseitiges Training wie das Lösen von Sudokus oder das Spielen von Exit-Games reicht nicht aus. Die allgemeine Leistung des Gehirns verbessert sich wissenschaftlichen Erkenntnissen zufolge nur dann, wenn geistige Übungen auf das Leistungsniveau des Einzelnen abgestimmt sind und Herausforderungen mitwachsen.

Zugleich brauchen wir immer auch Ruhe und Entspannung. Das ist in der Informationsflut, die uns heute täglich begegnet, nicht immer leicht. Permanent drängen Reize auf uns ein – das kann zur Überforderung oder zur Überlastung führen. Auch in diesem Fall gilt also: Anspannung ist wichtig, doch es darf auch die Entspannung nicht fehlen.

Ein gesunder Geist zeichnet sich auch durch eine widerstandsfähige Psyche aus. Jeder von uns hat sicherlich schon stressige oder belastende Situationen erlebt. Doch die Art, wie wir mit Belastung oder mit Krisen umgehen, ist von Mensch zu Mensch verschieden. Die psychische Widerstandsfähigkeit – die sogenannte Resilienz – ist bei jedem Menschen unterschiedlich stark ausgeprägt. Doch sie lässt sich trainieren.[2] Außerdem lässt sich kaum überschätzen, wie wichtig Ausgleich, Entspannung und Auftanken für die psychische und physische Gesundheit des Menschen sind.

[2]Einige Übungen finden Sie weiter unten in diesem Abschnitt.

(Lebenslanges) Lernen

Als Lernen bezeichnet man den Erwerb von Kenntnissen und Fähigkeiten. Das können geistige Fertigkeiten sein, aber auch soziale Kompetenzen oder körperliche Fähigkeiten. Da sich die Welt derzeit rasant wandelt (Abschn. 2.1), ist es immer wieder erforderlich, neue Dinge zu lernen, um sich privat und beruflich in immer wieder neuen Situationen zurechtzufinden und Dinge auch selbst zu gestalten. Ja, mehr noch: Ein ethisch verantwortliches (Berufs-)Leben zeichnet sich unter anderem dadurch aus, dass der Mensch sich Wissen aneignet, es ausbaut, erneuert, fördert und weitergibt, um dieses in den (Berufs-)Alltag zu übertragen. Hier darf es keine Altersgrenzen geben, vielmehr ist lebenslanges Lernen gefragt, denn das ist notwendig, um Entscheidungen im Sinne der Selbst- und Mitverantwortung zu treffen (Abschn. 2.3).

Ein Interesse an (Weiter-)Bildung und regelmäßiges Üben sind Grundvoraussetzungen für erfolgreiches Lernen. Hier ist jeder Einzelne in seiner Selbstverantwortung gefragt, sich immer wieder auf Neues einzulassen und Fortbildungsmöglichkeiten anzunehmen.

Wie gestalten Sie Ihre Selbstverantwortung in Bezug auf Lernen?

Denkanstoß

- Wie lernen Sie am liebsten?
- Was benötigen Sie, um sich auf die vielfältigen Informationen im Arbeitsalltag konzentrieren zu können?
- Was motiviert Sie zum Lernen (Abschn. 3.3) und dafür, offen für Neues zu bleiben?
- Haben Sie das Bedürfnis, Ihr Wissen weiterzugeben? Was erwarten Sie dazu von Ihrem Gegenüber?

In den Gesprächen zum Thema der Selbst- und Mitverantwortung, die ich mit vielen älteren Arbeitnehmern geführt habe, berichteten zahlreiche Beschäftigte, dass das Wissen in einer komplexen (Arbeits-)Welt zunehmend an Bedeutung gewinne. Da es verschiedene Möglichkeiten gibt, sich Wissen anzueignen, müssen auch hier die individuellen Bedürfnisse und Lerngewohnheiten betrachtet werden (vgl. Schröder-Kunz 2016, Abschn. 2.3).

Möglicherweise treibt die Beschäftigten auch ein ganz spezielles Wissensthema um, zum Beispiel der rasante technische Wandel, der bei der Bedienung des Computers oder einer Maschine in der Produktion immer neue Kompetenzen erfordert. Kommen Sie mit Ihren Mitarbeitern hierzu ins Gespräch und suchen Sie gemeinsam nach konstruktiven Lösungen. Berücksichtigen Sie, dass die verschiedenen Mitarbeitergenerationen sich in ihren kognitiven Fähigkeiten ein wenig unterscheiden (Kap. 4).

Insofern ergeben sich unterschiedliche Bedürfnisse der Beschäftigten an die Lerninhalte und -umgebung, die neben der individuellen Persönlichkeit auch vom Alter des Betreffenden abhängen (Abschn. 3.2). Das sollten Sie im Hinterkopf behalten.

Die Frage, wie Beschäftigte dazu motiviert werden können zu lernen, hängt teilweise von ihrem Alter ab (Kap. 4). Eine wichtige Rolle bei der Motivation spielen aber auch individuelle Zielsetzungen und Wissensbedürfnisse (Abschn. 3.3).

Umgang mit psychischer Belastung

Bei über 79 Mio. Krankheitstagen pro Jahr in Deutschland, die mittlerweile auf psychische Probleme und Erkrankungen zurückgeführt werden – Tendenz steigend – (vgl. Initiative Neue Qualität der Arbeit [INQA] 2016, S. 3) sind Sie als Führungskraft besonders gefordert hinzuschauen. Als Führungsperson haben Sie Einfluss auf das Ausmaß und die Qualität der psychosozialen Belastungen und Ressourcen bei der Arbeit. Das Thema darf nicht tabuisiert werden.

▶ **Psychische Belastung ist nicht gleich psychische Erkrankung**
Wenn von einer psychischen Belastung die Rede ist, bezieht sich das auf die alltäglichen Einflussfaktoren, die zu Stressoren werden können (Aufgabendichte, Kollegen, Familie, Wetter etc.). Eine psychische Erkrankung entsteht durch eine Funktionsstörung oder Erkrankung des Gehirns.

Im Folgenden geht es ausschließlich um psychische Belastungen.

Unter Umständen kann auch die Gefährdungsbeurteilung psychischer Belastungen zu Ihren mitverantwortlichen Aufgaben als Führungskraft gehören. Informationen, wie Sie damit umgehen können, finden Sie beispielsweise im Internet unter http://publikationen.dguv.de/dguv/pdf/10002/iag-report-2013-01.pdf.

Resilienz

Jeder von uns kennt belastende Situationen: Misserfolge, Stress, Druck und Ärger gehören zum menschlichen Dasein dazu. Doch wir unterscheiden uns in der Art, wie wir damit umgehen. Während manche Menschen Krisensituationen konstruktiv bewältigen und Rückschläge vergleichsweise gut verkraften können, werden andere leicht aus der Bahn geworfen. Die psychische Widerstandsfähigkeit wird als Resilienz bezeichnet. Resiliente Menschen sind in der Regel körperlich und psychisch gesünder als andere.

Obschon das Ausmaß unserer Resilienz in gewissem Maße genetisch vorbestimmt ist (vgl. Rytina und Marschall 2010) und die Grundlagen für Resilienz in der Kindheit gelegt werden, kann man auch im Erwachsenenalter an der eigenen Widerstandsfähigkeit arbeiten. Allerdings lassen sich verfestigte Verhaltensmuster und Denkweisen nicht von heute auf morgen ändern. Wer seine Resilienz stärken möchte, braucht Zeit und Geduld.

Zu den zentralen Faktoren, die die Resilienz fördern, gehören die folgenden (vgl. Schreiber und Iskenius 2013, S. 4 f.):

- Umweltfaktoren
  - Unterstützung durch Familie, Freunde, Kollegen
  - Wertschätzung durch andere
  - gesundes Maß an Verantwortung
- Personenfaktoren
  - kognitive Faktoren (Reflexionsfähigkeit; Intelligenz; Kreativität; Fähigkeit, die eigene Situation mit der anderer zu vergleichen; Problemlösungskompetenz)
  - emotionale Faktoren (Empathie; Fähigkeit, Emotionen wahrzunehmen, zu akzeptieren und damit umzugehen; Mut; Entschlossenheit; Toleranz für Ungewissheit; Fähigkeit, Beziehungen zu gestalten; Humor)
  - Selbstkonzept (Selbstvertrauen; Vertrauen in die eigene Handlungsfähigkeit; Unabhängigkeit; Selbstständigkeit; Wissen um eigene Erfolge und Fähigkeiten)
  - Struktur und Sinn (Religiosität, politische Überzeugungen, Gefühl der Sinnhaftigkeit des Lebens)
- Prozessfaktoren
  - Optimismus, Zukunftsplanung, Perspektive
  - Akzeptanz dessen, was unveränderlich ist; Konzentration auf das Veränderbare (Lösungsorientierung, Selbstwahrnehmung nicht nur als Opfer der Umstände)
  - Gemeinschaftserlebnisse
  - Vermeidung negativer Gefühle und Gedanken (Verdrängung, Ablenkung)

Was bedeutet das für Sie als Führungskraft? Sie können – im Wissen um diese Einflussfaktoren – nicht nur Ihre eigene Resilienz stärken, sondern auch mitverantwortlich etwas für die seelische Widerstandskraft Ihrer Mitarbeiter tun.

Seien Sie ein Vorbild in der Akzeptanz von Unveränderlichem Manches lässt sich nicht ändern: unliebsame Aufgaben und unangenehme Kollegen, das eigene Älterwerden, der rasante Wandel der (Arbeits-)Welt u. v. m. Das kann ärgerlich sein, doch Jammern verschwendet oft nur Zeit und Energie (Abschn. 3.1.2.5). Versuchen Sie, die positiven Seiten zu sehen und sich auf das zu konzentrieren, was Sie tatsächlich verändern können. So können Sie Ihren Mitarbeitern als konstruktives Vorbild dienen.

Fördern Sie positive Emotionen Wir alle werden im Laufe unseres Lebens immer wieder mit Freude und mit Leid konfrontiert, doch wir bewerten die Emotionen unterschiedlich. Resiliente Menschen messen den positiven Gefühlen mehr Bedeutung bei als den negativen. Nutzen Sie dieses Wissen, indem Sie Erfolge im Team bewusst(er) feiern, regelmäßig Ihre Mitarbeiter loben (Abschn. 3.1.2.3) und auch in schwierigen Situationen immer wieder darauf achten, dass Raum für positive Gefühle entsteht (z. B. durch einen Mitarbeiterausflug o. Ä.).

Gehen Sie wertschätzend mit Ihren Mitarbeitern um Resiliente Menschen schätzen sich selbst; sie wissen um ihre eigenen Fähigkeiten und Erfolge. Stärken Sie das Selbstbewusstsein und das Selbstvertrauen Ihrer Mitarbeiter, indem Sie gemeinsam auf vergangene Erfolge zurückblicken und gerade in schwierigen Situationen auf die Fähigkeiten der Mitarbeiter vertrauen – sinngemäß etwa so: „Das haben Sie in der Vergangenheit beim Fall X so gut gemacht; das schaffen Sie auch diesmal!"

Stärken Sie das berufliche soziale Netzwerk Ihrer Mitarbeiter Fördern Sie das Miteinander im Team und ermuntern Sie Ihre Mitarbeiter zum Netzwerken. Denn je größer und stabiler das soziale Netz eines Menschen ist, umso eher erhält er Unterstützung. Selbst wenn die Hilfe gar nicht in Anspruch genommen wird, stärkt bereits die Aussicht auf Unterstützung die seelische Widerstandsfähigkeit.

Belastungsfaktoren

Psychische Belastung kann durch die Arbeitsumstände entstehen, zum Beispiel durch Über- und Unterforderung, regelmäßiges Multitasking (s. u.), aber auch durch die individuelle Lebenssituation Ihrer Mitarbeiter – so z. B. die Sorge der älteren Mitarbeiter um hochbetagte Eltern (Abschn. 4.1.3).

> **Tipp**
> Wenn Sie erkennen, dass ein Mitarbeiter längerfristig belastet wirkt oder gestresst ist, suchen Sie das Gespräch und bieten Sie ihm mitverantwortlich Unterstützung an. Folgende Gesprächstipps können Ihnen dabei helfen:
> 1. Beschreiben Sie, was Ihnen aufgefallen ist: „Ich sehe gerade: …". Stellen Sie keine Diagnose.
> 2. Fragen Sie zunächst relativ neutral, was los ist, anstatt zu fragen: „Haben Sie ein Problem?"

3. Sagen Sie: „Ich mache mir Sorgen und möchte Sie unterstützen." Diese Formulierung ist besser als: „Ich möchte Ihnen helfen."
4. Fragen Sie Ihren Gesprächspartner, ob er Unterstützung wünscht – und wenn ja, in welcher Form. In einem zweiten Schritt können Sie Vorschläge unterbreiten.
5. Signalisieren Sie Gesprächsbereitschaft, und bieten Sie unter Umständen einen weiteren Termin an. Wenn vorhanden, benennen Sie interne Hilfsangebote.

Vermeidung von Über- und Unterforderung
Wie bereits zu Beginn des Kapitels angesprochen, ist es wichtig, auch bei der geistigen Herausforderung das rechte Maß zu halten. Das Gehirn sollte gefordert, aber nicht überlastet werden. Daher stellen Über- und Unterforderung im Beruf gleichermaßen eine Gefahr dar.

Die Frage, wann Unterforderung im Beruf beginnt, kann man nicht allgemein beantworten, denn das hängt von der Persönlichkeit und der Leistungsfähigkeit jedes Einzelnen ab. Typische Symptome der Unterforderung sind:

- regelmäßige Langeweile
- das Gefühl, die Arbeitszeit totschlagen zu müssen
- das Gefühl, zu leichte Aufgaben erledigen zu müssen
- das ständige Bedürfnis nach neuen Herausforderungen, die nicht kommen
- regelmäßiges zu frühes Fertigwerden mit den Aufgaben
- das Gefühl, beruflich auf der Stelle zu treten
- zunehmende Unzufriedenheit mit der Arbeit

Ebenso fatal ist eine Überforderung im Beruf. In Anbetracht des rasanten Wandels der (Arbeits-)Welt handelt es sich bei der Überforderung um ein relativ weit verbreitetes Phänomen (Abschn. 2.1). Die Beschäftigten treibt längerfristig die Sorge um, den beruflichen Anforderungen und der Arbeitslast nicht gewachsen zu sein. Da manche Betroffene instinktiv falsch reagieren, die Schuld bei sich suchen und die Überforderung als eigene Schwäche interpretieren, kommt es infolgedessen oft zu einer noch größeren Belastung. Laut „Arbeitszeitreport Deutschland" aus dem Jahr 2016 klagen 51 % der Befragten über häufigen Termin- und Leistungsdruck. Ebenso viele Befragte geben an, aufgrund der Arbeit erschöpft und müde zu sein. (Vgl. Wöhrmann et al. 2016, S. 32, 111) Typische Symptome einer Überforderung sind:

- das Gefühl der Erschöpfung, Müdigkeit, Unlust und Schlappheit
- die regelmäßige Überwindung, zur Arbeit zu gehen

- sich häufende Überstunden, da die Arbeit nicht in der dafür vorgesehenen Zeit erledigt werden kann
- Angst vor neuen Aufgaben
- sich häufende Krankheitstage
- negative Auswirkung der beruflichen Sorgen auf das Privatleben

Wenn sich die Symptome häufen und über einen längeren Zeitraum (Wochen oder Monate) hinweg bestehen bleiben, kann man davon ausgehen, dass es sich tatsächlich um eine Unter- oder Überforderung handelt. Wer sich unterfordert fühlt, verliert schnell die Motivation, sieht immer weniger Sinn in seinem Tun und wird zunehmend unglücklich in seinem Beruf (Bore-out). Wer überfordert ist, macht trotz intensiven Bemühens mehr Fehler, neigt eher zu Depressionen (Burn-out) und ist seinen Aufgaben nicht mehr gewachsen.

Denkanstoß

- Erkennen Sie mehrere der oben geschilderten Symptome bei Ihren Mitarbeitern oder bei sich selbst wieder?
- Gibt es Anzeichen dafür, dass eines oder mehrere Ihrer Teammitglieder unter- oder überfordert sind?

Sprechen Sie doch einmal mit Ihren Mitarbeitern über die beiden Phänomene und signalisieren Sie so, dass Sie für Gespräche über die Arbeitsbelastung offen sind. Wenn tatsächlich eine Unter- oder Überforderung besteht, ergreifen Sie entsprechende Maßnahmen.

Maßnahmen gegen Unterforderung

Wer sich unterfordert fühlt, braucht neue Aufgaben, möglicherweise mehr Verantwortung, in jedem Fall aber Abwechslung und neue Herausforderungen. Im Gespräch mit den Beschäftigten können Sie erspüren, aber auch ganz direkt erfragen, wie groß ihr Bedürfnis nach Neuem ist. Gemeinsam mit dem Betreffenden können Sie dann mitverantwortlich überlegen, wie sich eine Veränderung gestalten lässt.

Wenn Sie sich selbst unterfordert fühlen, sollten Sie ebenfalls das Gespräch mit Ihren Vorgesetzten suchen – sofern Sie nicht selbstständiger Unternehmer sind – und über Ihr Bedürfnis sprechen, um Ihrer Selbstverantwortung gerecht zu werden. Denn nur im Dialog lassen sich Lösungen finden.

Maßnahmen gegen Überforderung

Wenn Sie eine Überforderung bei sich erkennen, ist es zunächst einmal wichtig, diese als solche zu akzeptieren und anzuerkennen, ohne sich Vorwürfe zu machen. Anschließend gibt es verschiedene Maßnahmen, die Sie ergreifen können:

Reduzieren Sie Ihre Aufgabendichte. Sprechen Sie mit Vorgesetzten – sofern Sie nicht selbst Geschäftsführer sind – und erklären Sie die Situation. Auch Ihr Chef agiert sicher mitverantwortlich und wird versuchen, mit Ihnen zusammen eine Lösung zu finden, indem Aufgaben anders verteilt werden oder Ihr Verantwortungsbereich verkleinert wird.

Setzen Sie klarere Prioritäten. Oft gibt es so viele Dinge gleichzeitig zu erledigen, dass man sich verzettelt, alles zugleich anfangen und abarbeiten möchte und letztlich nichts davon wirklich abschließt. Eine klare Priorisierung hilft dabei, die wichtigen von den unwichtigen und die dringlichen von den nicht dringlichen Aufgaben zu unterscheiden. Unwichtiges lässt sich entweder verschieben oder ganz von der To-do-Liste streichen.

Gönnen Sie sich Pausen. Ein Smartphone muss in regelmäßigen Abständen aufgeladen werden. Ebenso verhält es sich auch mit Menschen. Wir benötigen Auszeiten, um unsere eigenen Akkus aufzuladen. In Zeiten der Überforderung neigen viele Menschen dazu, Pausen zu streichen, um mehr Zeit für die Arbeit zu haben. Doch das geht schnell zulasten der Konzentration und der Leistungsfähigkeit.

Die genannten Maßnahmen gegen Überforderung wurden bislang aus der selbstverantwortlichen Perspektive geschildert. Wenn Sie eine Überforderung bei einem oder mehreren Ihrer Mitarbeiter wahrnehmen, sind Sie in Ihrer Mitverantwortung gefragt. Suchen Sie das Gespräch und finden Sie gemeinsam Wege, um die Situation zu verändern.

Umgang mit Unterbrechungen und Multitasking

▶ Werden Sie und Ihre Mitarbeiter im Arbeitsleben häufig unterbrochen oder wechseln regelmäßig zwischen vielen verschiedenen Aufgaben? Wenn nicht, können Sie diesen Abschnitt überspringen.

Heutzutage ist es in vielen Berufen wichtig, jederzeit erreichbar zu sein. Das Telefon zwischenzeitlich einfach auszuschalten oder die E-Mails nur ein- bis zweimal täglich zu bearbeiten, können sich viele Berufstätige schlichtweg nicht leisten. Doch regelmäßige Unterbrechungen am Arbeitsplatz können zur psychischen

Belastung werden. Sie können zu Überforderung führen und im Extremfall dafür sorgen, dass die Betroffenen ihre Aufgaben nur einschränkt oder gar nicht erfüllen können.

Im Folgenden finden Sie einige Tipps, wie Sie selbstverantwortlich mit häufigen Unterbrechungen umgehen und Ihre Mitarbeiter mitverantwortlich dabei unterstützen können (vgl. BAuA 2017b, S. 12 ff.).

Manche Anfragen, die per E-Mail, Anruf oder in Form einer persönlich vorgetragenen Bitte eintreffen, sind tatsächlich dringend. Oft sind sie es aber nicht. Überlegen Sie daher zuerst, wie zeitnah die entsprechende Aufgabe bewältigt werden muss. Wenn kein sofortiges Eingreifen erforderlich ist, beenden Sie erst einmal die aktuelle Tätigkeit (oder bearbeiten Sie sie zumindest bis zu einem Punkt, an dem Sie später gut ansetzen können), bevor Sie sich der neuen zuwenden.

Doch gerade unter Zeitdruck fällt es oft schwer, die Dringlichkeit eindeutig abzuschätzen und die richtige Strategie zu wählen. Daher ist es ratsam, sich präventiv Strategien zu erarbeiten, um angemessen auf stressige Situationen – denn regelmäßige Unterbrechungen und Multitasking sind nichts anderes als Stress – zu reagieren.

Nach einer Unterbrechung oder einer stressigen Situation sollten Sie versuchen, möglichst schnell zu einer entspannten und ruhigen Arbeit zurückzukehren, indem Sie erst einmal eine Pause einlegen, eine Entspannungstechnik (s. u.) anwenden oder eine angenehme Aufgabe erledigen. Denn wer dauerndem Stress ausgesetzt ist, gefährdet seine Gesundheit und hat keine Ressourcen, um zukünftigen Belastungen standzuhalten. Wenn möglich, wechseln Sie Tätigkeiten miteinander ab, so vermeiden Sie eine Überlastung einzelner geistiger oder körperlicher Ressourcen.

Tipp

In meinen Seminaren bitte ich die Teilnehmer regelmäßig um Austausch und Tipps für den Umgang mit Überforderung. Hier eine Auswahl der Antworten:

- Körpersignale wahrnehmen
- Gelassenheit üben
- Negatives hinter sich lassen, im Hier und Jetzt sein
- Freude gestalten
- Reflexion: Was überfordert mich?
- Ernährung: Trinken, Essen
- Mut zu Gefühlen
- professionelle Distanz üben
- Arbeitsorganisation überprüfen

- im Team kommunizieren
- kleine Entspannungsrituale durchführen (Teetrinken, etwas genießen, Abschalten, Bewegung, Wasser über die Pulsadern laufen lassen, die Fußsohlen massieren, bewusst ein Glas Wasser trinken, dreimal tief ein- und ausatmen)

Übrigens ist – entgegen nach wie vor gängiger Vorurteile – der Erfolg im Umgang mit Multitasking und regelmäßigen Unterbrechungen keineswegs eine Frage des Alters. Das heißt: Auch wenn die Multitasking-Fähigkeit tendenziell mit zunehmendem Alter nachlässt, erreichen Ältere durch ihre Erfahrung genauso wie die Jüngeren das Ziel, wenn es darum geht, mehrere Aufgaben gleichzeitig zu bewältigen. Die verschiedenen Mitarbeitergenerationen gehen allerdings unterschiedlich mit den Störungen im Arbeitsalltag um: Jüngere Kollegen setzen eher auf ihre Reaktionsschnelligkeit, während Ältere auf ihre Expertise zurückgreifen und dementsprechend genauer wissen, wann ein geeigneter Zeitpunkt für eine Arbeitsunterbrechung ist (vgl. BAuA 2017b).

Denkanstoß

- Gehören regelmäßige Unterbrechungen zu Ihrem Arbeitsalltag dazu?
- Wie empfinden Sie sie?
- Wie begegnen Sie ihnen?

Wie würden Ihre Mitarbeiter diese Fragen beantworten? Was könnte ihnen im Umgang mit den Unterbrechungen guttun? Welche Maßnahmen setzen Sie bereits (gemeinsam) um?

Umgang mit Veränderungsprozessen

„Nichts ist so beständig wie der Wandel" sagt ein Sprichwort. Tatsächlich sorgt der Wandel der Arbeitswelt dafür, dass Organisationen ihr Geschäftsmodell, ihre Prozesse und ihren Aufbau immer wieder grundlegend verändern (müssen). Wie in Abschn. 2.2 bereits erläutert, stellen Change-Prozesse allerdings für viele Beschäftigte eine Belastung dar. Vor allem, wenn ihnen die Hintergründe und der Sinn der Veränderung unklar bleiben oder die Umstellung sehr plötzlich kommt, tun sich manche Menschen schwer damit.

Ein typisches Reaktionsmuster auf Veränderungen schildern Rump et al. (2017, S. 24 ff.): Auf den ersten Schock folgt die Verneinung („mich betrifft das ja nicht"). Nach und nach kommen sie zu der Einsicht, dass die Veränderung tatsächlich eintreffen wird. Dann kann langsam Akzeptanz entstehen. Beschäftigte probieren schließlich neue Verfahrensweisen aus und finden heraus, warum was (nicht) funktioniert. Die Strategien, die sich bewährt haben, übernehmen sie letztlich dauerhaft.

Als mitverantwortliche Führungskraft können Sie Ihre Mitarbeiter darin unterstützen, mit der Belastung durch Veränderungen umzugehen und sie in den geschilderten Reaktionsphasen zu begleiten.

Denkanstoß

Sind Sie präsent und aufmerksam, wenn Sie spüren, dass Ihre Mitarbeiter sich aufgrund von Veränderungen sorgen, erschrocken oder verärgert sind?

Bleiben Sie im Gespräch? Geben Sie die Informationen, die Ihnen hinsichtlich der Umstellung vorliegen, an Ihre Teammitglieder weiter? Fordern Sie gegebenenfalls von Ihren Vorgesetzten weitere Informationen an (sofern Sie nicht selbst Geschäftsführer sind), um die Umstellung so transparent wie möglich zu gestalten?

Halten Sie den Frust der Beschäftigten aus? Gehen Sie mit Ihren Mitarbeitern und deren Gefühlen wertschätzend um? Begleiten und ermutigen Sie sie, wenn erste Anzeichen von Neugier und Enthusiasmus erkennbar sind?

Wie unterstützen Sie sie, wenn ihr Selbstvertrauen wieder langsam zurückkehrt, nachdem sie die Veränderung angenommen haben?

An diesen Fragen erkennen Sie, wie wichtig es ist, sich selbst dabei zu überprüfen: Verstehe ich meine Mitarbeiter in ihrem individuellen Umgang mit Veränderungen oder bewerte ich sie („der will nicht", „die jammert zu viel", „schon wieder diese Verweigerungshaltung")?

Das Ziel muss das Verstehen sein. Das heißt: Sie müssen die Ursachen für das Verhalten erkennen, um dann gut auf die Mitarbeiter eingehen zu können. Hierfür ist es sinnvoll, ein Verständnis für die verschiedenen Persönlichkeiten (Kap. 4) zu haben. So kann Gesundheit unter dem Aspekt des psychischen Wohlbefindens erhalten und gefördert werden.

Stress und Stressabbau

Er ist letztlich nichts anderes als die körperliche Reaktion auf eine potenziell gefährliche Situation: Stress. Blutdruck und Puls steigen, die Atmung geht schneller, die Sinne sind geschärft. Doch oft sind die Situationen, in denen wir Stress empfinden, gar keine lebensbedrohlichen oder krisenhaften Momente, sondern beruflicher oder privater Alltag. Und trotzdem pocht das Herz, die Handflächen sind feucht, wir stehen völlig unter Spannung. Dann wird Stress zum Problem. Die Weltgesundheitsorganisation (WHO) bezeichnet Stress sogar als eine der größten Gesundheitsgefahren des 21. Jahrhunderts.

Wie in Abschn. 2.1 bereits gesagt, ist der Wandel der Arbeitswelt für viele Beschäftigte mit Stress verbunden, weil sie sich um ihre berufliche Zukunft sorgen, dauerhaft erreichbar sein müssen, immer wieder gefordert sind, sich auf Neues einzulassen etc. Unter Stress leidet meist die Qualität der Arbeit; aber auch Körper und

Psyche der Beschäftigten (Bauchschmerzen, schlechter Schlaf, Kopf- und Rückenschmerzen, Angstzustände). Umso wichtiger ist es, dass Sie sich selbst- und mitverantwortlich mit dem Thema Stress – und vor allem mit Stressabbau – beschäftigen.

Es gilt als wissenschaftlich erwiesen, dass Stress entsteht, wenn Selbstwert und Selbstwirksamkeit bedroht sind (vgl. Sonntag et al. 2016, S. 420). Die Selbstverantwortung unterstützt den Selbstwert und die Selbstwirksamkeit. Insofern beugt sie mittelbar Stress vor. Denn: Wenn wir uns mit unseren eigenen Bedürfnissen, Normen, Werten und Fähigkeiten sowie dem Dasein als Mensch mit Stärken und Schwächen beschäftigen, lernen wir uns selbst besser kennen und schätzen. Dieses Sich-selbst-Kennen-und-Schätzen ist schließlich eine personelle Ressource, die für die individuelle Lebensgestaltung von großer Bedeutung ist. Dann können wir Stresssituationen besser erkennen und entsprechend handeln.

Die Stressampel nach Gert Kaluza (2011)

Stressauslöser sind für mich in erster Linie ...

☐ ... physikalische Aspekte (Lärm, Hitze etc.)
☐ ... körperliche Aspekte (Verletzung, Hunger etc.)
☐ ... leistungsbezogene Aspekte (Zeitdruck, Überforderung etc.)
☐ ... soziale Aspekte (Konkurrenz, Isolation, Konflikt, Anerkennung etc.)
☐ ______________________
☐ ______________________
☐ ______________________

Ich setze mich selbst unter Stress, indem ...

☐ ... ich mich unentbehrlich fühle.
☐ ... ich perfekt sein will.
☐ ... ich meine Leistungsgrenzen nicht akzeptiere.
☐ ______________________
☐ ______________________
☐ ______________________

Wenn ich im Stress bin, dann ...

☐ ... reagiert mein Körper (Schwitzen, trockener Mund, schnelle Atmung etc.)
☐ ... verändere ich mein Verhalten (hastig, ungeduldig, unkoordiniert etc.)
☐ ... reagiere ich emotional (Ärger, Angst vor Blamage etc.)
☐ ... verändere ich mein Denken (Selbstvorwürfe, Tunnelblick etc.)
☐ ______________________
☐ ______________________
☐ ______________________

Übung

Beobachten Sie sich einmal selbst und füllen Sie Tab. 3.1 aus. Warten Sie damit nicht bis zum Feierabend, sondern beantworten Sie die Fragen im aktiven Tagesgeschehen – und das am besten alle zwei bis drei Stunden über einen längeren Zeitraum (ein bis zwei Wochen) hinweg. Kopieren Sie die Tabelle dazu einfach.

Tab. 3.1 Stressprotokoll

Was hat mich in den vergangenen Stunden gestresst?	
Was habe ich in der Situation gedacht?	
Wie habe ich mich dabei gefühlt?	
Wie hat mein Körper in dieser Situation reagiert?	
Wie habe ich mich verhalten?	
Was sind meine Bedürfnisse, Werte, Fähigkeiten in der Situation?	
Was hilft mir?	

Sie werden feststellen, dass Sie allein durch das Ausfüllen der Tabelle etwas Abstand gewinnen. Indem Sie notieren, was Ihnen hilft (Selbstverantwortung), fokussieren Sie sich auf Lösungen statt auf Probleme – und das ist der erste Schritt zum Stressabbau (vgl. BAuA 2012, S. 9 f.).

Denkanstoß

Wo und wie können Sie am besten entspannen? Ergänzen Sie die Liste der Tipps meiner Seminarteilnehmer:

- spazieren gehen
- meditieren
- chillen (nichts tun, Musik hören)
- etwas spielen
- ausschlafen
- Sport
- ein gutes Buch lesen
- einen Film schauen
- kuscheln
- etwas tun, in dem ich Erfüllung finde
- …

Sprechen Sie auch mit Ihren Mitarbeitern über Stress? Woran erkennen Sie, wenn die Teammitglieder gestresst sind? Haben Sie sich schon einmal über individuelle Tipps zum Stressabbau unterhalten? Wäre das für Sie denkbar?

Wenn Sie sich die Stressampel (s. o.) genauer ansehen, erkennen Sie sicher Stressauslöser, die für sich betrachtet gar nicht so schlimm sind. Indem Sie bewusst reflektieren, warum Sie gerade angespannt sind, kann ein Teil der Anspannung möglicherweise von selbst abfallen. Langfristig kann es helfen, negative Gedanken und Gefühle zu verändern, zum Beispiel durch Autosuggestion.

Übung
Auch Verhaltensänderungen sind langfristig oft sinnvoll. Was könnten Sie tun, um Stress abzubauen? Ergänzen Sie die folgenden Sätze:

Wenn ich mehr Entspannung in mein Leben bringen will, muss ich

- mir Zeit nehmen für … (z. B. Entspannungsübungen, Naturerlebnisse, Sauna, Sport)
- Zeit streichen an folgender Stelle … (z. B. vor dem Schlafen vorm Computer sitzen)
- folgende schlechte Gewohnheiten aufgeben … (z. B. kein Kaffee, Alkohol etc. vor dem Schlafengehen zu mir nehmen)
- Folgendes verändern … (z. B. mehr Sport treiben, auf gute Momente in meinen Beziehungen achten)
- …

Pausen
In Umfragen zeigt sich, dass rund ein Viertel aller Beschäftigten Pausen oft ausfallen lassen (vgl. Lohmann-Haislah 2012). Dabei sind regelmäßige kurze Auszeiten unerlässlich, um sich zu regenerieren. Wie bereits mehrfach in diesem Kapitel erwähnt, sind Pausen für die geistige Fitness und für das psychische Wohlbefinden überaus wichtig (genau wie die Regeneration nach körperlicher Aktivität). Unsere Konzentrationsfähigkeit ist begrenzt. In der Regel benötigen wir nach 70–80 min geistiger Anstrengung eine Pause. Pausen fördern die Leistung, die Fähigkeit zur Problemlösung und zur Konzentration, folglich auch die Arbeitssicherheit und letztlich das Wohlbefinden und die Zufriedenheit. Bereits eine kurze Unterbrechung von wenigen Minuten reicht aus, denn der Erholungseffekt tritt am stärksten in der ersten Minute ein (vgl. Groll 2011). Gehen Sie doch einmal ans Fenster und blicken Sie hinaus, stehen Sie auf und strecken Sie Arme und Beine oder gönnen Sie sich einen Tee.

Alle zwei Stunden sollte man zudem feste Pausen einplanen. Wie diese gestaltet werden, ist Geschmackssache und hängt vom Arbeitsplatz ab. Man sollte jedoch – gerade, wenn man viel am Bildschirm arbeitet – nicht am PC sitzen bleiben, sondern im Idealfall frische Luft schnappen und sich dabei bewegen. Das ist nicht immer möglich. Dann können auch ein paar Dehnübungen oder ein sogenannter Power Nap, also ein kurzes Nickerchen von maximal 30 min, zur Regeneration beitragen.

Unabhängig von der individuellen Pausengestaltung gilt: Nach Phasen hoher Konzentration ist es sinnvoll, etwa 20 min lang einfachere Aufgaben zu bearbeiten (Ablage, anspruchslose E-Mails lesen etc.).

Hier sind Sie auch als mitverantwortliche Führungskraft gefragt, die Beschäftigten in ihrer Selbstverantwortung zu unterstützen.

Denkanstoß

Gibt es in Ihrer Abteilung Mitarbeiter, die regelmäßig auf Pausen verzichten? Könnten Sie sich vorstellen, das Thema aktive Pausengestaltung im Team anzusprechen? Wissen Ihre Beschäftigten, wie wichtig Pausen sind, um Gesundheit und Leistungsfähigkeit zu erhalten? Kommen Sie dazu ins Gespräch.

Könnten Sie teamintern eine Lösung finden, wie sich kurze Pausen fest in die Arbeitsorganisation der Mitarbeiter integrieren lassen? Erwiesenermaßen haben mehrere kurze Pausen einen größeren Erholungseffekt als wenige lange (vgl. BAuA 2017a, S. 30).

Können die Mitarbeiter selbst entscheiden, wann und wie oft sie Pause machen möchten? Wenn nicht, gibt es eine Möglichkeit, das zu ändern?

Kleine Übungen für den Alltag und Entspannungstechniken

Im Folgenden lernen Sie praktische Übungen und Techniken kennen, die Sie selbst anwenden können, um zu entspannen (Selbstverantwortung), die Sie aber auch kopieren und Ihren Mitarbeitern – zum Beispiel als Handout oder in Form von Karteikarten – austeilen können (Mitverantwortung).

Übung: Entschleunigung

Beim Entschleunigen geht es darum, das Tempo bewusst herunterzufahren und sich auf eine Sache zu konzentrieren.

Beginnen Sie gleich morgens auf dem Weg zur Arbeit: Planen Sie etwas mehr Pufferzeit ein als sonst. So können Sie in Ruhe gehen oder fahren und haben Zeit und Muße, Ihre Umwelt auf sich wirken zu lassen.

Lassen Sie sich in Ihrer Freizeit ganz auf das ein, was Sie gerade tun. Wenn negative, belastende oder ablenkende Gedanken kommen, lenken Sie Ihre Aufmerksamkeit auf Ihren Atem. Konzentrieren Sie sich auf Ihren Unterbauch, der sich hebt und senkt. Denken Sie „ein“ beim Einatmen und „aus“ beim Ausatmen.

Übung: Monotasking statt Multitasking

Eine Tätigkeit konzentriert durchzuführen beginnt damit, sie bewusst anzufangen. Richten Sie Ihre ganze Aufmerksamkeit auf das, was Sie tun. Wenn Sie beispielsweise ein Gespräch führen, konzentrieren Sie sich bewusst auf Ihr Gegenüber.

Welche verbalen und nonverbalen Signale sendet die Person? Was ist ihr wichtig? Beenden Sie das Gespräch ebenso konzentriert und fokussiert. Anschließend können Sie sich bewusst etwas anderem widmen.

Übung: Freude an einfachen Dingen

Oft nehmen wir die Dinge einfach so hin, ohne ihnen größere Aufmerksamkeit zu schenken. Dabei kann man Ruhe auch in der Freude an Alltäglichem finden: der Duft frischen Kaffees, das Zwitschern eines Vogels im Garten oder die warme Daunendecke, in die Sie sich beim Einschlafen einkuscheln.

Was fällt Ihnen sonst noch ein? Über welche einfachen Dinge des Alltags möchten Sie sich in Zukunft still freuen?

Übung: Natur mit allen Sinnen genießen

Viele Menschen finden in der Natur eine Kraftquelle. Sie bietet vielfältige Reize, ohne uns zu überfordern. Wir können sie hören, sehen, schmecken, fühlen und riechen. Naturgeräusche aktivieren Hirnregionen, die bei der Entspannung eine Rolle spielen. Die Aufmerksamkeit richtet sich nach außen, wir drehen uns dadurch nicht so sehr um uns selbst, wie das bei künstlichen Geräuschen der Fall ist. Und: Der Entspannungseffekt tritt bei denjenigen am stärksten ein, die das höchste Stresslevel haben. (Vgl. Beck 2017) Die positive Wirkung von Naturerlebnissen auf Stresshormone, Blutdruck und Pulsschlag ist ebenfalls nachgewiesen. Fühlen Sie doch beim nächsten Mal, wenn Sie draußen in der Natur sind, die raue Oberfläche eines Steins, riechen Sie an einem Busch, lauschen Sie auf das Rauschen des Windes etc. Genießen Sie die Natur, lassen Sie sie mit Freude oder Wohlbehagen auf sich wirken. Dieses Genießen kann durch bewusstes Lächeln unterstützt werden. Wussten Sie, dass durch ein einfaches Lächeln glücklich machende Botenstoffe in unserem Körper freigesetzt werden?

Übung: Wartezeiten nutzen

Einen beträchtlichen Teil unserer Zeit verbringen wir mit Warten: an der Supermarktkasse, am langsamen Computer, beim Arzt, wenn die Verabredung zu spät kommt, etc. Anstatt diesen Umstand einfach als gegeben hinzunehmen oder die Zeit sinnvoll zu nutzen, ärgern wir uns oft. Dabei bringt uns der Ärger nicht weiter. Verbringen Sie doch die nächste Wartesituation einmal damit, eine Atemübung zu machen, in sich hineinzufühlen und Ihre Umwelt bewusst wahrzunehmen – und schon ist die Zeit konstruktiv genutzt.

Entspannungstechniken

Progressive Muskelentspannung (PME) nach Jacobsen, autogenes Training, Yoga, Qigong oder Tai-Chi sind ebenfalls beliebte und bewährte Entspannungstechniken. Vielleicht möchten Sie eine davon einmal ausprobieren? Für den Einstieg eignen sich Präsenzkurse, Entspannungs-CDs oder auch (kostenfreie) Onlinevideos.

Beispiele für weitere kleine Alltagstechniken

Spüren Sie im Alltag immer mal wieder bewusst in Ihren Körper hinein. Was fühlen Sie? Versuchen Sie, dabei nicht zu werten, sondern einfach nur zu empfinden. Dieses Achtsamkeitstraining erfordert ein wenig Übung, lässt sich aber problemlos überall und jederzeit durchführen. Es schult letztlich die Konzentrationsfähigkeit.

Auch Atemübungen können Sie immer und überall durchführen. Indem Sie beim Ein- und Ausatmen immer bis zehn zählen oder bei jedem Atemzug innerlich „ein – aus – ein – aus" vorsagen, kommen Sie zur Ruhe.

Eine Fantasiereise oder ein schönes inneres Bild kann ebenfalls zur Entspannung führen. Für Einsteiger gibt es CDs oder Onlinevideos, man kann aber auch einfach so starten. Grundvoraussetzung ist, dass Sie sich an einem bequemen, ungestörten Ort befinden. Dann konzentrieren Sie sich auf Ihren Atem, vor allem auf das Ausatmen. Mit jedem Ausatmen fällt ein wenig von Ihrer Anspannung ab. Dann stellen Sie sich einen Ort vor, der Ihnen gefällt. Gehen Sie bis ins Detail: Was sehen Sie?

Denkanstoß

Gibt es unter den vorgestellten Techniken und Übungen etwas, das Sie anspricht und das Sie ausprobieren möchten?

Wie wohl wir uns bei den Übungen fühlen, hängt häufig davon ab, wie wir der Technik gegenüberstehen. Manches passt nicht zu uns. Dann kann es sinnvoll sein, etwas anderes zu suchen. Wenn Sie eine Technik gefunden haben, die Ihnen zusagt, üben Sie regelmäßig.

3.1.2.3 Säule 3 – soziale Kontakte

Ein gutes soziales Netz bietet uns Halt und ist ein wichtiger Motor im Alltag. Ein positiver Austausch ist für unser Wohlbefinden von großer Bedeutung. Wir erhalten z. B. neue Anregungen und sehen andere Perspektiven, fühlen uns unterstützt, beruhigt, getröstet oder können zusammen lachen. Auch das Geben in Beziehungen spendet Kraft, denn wir fühlen uns miteinander verbunden und haben das Gefühl, etwas Sinnvolles zu tun, wenn wir helfen können. Tatsächlich belegen Studien den Einfluss sozialer Bindungen auf unsere Gesundheit und die Lebensdauer.

Mit zunehmendem Alter gewinnen Beziehungen zu vertrauten Menschen immer mehr an Bedeutung. Ältere Menschen berichten oft in meinen Seminaren, wie überaus wichtig ihnen der Kontakt zu guten Freunden und Familienmitgliedern ist. In diese Beziehungen investieren sie dann viel Zeit und Kraft. Beziehungen zu Menschen, die ihnen nicht so wichtig sind, geben sie leichter auf als Jüngere. Jugendliche und junge Erwachsene setzen dagegen oft auf ein großes soziales Netzwerk aus (lockeren) Freunden. Das zeigt: Auch wenn menschliche Nähe ein Grundbedürfnis des Menschen ist, gibt es Unterschiede in der Art, wie wir den Wunsch nach Kommunikation, Austausch und Nähe befriedigen.

Das gefühlsmäßige „Mitschwingen“ ist wesentlich für unsere Widerstandsfähigkeit, weil dadurch erst Beziehungsfähigkeit möglich ist. Es richtet sich auf die andere Person (Fremdempathie) und auf die eigene Person (Selbstempathie). Mit anderen Worten: Es ist im Umgang mit anderen auch notwendig, in sich selbst hineinzuhören und unterscheiden zu können, was für uns in der Begegnung mit anderen wichtig ist.

Einen großen Teil unseres Lebens verbringen wir bei der Arbeit – und folglich mit Menschen, die wir uns nicht aussuchen können. Manche Kollegen, Mitarbeiter und Vorgesetzte wachsen uns ans Herz, mit anderen wiederum werden wir nicht richtig warm. Trotzdem müssen wir uns mit ihnen arrangieren und versuchen, gut mit ihnen zusammenzuarbeiten. Alles andere belastet die Arbeitsqualität, unsere Psyche und unter Umständen das Arbeitsklima im Team.

Denkanstoß

Welchen Unterschied sehen Sie zwischen privaten und beruflichen Beziehungen? Welchen der folgenden Aussagen können Sie zustimmen? Welchen nicht? Was möchten Sie ergänzen?

- „Berufliche Beziehungen sind eher zweck- und sachgebunden und weniger emotional.“
- „Die Menschen im Privatleben kann man sich aussuchen, die im Berufsleben nicht.“
- „In der Regel ist man in privaten Beziehungen offener. Da bekommt man auch ein ehrlicheres Feedback.“
- „Da es in beruflichen Beziehungen viel um die Sachebene geht, muss man das Miteinander trainieren.“
- „Im Berufsleben muss man sich mit den Stärken und Schwächen des anderen arrangieren. Höflichkeit unter den Kollegen ist sehr wichtig.“

- „Die Beziehungen im Beruf sind oft anstrengender. Hier muss man mehr Rücksicht nehmen."
- „In den beruflichen Beziehungen spielt auch immer wieder Macht eine Rolle."
- „Mit den Kollegen bin ich viel mehr zusammen als mit meinen Beziehungen aus dem Privatleben. Gefühlt sind sie dann auch im Privatleben bei mir."
- „Manchmal ergeben sich aus den beruflichen Beziehungen auch private Verbindungen. Dann verschwimmt der Unterschied."
- „In beruflichen Beziehungen erlebt man die Abhängigkeit stärker. Man ist aufeinander angewiesen."

In einer sozialen Beziehung stellen sich zwei oder mehrere Personen aufeinander ein und orientieren sich aneinander. Sie tauschen sich privat, aber auch fachlich aus und lernen voneinander (Abschn. 3.2). So kann konstruktiv miteinander gearbeitet werden. Die Gestaltung sozialer Kontakte im Arbeitsleben ist eine wesentliche Aufgabe für jeden einzelnen Mitarbeiter, aber auch für Sie als Führungskraft.

Das Gelingen unserer (beruflichen) Beziehungen hängt auch immer mit unseren Erwartungen zusammen. Was wünschen wir uns hinsichtlich Nähe und Distanz? Welche Erwartungen haben wir im Hinblick auf die Arbeitsfähigkeit eines Mitarbeiters/Kollegen? Kann er die gestellte Aufgabe überhaupt erfüllen? Zu hohe Erwartungen führen schnell zu Enttäuschungen. Deshalb sollten Sie Ihre Ansprüche an den Einzelnen immer wieder überprüfen. Auch das zeichnet eine faire und mitarbeiterorientierte Führung aus.

In Abschn. 2.2 war davon die Rede, dass Sie als Führungskraft nicht nur die fachliche Führung übernehmen, sondern auch die soziale Führung. Das heißt: Sie sind auf der einen Seite dafür verantwortlich, dass Aufgaben korrekt und in einem vorgegebenen Zeitrahmen erledigt werden, und auf der anderen Seite geht es darum, sich um die Mitarbeiter persönlich zu „kümmern", also auch die Beziehungen zu ihnen und unter ihnen zu gestalten. Das erhöht die Arbeitszufriedenheit im Team, was wiederum mittelbar zu geringeren Krankenständen und mehr Engagement führt.

Denkanstoß

Was bedeutet Zusammenarbeit für Sie? Kreuzen Sie alle Punkte an, die Ihrer Meinung nach wichtig sind, und ergänzen Sie:

- gemeinsam ein Ziel erreichen
- Gemeinschaftsarbeit

- Erfahrungsaustausch
- Arbeitsteilung
- im Team Lösungen suchen
- gemeinsamer Spaß an Leistung
- verschiedene Fähigkeiten von Mitarbeitern sinnvoll einsetzen
- ...

Überlegen Sie weiter: Was läuft aktuell in der Zusammenarbeit mit bzw. unter Ihren Mitarbeitern gut? Wo erleben Sie Schwierigkeiten?

Mitarbeiter führen bedeutet Vielfalt führen, Bedürfnisse sehen

Erinnern wir uns: Selbstverantwortliches Handeln bedeutet, das Leben nach den eigenen Bedürfnissen, Fähigkeiten, Normen und Werten zu führen. Mitverantwortliches Leben ist unter anderem, wenn wir unser Gegenüber mit seinen Bedürfnissen, Fähigkeiten, Normen und Werten sehen und verstehen. Das bedeutet: Bedürfnisse spielen in Beziehungen und im Verständnis füreinander immer eine wesentliche Rolle.

Machen Sie sich bewusst: Ihre Mitarbeiter haben nicht nur unterschiedliche Persönlichkeiten und Fähigkeiten, sondern sie befinden sich auch in verschiedenen Lebenssituationen und Lebensphasen und kommen aus diversen sozialen und kulturellen Zusammenhängen. Dabei geht es zum einen um die äußerlich wahrnehmbaren Unterschiede (z. B. Geschlecht, Ethnie, Alter und Behinderung), zum anderen um subjektive Unterschiede wie die sexuelle Orientierung, Religion und Lebensstil. Die Individualität Ihrer Mitarbeiter wird in Zukunft sicher noch zunehmen (Abschn. 2.1.3).

Ein Team setzt sich immer häufiger aus Menschen von verschiedenen Kulturkreisen zusammen. Stellt das für Einzelne ein Problem dar, wird es notwendig, dass Sie Respekt, Toleranz und demokratische Grundwerte vermitteln (Abschn. 2.1.3). Hier kann ein Seminar oder externe Begleitung zum interkulturellen Lernen hilfreich sein.

Die Bedürfnisse, die wir haben, hängen vielfach von unserer Herkunft, Lebensphase und Persönlichkeit ab. Das wirkt sich wiederum auf die gemeinsame Arbeit aus.

Jeder Mensch trägt all diese Bedürfnisse mehr oder weniger ausgeprägt in sich, daher bedeutet gutes Arbeiten die (weitgehende) Erfüllung dieser Bedürfnisse. Unter Umständen können einzelne Bedürfnisse einander entgegenstehen, z. B. das Bedürfnis nach Pause und das Bedürfnis, etwas fertigzustellen.

In der Selbstverantwortung Ihres Mitarbeiters geht es darum, den eigenen Bedürfnissen gerecht zu werden. In der Mitverantwortung geht es darum, diese Bedürfnisse beim Gegenüber zu sehen (Empathie), sie ihm zuzugestehen und ihn – soweit gewünscht und möglich – darin zu fördern. Mitverantwortung enthält jedoch immer auch eine Forderung an den anderen, seine Selbstverantwortung zu leben. Das heißt: Sie als Vorgesetzter sind nicht allein für ein gutes und zufriedenes Arbeitsklima verantwortlich, sondern Ihre Mitarbeiter sind selbst aufgefordert, z. B. Freude in der (Zusammen-)Arbeit zu suchen.

Verschiedene Mitarbeitergenerationen haben oft unterschiedliche Einstellungen, Herangehensweisen, Potenziale und Bedürfnisse (Kap. 4). Hier sind alle Beteiligten gefragt, immer wieder aufs Neue eine Brücke der Generationen (Abschn. 4.2.4) zu schlagen.

Ein Leitbild für das Team

Warum sollten Teams nicht aktiv darüber sprechen, wie sie untereinander kommunizieren und ihr Miteinander gestalten wollen? Beispielsweise könnten Sie gemeinsam ein Leitbild erarbeiten. Das wirkt auch als präventive Maßnahme, sodass Konflikte unter den Mitarbeitern erst gar nicht ausbrechen, sondern schon im Entstehen konstruktiv gelöst werden.

Im Leitbild wird ein Zielzustand formuliert, den die Organisation zusammen mit ihren Mitgliedern erreichen will. Hier lassen sich grundlegende Verhaltensweisen gegenüber und unter Beschäftigten festlegen. Wenn Sie es regelmäßig evaluieren, wird es nachhaltig mit Leben gefüllt. Zugleich werden auch neue Kollegen eingebunden.

Ein Leitbild für ein Team könnte beispielsweise so aussehen:

- **Vertrauen und Selbstständigkeit:** Den Beschäftigten wird zugetraut, dass sie die vorgegebenen Arbeitsaufgaben auf ihre eigene Art und Weise gut lösen. Sie werden dazu ermutigt, selbstständig zu arbeiten.
- **Verlässlichkeit:** Erwartungen werden klar formuliert. Verlässlichkeit wird geschätzt.
- **Verantwortlichkeit und Konflikte:** Hohe Standards erfordern ein ebenso hohes Maß an Verantwortlichkeit. Mögliche Konflikte bei der Zusammenarbeit sollten dabei konstruktiv, fair und in gemeinsamer Diskussion gelöst werden.
- **Werte vermitteln, Werte leben:** Es wird vermittelt, welchen Nutzen und Sinn die Arbeit stiften soll.
- **Respekt und Fairness:** Wertschätzung und ein höflicher Umgang werden gepflegt. Gute Leistung und Engagement werden gelobt. Jedem Beschäftigten wird deutlich, dass er als Mensch wichtig ist.

- **Einbeziehen (Partizipation):** Beschäftigte werden in die Gestaltung der Prozesse miteinbezogen. Sie werden über wichtige Entwicklungen regelmäßig auf dem Laufenden gehalten. Es gibt Ansprechpartner für die Fragen der Beschäftigten und zeitnahe Antworten.
- **Toleranz und Offenheit:** Das Bewusstsein, dass sich Beschäftigte in unterschiedlichen Lebenssituationen befinden sowie aus unterschiedlichen sozialen und kulturellen Zusammenhängen kommen, die sich auf die gemeinsame Arbeit auswirken, wird gestärkt. Die Zusammenarbeit unter den Kollegen kann auch dann gut sein, wenn die persönlichen Lebensentwürfe des anderen abgelehnt werden, diese dennoch respektiert werden.
- **Freude und Wohlbefinden:** Eine positive Einstellung trägt zu einem produktiven Arbeitsklima bei. In schwierigen Situationen und auch bei Routinetätigkeiten unterstützt eine humorvolle Herangehensweise das Wohlbefinden der Beteiligten bei der Arbeit. Die Erfolge Einzelner oder des Teams werden von allen anerkannt.
- **Belastungen und Konflikte:** Belastungen, Konflikte und Störfelder sind Teil des Arbeitslebens und des menschlichen Miteinanders. Es besteht Bereitschaft zum Unbequemen und zur Diskussion. Dabei sind konstruktive Lösungen das Ziel. Bei Bedarf wird professionelle Hilfe hinzugezogen.
- **Annahme von Resultaten:** Lösungen des Teams werden auch dann beachtet und mitgetragen, wenn Einzelne ihre persönlichen Vorschläge nicht realisiert sehen. Offenheit, Fairness und Toleranz bilden die Basis für die Zusammenarbeit.

Denkanstoß

Halten Sie die Entwicklung eines solchen Leitbildes für sinnvoll? Was finden Sie gut? Was finden Sie unrealistisch? Wie würde Ihr Vorschlag aussehen?

Kommunikation

Da Kommunikation ein Schlüsselelement des zwischenmenschlichen Umgangs ist (Abschn. 2.2.3), sollten Sie das Kommunikationsverhalten im beruflichen Miteinander stets im Blick behalten. Dabei ist für Sie als Führungskraft und Begleiter auch immer wieder wichtig, dass Sie nicht zu viel selbst reden, sondern auch fragen und zuhören.

Die Technik des aktiven Zuhörens

Das aktive Zuhören ist eine Kommunikationstechnik, bei der der Empfänger einer Nachricht versucht, die Nachricht so zu verstehen, wie sie (vermutlich) bei ihm ankommen sollte. Diese Technik, die auf den US-Psychologen Carl R. Rogers zurückgeht, eignet sich besonders, wenn man etwas eingehend verstehen möchte.

Der Empfänger versetzt sich in die Lage des Senders und versucht herauszufinden, worum es dem Sender wirklich geht (Absicht). Wenn ihm etwas unklar ist, fragt der aktive Zuhörer nach und wiederholt die wahrgenommene Information, um zu prüfen, ob sie richtig bei ihm ankam.

Dazu kann er die folgenden Techniken einsetzen:

Zusammenfassen Dabei resümiert der aktive Zuhörer das Gehörte mit wenigen Worten.

Paraphrasieren Der aktive Zuhörer drückt die angekommene Information in eigenen Worten aus.

Verbalisieren Dabei benennt der aktive Zuhörer die Gefühle, die das Gegenüber vermittelt (z. B. „das klingt, als wären Sie enttäuscht darüber").

Nachfragen Bislang nicht bekannte Informationen werden dabei ermittelt.

Unklares klären Bei uneindeutigen Informationen fragt der aktive Zuhörer nach („Sie sprachen von ‚ihm' – wer ist gemeint?").

Weiterführen Der aktive Zuhörer ergänzt das Gehörte um eigene Informationen oder fragt nach dem weiteren Verlauf.

Abwägen Der aktive Zuhörer bittet hier um eine Einschätzung („ist es für Sie leichter, das Projekt abzubrechen als die Probleme beim Auftraggeber anzusprechen?").

Damit das aktive Zuhören gelingen kann, müssen alle Kommunikationspartner drei Grundbedingungen erfüllen:

- eine empathische und offene Grundhaltung
- ein authentisches und stimmiges Auftreten
- die Akzeptanz und positive Beachtung der anderen Person

Wichtig ist es auch, sich auf das Gegenüber einzulassen. Das funktioniert, indem man sich dem Gesprächspartner emotional, aber auch physisch zuwendet, ihn ausreden lässt und Blickkontakt hält. Pausen gilt es auszuhalten; sie können ein Zeichen für Unklarheiten, Angst oder Ratlosigkeit sein.

Auch regelmäßiges Hörerfeedback ist hilfreich: Durch Kopfnicken oder kurze bestätigende Äußerungen („mmh", „ich verstehe" etc.) zeigt man, dass man dem Gespräch und dem Gesprächspartner die volle Aufmerksamkeit widmet.

Zugleich sollte man sich klarmachen, dass Zuhören nicht zwangsläufig Gutheißen bedeutet. Wer zuhört, gibt noch keine Meinung ab, sondern signalisiert erst einmal, dass er den anderen wahrnimmt. Mit der eigenen Meinung sollte man zurückhaltend umgehen. Auch durch Vorwürfe und Kritik sollte man sich als Zuhörer nicht aus der Ruhe bringen lassen, sondern wiederum versuchen, sich in die Situation des anderen zu versetzen. So entsteht respektvolle Kommunikation auf Augenhöhe.

Übung (für zwei Personen)

Setzen Sie sich einander gegenüber, sodass Sie Blickkontakt halten können. Nun beginnt einer von Ihnen zu sprechen. Es ist unerheblich, was Sie sagen, es sollte sich allerdings nicht um heikle Themen (Vorwürfe, Angriffe, Kritik) handeln. Beschränken Sie sich zu Beginn auf einen längeren oder zwei bis drei kurze Sätze.

Der andere hat nun die Aufgabe, inhaltlich genau das zu wiederholen, was Sie gesagt haben. Der Zuhörer wiederholt dabei nicht jedes Wort, sondern gibt den Sinn mit eigenen Worten möglichst genau wieder. Er beginnt mit dem Satz: „Du sagst, dass …“ oder „Du meinst, dass …“. Nach etwa zehn Minuten wird getauscht.

Im Anschluss sollten Sie kurz darüber sprechen, wie Sie diese Übung jeweils empfunden haben.

Denkanstoß

Halten Sie das oben beschriebene aktive Zuhören für sinnvoll, stellen jedoch fest, dass es gar nicht so leicht ist, dieses Wissen in die Praxis zu übertragen?

Es gibt Seminare, um das aktive Zuhören zu trainieren. Durch Übung können wir das Gelernte in unseren Alltag besser einfließen lassen.

Fragen

Um Interesse an einer Person oder an einem Sachverhalt zu zeigen und Informationen zu erhalten, sind Fragen ebenfalls ein geeignetes Mittel. Der Unterschied zum aktiven Zuhören besteht darin, dass ein Fragender das Gespräch zwangsläufig steuert. Doch wie so oft in der Kommunikation kann auch beim Fragen einiges schiefgehen. Umso wichtiger ist es, eine Frage so zu stellen, dass sie erstens keine missverständliche Botschaft enthält (z. B. Suggestivfragen) und zweitens genau darauf abzielt, was der Fragende tatsächlich in Erfahrung bringen möchte.

Das bedeutet konkret (vgl. Hintz 2011, S. 208):

- Sie formulieren die Frage kurz, klar und eindeutig.
- Sie wenden sich direkt und auf Augenhöhe an Ihr Gegenüber.
- Sie lassen Ihrem Gesprächspartner ausreichend Zeit zum Nachdenken und Antworten, ohne die Aufmerksamkeit von ihm abzuwenden.
- Wenn etwas unklar ist, wiederholen Sie diesen Vorgang, indem Sie die Frage umformulieren oder eine Ich-Botschaft anhängen.

Lob und Anerkennung

Nicht gemeckert ist genug gelobt!
Wenn ich zu viel lobe, will der gleich mehr Geld!
Wieso sollte ich den loben, der macht doch nur seinen Job!?
Mich lobt auch keiner!

Kennen Sie diese Aussagen? Was halten Sie davon?

Lob, also eine positive Rückmeldung zu Arbeitsergebnissen oder Verhaltensweisen, fördert die soziale Beziehung und kann Menschen unter Umständen mehr motivieren als finanzielle Anreize (Abschn. 3.3). Doch im (Berufs-)Alltag spielt Kritik oft eine wesentlich größere Rolle als positives Feedback. Hier können Sie als mitverantwortliche Führungskraft ansetzen.

Denkanstoß

Wann haben Sie Ihre Mitarbeiter zum letzten Mal gelobt? Wann haben Sie selbst das letzte Mal Anerkennung erhalten? Von wem? Wie könnten Sie als Team positive Rückmeldungen (noch) stärker in den Arbeitsalltag integrieren, ohne dass das Lob zur reinen Floskel wird?

Wenn Sie sich dafür entscheiden, im Arbeitsalltag mehr auf positives Feedback zu setzen, können Ihnen die folgenden Leitlinien möglicherweise helfen.

- **So konkret wie möglich:** Beschreiben Sie, was Ihnen genau gefallen hat.
- **Individuell:** Ein pauschales Lob, das mit der Gießkanne ausgeteilt wird, verfehlt meist seine Wirkung.
- **Nur authentisch:** Loben Sie nur dann, wenn Sie etwas auch tatsächlich gut finden.
- **Nicht nur Ergebnisse:** Loben Sie nicht nur diejenigen Mitarbeiter, die besonders gute Ergebnisse liefern, sondern auch diejenigen, die sich während der Erarbeitung als besonders engagiert oder kreativ erwiesen haben. Aber auch die, die sich besonders bemüht haben.
- **Drei zu eins:** In diesem Verhältnis sollten Lob (drei) und Kritik (eins) zueinander stehen.
- **In schweren Zeiten:** Oft hilft es, in Krisensituationen an vergangene Erfolge zu erinnern.

- **Blickkontakt:** Zu einer positiven Rückmeldung gehört auf jeden Fall auch eine zugewandte Körperhaltung und ein direkter Blickkontakt. Sonst kann das nachlässig oder unaufrichtig wirken.
- **Eigenlob:** Viele Menschen sind selbst ihr schärfster Kritiker. Doch es tut gut und ist wichtig, sich auch einmal selbst auf die Schulter zu klopfen. Freuen Sie sich über Ihre Fähigkeiten (Selbstverantwortung).

Konstruktive Kritik

Nicht immer läuft im Arbeitsalltag alles rund. Menschen machen Fehler, Dinge laufen nicht wie geplant, Ziele werden nicht erreicht. Dann haben Sie als Führungskraft die Aufgabe, Verbesserungswürdiges zielgerichtet, aber nicht verletzend anzusprechen. Kritikgespräche sollten nach Möglichkeit in einer geschützten Atmosphäre, also unter vier Augen und mit ausreichend Zeit stattfinden. Da viele Menschen im Eifer des Gefechts emotional (über)reagieren, sollten negative Rückmeldungen erst dann gegeben werden, wenn alle Beteiligten Zeit hatten, sich zu sammeln.

Bei der konstruktiven Kritik werden die Techniken des aktiven Zuhörens und des Fragens miteinander verbunden.

Wenn Sie einen Fehler oder ein Fehlverhalten erörtern möchten, stellen Sie zunächst möglichst wertungsfreie Fragen: Was ist passiert? Wie lief der betreffende Vorfall ab? Welche Gründe gab es für das Missgeschick? Wie könnte man das Problem jetzt beheben?

Das aktive Zuhören ist eine gute Methode, um die Schilderungen des Kritisierten zu verstehen, ihm das Gefühl des Verstanden-Werdens zu geben und gemeinsam eine tragfähige Lösung für die Zukunft zu finden.

Benennen Sie, was Ihnen genau missfällt, warum das so ist, was Sie sich jetzt und für die Zukunft wünschen. Wenn Ihr Gegenüber auch aktiv zuhören kann, ist die Basis für eine konstruktive Lösung gelegt.

Das Fürsorgegespräch

Wenn Sie den Eindruck haben, dass ein Mitarbeiter persönliche oder gesundheitliche Probleme hat, die sich am Arbeitsplatz zeigen und die – jetzt oder in absehbarer Zeit – das Arbeitsumfeld oder den -ablauf gefährden könnten, sollten Sie mit dieser Person ein vertrauliches Gespräch führen. Darin bringen Sie ausschließlich Fürsorge zum Ausdruck und bieten ihm Unterstützung an (Abschn. 3.1.2.2, Belastungsfaktoren).

Tipps zur Kommunikation mit belasteten Mitarbeitern erhalten Sie in Abschn. 3.2.2.

3.1.2.4 Säule 4 – Arbeit/eine Aufgabe haben

Dass Arbeit zu einem gesunden Leben und Älterwerden dazugehört, mag auf den ersten Blick vielleicht überraschen. Nicht zuletzt das oft beschworene Stichwort Work-Life-Balance suggeriert eine Trennung zwischen dem Leben (als etwas Positives, Erfüllendes) und der Arbeit (als eine eher unliebsame Verpflichtung).

Dabei ist Arbeit auch eine der großen Sinnquellen unseres Lebens. Wer arbeitet, hat eine Aufgabe[3] im Leben, kann die eigenen Fähigkeiten einsetzen und den Kopf – und unter Umständen auch den Körper – fit halten. Der Beruf bildet die Grundlage für den sozialen Status eines Menschen; er liefert uns Anerkennung und Erfolg. Für Arbeit erhalten wir nicht nur materiellen Lohn, sondern auch das Gefühl, gebraucht zu werden und etwas Sinnvolles zu tun. Der soziale Austausch, den wir im Berufsleben haben, ist ebenfalls förderlich für unser psychisches Wohlbefinden (Abschn. 3.1.2.3) – auch wenn wir uns unsere Kollegen nicht selbst aussuchen können. Wir definieren uns zu einem großen Teil darüber, was wir tun, was wir erreicht haben oder noch erreichen wollen. Insofern ist Arbeit ein wichtiger Teil unserer Identität. Indem wir Dinge schaffen, können wir uns selbst erfahren und dadurch Sinn erleben. Im Idealfall sind die Arbeitsaufgaben nicht nur Beruf, sondern auch Berufung.

Selbstverwirklichung bei der Arbeit mag vielen als ein utopisches oder naives Ziel erscheinen. Trotzdem sollte dieser Aspekt nicht außer Acht gelassen werden: Man sollte stets Werte bei der Arbeit suchen, denn nur so kann sie zu einer zentralen Säule der Gesundheit werden.

Selbst- und Mitverantwortung sind hier von großer Bedeutung, denn Arbeit ist mit Normen, Werten, Bedürfnissen und Fähigkeiten verbunden.

Denkanstoß

Was gibt Ihnen Ihre Arbeit? Markieren Sie und ergänzen Sie die Liste ggf. um weitere Punkte.

- körperliches Training
- geistiges Training
- soziale Kontakte/Teilhabe
- Stimulation durch berufliche Aufgaben oder Umfeld

[3] Natürlich kann man auch erfüllende Aufgaben im Leben haben, die nicht mit der Arbeit zusammenhängen (z. B. Ehrenamt, Kindererziehung etc.). Da es in diesem Buch aber vornehmlich um das Arbeitsleben geht, wird dieser Aspekt hier weitgehend ausgeklammert.

- Freude an der Tätigkeit
- Gefühl des Gebraucht-Werdens
- finanzielle Entlohnung
- Erfahrungsaustausch
- Möglichkeit, individuelle Fähigkeiten und Talente einzubringen
- Erfolgserlebnisse
- Ablenkung von Sorgen und von dem Kreisen um sich selbst
- Chance, etwas möglichst gut zu machen
- aktive Teilnahme am Leben und aktuellem Zeitgeschehen
- …

Wissen Sie, was Ihre Mitarbeiter besonders an ihrem Beruf schätzen? Haben Sie Ideen, wie die positiven Werte noch mehr in den Mittelpunkt gerückt werden könnten (z. B. mehr gemeinsame Aktivitäten, wenn der soziale Aspekt für viele Mitarbeiter eine große Rolle spielt)? Wollen Sie in der nächsten Teamsitzung über die Werte der Arbeit ins Gespräch kommen?

Vor allem Arbeiten, bei denen klare Fortschritte – oder besser noch: das fertige Werk – erkennbar sind, können sehr befriedigend sein. Denn dabei zeigen sich deutlich die (positiven) Konsequenzen unseres Handelns. In der digitalen Arbeitswelt kann ein Übermaß an Abstraktion zu einem Unbehagen führen. Wenn möglich, sollte vermehrt auf ausgleichende Aufgaben geachtet werden, die sinnlich wahrnehmbar sind. Auch im privaten Alltag ist es ratsam, einen sinnlichen Ausgleich zu suchen: Kochen, Handwerken oder Gärtnern sind sicher auch deshalb seit einigen Jahren außerordentlich beliebte Hobbys.

Die positive Wirkung von Arbeit ist jedoch immer von internen und externen Ressourcen abhängig. Wenn der Beschäftigte nicht auf ausreichende Ressourcen (z. B. physische Kraft, Motivation, Zeit zur Erfüllung der Aufgaben) zurückgreifen kann, wird die Arbeit oft als Belastung erlebt.

Wie auch bei den drei bisher vorgestellten Säulen (Abschn. 3.1.2.1 bis 3.1.2.3) ist es hierbei wichtig, sich immer wieder zu regenerieren. Gerade in Zeiten der Arbeitsverdichtung sind Pausen (Abschn. 3.1.2.2) unerlässlich, um Kraft zu tanken. Anschließend können wir unsere Aufgaben wieder motiviert und konzentriert bearbeiten. Wer dagegen pausenlos arbeitet, gefährdet seine Gesundheit und verliert leicht die Freude an seinem Tun. Er ist eher wie ein Getriebener im Hamsterrad.

Wie wichtig Arbeit ist, zeigen auch Studien zur Arbeitslosigkeit. Sie belegen, dass sich der Verlust des Arbeitsplatzes und (längerfristige) Arbeitslosigkeit nicht nur negativ auf den Geldbeutel und das Selbstwertgefühl auswirken, sondern auch die Gesundheit beeinträchtigen können (vgl. Lampert et al. 2016).

Manche Menschen erleben auch in der nachberuflichen Lebensphase eine Sinnkrise, weil sie keine Aufgabe mehr haben. Umso wichtiger ist es, sich auch zur Vorbereitung auf das Alter eine oder mehrere Beschäftigungen in der Freizeit zu suchen, die Sie erfüllen. Daher weise ich in meinen Seminaren zum Übergang in den Ruhestand auch immer wieder darauf hin, dass es wichtig ist, nach einer neuen Aufgabe Ausschau zu halten oder eine bereits bestehende auszubauen. Das kann z. B. eine Beratungsaufgabe oder ein Freiwilligenengagement sein. Wichtig ist, dass die Werte der Arbeit im aktiven Leben gegeben sind. Um Körper (Abschn. 3.1.2.1) und Geist (Abschn. 3.1.2.2) fit zu halten, dürfen die entsprechenden Aufgaben gerne herausfordernd sein.

> **Tipp** Dieser Abschnitt ist bewusst kurzgehalten, um Überschneidungen mit anderen Abschnitten zu vermeiden. Zahlreiche weitere Anregungen und Hintergrundinformationen zu diesem Thema finden Sie in Abschn. 3.2 und 3.3.

3.1.2.5 Säule 5 – innere Haltung: Emotionen, Werte, Umgang mit schwierigen Situationen

Wir alle kennen Menschen, die mit einem inneren Strahlen durchs Leben gehen – und solche, die an allem etwas auszusetzen haben – und das, obwohl beide möglicherweise mit den gleichen Herausforderungen konfrontiert werden. Kein Wunder, dass sich die innere Haltung auch auf unsere Gesundheit auswirkt, vor allem auf psychosomatische Prozesse und auf das Gesundheitsverhalten. Selbstverantwortung zu übernehmen bedeutet, in sich selbst eine gesundheitsfördernde geistige Einstellung dem eigenen Leben gegenüber zu finden.

Bei der inneren Haltung geht es um die wertebasierte Grundhaltung bzw. Denkweise eines Menschen, die seinen Handlungen, Zielsetzungen, Aussagen und Urteilen zugrunde liegt. Und damit ist auch die Einstellung zur Arbeit gemeint. Wird die innere Haltung an den ethischen Kategorien Selbstverantwortung und Mitverantwortung ausgerichtet, entsteht möglicherweise eine intrinsische Motivation (Abschn. 3.3) für die Arbeit.

Einstellung zur Digitalisierung

Auch die innere Haltung zum Wandel des Arbeitslebens und zur Digitalität beeinflusst in hohem Maße unsere Lebens- und Arbeitsweise. Es hilft ebenso wenig, die Digitalisierung zu verherrlichen wie sie zu verteufeln. Vielmehr gilt es, Chancen *und* Risiken zu sehen. Technologie ist nur ein Handwerkszeug, sie ist weder gut noch böse.

Hier sind wiederum Selbstverantwortung und Mitverantwortung gefragt. Sie als Führungskraft können sich der Aufgabe annehmen, gemeinsam mit Ihrem Team die positiven digitalen Möglichkeiten auszuloten. Machen Sie Ihren Mitarbeitern auch ihre eigene Verantwortung bewusst (Abschn. 2.3)!

Innere Haltung als sich selbst erfüllende Prophezeiung

Wie sich eine positive oder negative Haltung auf das eigene Leben auswirken kann, zeigt eine Studie zu Vorurteilen gegenüber dem Alter eindrucksvoll (vgl. Bundesministerium für Familie, Senioren, Frauen und Jugend [BMFSFJ] 2012, S. 46–56). Ein negatives Bild vom Alter wirkt sich demnach wie eine sich selbst erfüllende Prophezeiung auf die körperliche und geistige Leistungsfähigkeit älterer Personen aus.

Erstaunlicherweise zeigt das *bewusste* Ankämpfen gegen Altersstereotype Untersuchungen zufolge keine großen Verbesserungen: An einer Studie nahmen 100 Personen im Alter von mehr als 60 Jahren teil. Sie wurden in drei Gruppen aufgeteilt. Eine Gruppe trainierte unbewusst positive Altersbilder, eine Gruppe trainierte bewusst positive Altersbilder und eine Kontrollgruppe beschäftigte sich mit etwas ganz anderem.

Das Ergebnis:

> Nur unbewusste Wörter ließen das altersbezogene Denken, das sich bei Älteren eingeschliffen hatte, zuversichtlicher werden. Bewusstes daran Arbeiten funktionierte laut den Wissenschaftlerinnen deshalb nicht, weil sich Altersstereotype auch gegen die besten Argumente immer wieder durchsetzen […]. (Wirtschaftspsychologie aktuell 2014)

Was bedeutet das nun für Sie als Führungskraft?

Die Reflexion von Altersbildern stellt eine permanente Aufgabe dar. Das bedeutet, dass Sie als Führungskraft bei Ihren Mitarbeitern möglicherweise unbewusst positive Altersbilder trainieren können, indem Sie die Potenziale der Älteren immer wieder hervorheben.

Da Menschen auch in jungen Jahren durch eine negative Sicht auf das Älterwerden erhöhte Risiken für das eigene Altern aufweisen, hilft die Arbeit in Ihrem Team hinsichtlich einseitig negativer Altersstereotype jedem Einzelnen, aber auch im Umgang der Generationen im Team.

Insgesamt sollten differenzierte Altersbilder gefördert werden (BMFSFJ 2010, S. 510). Das bedeutet: Einerseits müssen die Potenziale Älterer betrachtet werden, um angemessene Entfaltungsspielräume zur Verfügung zu stellen. Andererseits muss die Verletzlichkeit älterer Menschen berücksichtigt werden, um entsprechende Präventionsangebote zu machen bzw. direkte Unterstützung zu geben.

Denkanstoß

Welche Potenziale fallen Ihnen bei Ihren älteren Mitarbeitern auf?

Was haben Sie möglicherweise im privaten Umfeld an Fähigkeiten der Älteren wahrgenommen?

Konkreter wird es in Kap. 4.

Lebensgestaltung und Handlungsfelder der Verantwortung

Wie bereits in Abschn. 2.3 erwähnt, habe ich auf Basis von vielen Gesprächen mit Arbeitnehmern im Alter von 45 Jahren und älter 14 Handlungsfelder der Verantwortung ausfindig gemacht (vgl. Schröder-Kunz 2016). In diesen 14 Kategorien (die vier übergeordneten Gruppen zugeordnet werden können), die sich gegenseitig beeinflussen und ineinander übergehen, lassen sich Antworten auf die zentrale Frage „Was soll der Mensch tun?" finden.

I. **Kognition und seelisch-geistiges Bewusstsein**
   1. Aneignen von Wissen (lebenslanges Lernen)
   2. Reflexion
   3. Zulassen von Gefühlen

II. **Handeln und Tun**
   4. Gestaltung des (Arbeits-)Lebens
   5. Aktivität und Ruhe
   6. Achtsamkeit
   7. Verzicht und Grenzen

III. **Verantwortung in der Begegnung**
   8. Akzeptanz von Vielfalt
   9. gute Kommunikation
   10. Ehrlichkeit und Verlässlichkeit
   11. Weitergabe von Erfahrung und Wissen (Generativität)

IV. **Verantwortung im Spannungsfeld des Lebens**
   12. Akzeptanz der Polaritäten des Lebens und der damit verbundenen Spannungsfelder
   13. Freude vs. Leid
   14. Selbstbestimmung vs. Fremdbestimmung bzw. Abhängigkeit

In Bezug auf die innere Haltung sind fünf der genannten Handlungsfelder besonders relevant: Lebensgestaltung (4), Verzicht/Grenzen (7), Akzeptanz von Vielfalt (8), Bewusstsein für Polaritäten (12) sowie gelebte Freude und Annahme von Leid (13). Diese Handlungsfelder sollen im Folgenden betrachtet werden.

Lebensgestaltung – sich bewusst sein, dass man das eigene Leben in der Hand hat, und das auch nutzen

Natürlich gibt es immer Dinge, die wir nicht beeinflussen können – das gilt es zu akzeptieren –, doch wir sind heute freier in unserer Lebensgestaltung, als wir es jemals zuvor waren. Das bedeutet aber auch: Wir müssen uns bewusst damit auseinandersetzen, wie wir selbst- und mitverantwortlich leben und handeln wollen.

Jeder Mensch zieht Energie und Lebensfreude aus bestimmten Kraftquellen (Familie, Freunde, Ehrenamt, Glaube etc.). Verantwortliche Lebensgestaltung bedeutet zum Beispiel, sich Zeit und Raum für die individuellen Kraftquellen zu nehmen, Begabungen und Talente zu leben und Freude an kleinen Dingen zu fördern. Das ist eine wichtige Voraussetzung für selbst- und mitverantwortliches Handeln, also für die Kraft, die wir für uns und andere aufbringen können. Geisteshaltungen wie Offenheit und Mut begünstigen dies.

Arbeit ist ein wichtiger Teil des Lebens. Daher gilt auch im Berufsleben: Wir können (innerhalb bestimmter Grenzen) unsere Arbeit selbst gestalten. So können wir auf die Herausforderungen reagieren, vor die uns beispielsweise der rasante Wandel der Arbeitswelt stellt. Infolge der Digitalisierung wird Arbeit oft komplexer, verdichteter, abstrakter, eigenverantwortlicher und flexibler. Wir können diesen Herausforderungen durch Selbstverantwortung und Mitverantwortung begegnen, indem wir über die gegebene Situation nachdenken und die damit verbundenen Emotionen anschauen (Abschn. 3.1.2.2, Stressampel). Dadurch können wir erkennen, welche Handlungsmöglichkeiten es in dieser Situation gibt, uns bewusst für eine entscheiden und gegebenenfalls Hilfe holen. Wie bereits in Abschn. 3.1.2.4 beschrieben, sollte Arbeit als Wert und Sinnquelle verstanden werden, denn dabei können wir unsere Fähigkeiten ausleben und uns verwirklichen. Welche Werte für uns besonders wichtig sind, kann sich je nach Lebensphase unterscheiden. In jedem Fall sollten wir uns immer wieder klarmachen, dass Arbeit uns mehr gibt als nur finanzielle Entlohnung.

Inwiefern können wir unsere Gefühle, Erwartungen, Ängste u. a. so beeinflussen, dass ein gutes Leben möglich ist? Wie kann es trotz widersprüchlicher Bedürfnisse, Normen und Werte doch zu einer selbstverantwortlichen Lebensweise kommen? Diese Fragen zur Kunst der Lebensgestaltung können (in diesem Buch) nicht abschließend beantwortet werden. Der Schlüssel liegt darin, kontinuierlich daran zu arbeiten. Lebensgestaltung kann nie passiv sein und ist ein fortwährender Prozess. Wer sich mehr damit beschäftigen möchte, kann nach Literatur zur Lebenskunst Ausschau halten. Empfehlen möchte ich die Schriften des Philosophen Wilhelm Schmid, der sich mit reflektierter Lebenskunst, der Fülle des Glücks und Gelassenheit beschäftigt (Abschn. 3.3.2).

Grenzen setzen – aktiv Verzicht üben

Wenn wir erkennen, dass uns etwas überfordert, nicht guttut oder nicht unseren Wertevorstellungen entspricht, können und müssen wir Grenzen setzen (Abschn. 3.1.2.1). Das betrifft einerseits das bewusste Verzichten oder Unterlassen in Anbetracht der schier grenzenlosen Möglichkeiten, andererseits aber auch eine klare Grenzziehung, wenn zu viel von außen gefordert wird. Das gilt im Privatleben ebenso wie im Berufsalltag. Verantwortliches Arbeiten erfordert unter bestimmten Umständen auch, Grenzen zu setzen. Das betrifft beispielsweise die Arbeitsdichte, die Menge an Arbeitsstunden, Perfektionsdrang und die ständige Erreichbarkeit. Möglicherweise machen auch das Alter oder eine neue Lebensphase ein verantwortliches Abgeben oder Loslassen erforderlich. Wir sollten uns immer wieder selbstverantwortlich fragen, welche Möglichkeiten und Grenzen unsere Lebensphase mit sich bringt. Insofern ist der Verzicht auch ein Sich-selbst-Zurücknehmen im Sinne der Selbstverantwortung. Für Sie als Führungskraft bedeutet das in Ihrer Mitverantwortung auch, dass Sie sich über die Bedürfnisse, Potenziale und Belastungen Ihrer Mitarbeiter in ihren verschiedenen Lebenssituationen Gedanken machen (Kap. 4).

Die Gründe für Verzicht und Unterlassen sind vielfältig. Das kann der Wunsch sein, sich selbst nicht schaden zu wollen. Auch Bescheidenheit oder Selbstgenügsamkeit oder das Bedürfnis, persönliche Ressourcen nicht unnötig zu verschwenden, können im Sinne der Selbstverantwortung ein Motiv für Verzicht und Unterlassen sein. Verantwortliches Handeln in diesem Sinne betrifft die eigene Person. Gegebenenfalls müssen wir das auch anderen gegenüber deutlich machen. Dabei ist in unserer Mitverantwortung eine wertschätzende Haltung wichtig. Zudem sollten wir das „freundliche Nein“ auch unseren Mitmenschen zugestehen.

Akzeptanz von Vielfalt – Offenheit für Unterschiede

Der Trend zur Individualisierung (Abschn. 2.1.3) ist seit Jahren ungebrochen: Traditionelle Bindungen (z. B. an Religion oder soziale Milieus) lösen sich zunehmend auf, dafür entstehen viele neue Lebensentwürfe, die sich an individuellen Werten und Zielen orientieren. Das bedeutet: In unserem Alltag begegnen uns die verschiedensten Menschen. Dass wir dabei mit einigen besser klarkommen als mit anderen, ist selbstverständlich. Wenn wir allerdings einen Großteil unserer Energie darauf ver(sch)wenden, andere abzulehnen und zu verurteilen, reiben wir uns innerlich auf.

Gerade im Beruf können wir uns unser Umfeld nicht aussuchen, doch wir müssen mit Kollegen, Kunden und Vorgesetzten gut zusammenarbeiten. Unsere innere Haltung ist dabei entscheidend: Wenn wir anderen Lebensaltern, kulturellen Normen, individuellen Einstellungen oder Persönlichkeitsmerkmalen (Kap. 4) mit Ablehnung begegnen, kann das die Arbeitsbeziehung beeinträchtigen und uns innerlich aufreiben. Für ein gesundes Arbeitsklima ist es daher wichtig, die Vielfalt zu akzeptieren. Das bedeutet nicht, alles gutzuheißen, sondern zu akzeptieren, dass jeder Mensch unterschiedlich ist. Möglicherweise hat eine Person, die uns persönlich nicht allzu sympathisch ist, Talente, die uns selbst fehlen – sodass wir einander gut ergänzen. Für Sie als Führungskraft ist es daher wichtig, Ihre Mitarbeiter mit ihren Potenzialen zu sehen, zu schätzen, diese auch gegebenenfalls anderen Mitarbeitern aufzuzeigen und für ein wertschätzendes und respektvolles Miteinander zu plädieren.

Bewusstsein für Polaritäten – Spannungsfelder akzeptieren
„Zwei Seelen wohnen, ach, in meiner Brust" – klagt Faust in Goethes gleichnamigem Drama. Wer kennt das nicht? In uns schlummern Bedürfnisse, die einander oft genug entgegenstehen. Diese Gegensätze, die in jedem Menschen angelegt sind, bestimmen unser Leben. Wir sind immer wieder damit konfrontiert, das innere Spannungsfeld aufzulösen. Ein Beispiel aus dem Arbeitsleben: Ein berufliches Projekt steckt in den letzten Zügen. Wir würden es gerne noch heute fertigstellen, um das Gefühl zu haben, etwas erfolgreich abgeschlossen und geschaffen zu haben. Andererseits fühlen wir uns erschöpft und sehnen uns nach Erholung. Wie lösen wir nun dieses Spannungsfeld auf? Das mag jeder für sich beantworten – und es gibt kein Richtig oder Falsch. Zu einer selbstverantwortlichen inneren Haltung gehört es, diese Polaritäten und die dadurch entstehenden Spannungsfelder zu akzeptieren. Dies ist eine wichtige Grundlage, um sich immer wieder dem Prozess gegenüber zu öffnen. Polaritäten stellen das Verhältnis von sich gegenseitig bedingenden Größen dar. Polare Gegensätze sind übrigens nicht mit Widersprüchen gleichzusetzen, denn sie sind eine sich ständig erneuernde Spannungseinheit. Unabhängig davon, welche Bedürfnisse wir akut haben, hören die jeweiligen Pole nicht auf zu existieren.

Als Führungskraft können Sie Ihr Wissen über die Polaritäten bzw. ambivalenten Gefühle in Gesprächen mit Ihren Mitarbeitern, in denen es um Lösungen oder Sorgen der Abteilung geht, einfließen lassen. Damit zeigen Sie, dass sie den Einzelnen mit seinen widersprüchlichen Gefühlen verstehen. Durch die selbst- oder mitverantwortliche Übung dieser inneren Haltung kann die Widerstandsfähigkeit gestärkt werden. Die Polaritäten sind übrigens häufig auch in unseren Stärken beziehungsweise Schwächen gegeben. Eine unserer Schwächen kann sich in anderen Lebensbereichen als Stärke herauskristallisieren. Es kann sehr hilfreich sein, wenn Sie das Ihren Mitarbeitern bewusst machen.

Gelebte Freude und Annahme von unabänderlichem Leid

In manchen Situationen fällt es uns besonders schwer, die Spannungsfelder des Lebens zu akzeptieren. Besonders deutlich wird das bei dem Streben nach Glück: Wir versuchen oft vehement, alles Unglück von uns fernzuhalten und sind stattdessen auf der „Jagd" nach großen Glücksgefühlen. Doch Unglück und Leid gehören unabwendbar zum Leben dazu. Wenn wir die Polarität von Freude und Leid akzeptieren, können wir auch in Krisensituationen handlungsfähig bleiben, ohne zu verzweifeln.

Denkanstoß

- Was vermittelt Ihnen Ihre Arbeit? Wie gestalten Sie den Berufsalltag aktiv?
- Kennen und respektieren Sie Ihre eigenen Grenzen, die durch Ihre Werte, Bedürfnisse, aber auch unter Umständen durch Ihr Alter bedingt sind?
- Wie gehen Sie mit menschlicher Vielfalt um? Wie begegnen Sie Personen, die in ihren Wertvorstellungen und Lebensentwürfen von den Ihrigen abweichen?
- Überlegen Sie, wie Sie mit Freude und Leid im Beruf (aber auch im Privatleben) umgehen. Wie könnten Sie den Umgang mit diesen Polaritäten verbessern? Wo und wie suchen Sie aktiv nach Momenten der (stillen) Freude?

Die oben aufgeführten Fragen betreffen Ihre Selbstverantwortung. Ebenso wichtig sind Fragen der Mitverantwortung, wie z. B.:

- Welche Möglichkeiten gibt es für die Mitarbeiter, den Berufsalltag aktiv (mit)zugestalten? Wie könnten Sie sie darin unterstützen?
- Wie steht es um die Generationenbilder im Unternehmen? Werden die Potenziale und Verletzlichkeiten jeder Altersgruppe wahrgenommen, respektiert? Gibt es präventive Unterstützungsangebote?
- Wie könnte der Umgang mit Vielfalt unter den Mitarbeitern (noch stärker) verbessert werden?

Optimismus als „Gesundheitsquelle"

Eine Studie des belgischen Gesundheitsministeriums zeigt: Wenn wir jammern und schimpfen, um Stress abzubauen, passiert in unserem Körper das Gegenteil: Das Hormon Cortisol wird freigesetzt, das in Verbindung mit Stress krank machen kann. Das Risiko für Diabetes, Fettleibigkeit und Herzinfarkt nimmt zu, wenn wir viel klagen. Das flämische Gesundheitsministerium hat deshalb ein Experiment gestartet: Wer teilnehmen möchte, verzichtet 30 Tage auf Klagen und Meckern und füllt stattdessen regelmäßig einen Glücksfragebogen aus. Schon über 30.000 Personen beteiligen sich an dem Experiment (Vgl. Meyer-Feist 2018).

Was bedeutet das für die gemeinsame Arbeit im Team?

Natürlich laufen bei der Arbeit immer wieder Dinge schief, etwas überfordert oder ist ungerecht. Dennoch gehen Menschen individuell unterschiedlich damit um. Die innere Haltung der Teammitglieder entscheidet also maßgeblich darüber, wie die Stimmung in der Abteilung ist. Durch die gemeinsame Arbeit an Selbst- und Mitverantwortung kann ein verantwortlicher Umgang mit Problemen entstehen. Wenn man in Gesellschaft jammert, kann das zwar vorübergehend das Zusammengehörigkeitsgefühl stärken, doch schnell auch auf die Stimmung drücken. Es tut gut und ist wichtig, bei Bedarf auch mal Dampf abzulassen, aber wenn Jammern und Klagen zum Alltag gehören, raubt das doch eine Menge Energie.

Egal, wie schlimm die Situation ist: Neben Frust muss auch Platz für Fröhlichkeit und angenehmes Miteinander sein. Manchmal hilft auch Humor. Hier ist jeder gefordert! Andauernde schlechte Laune in der Abteilung bringt niemanden weiter. Häufig hilft es, sich mit dem Thema Gelassenheit einmal näher zu beschäftigen. Hier können übrigens die Älteren mit ihren Erfahrungen punkten: „Früher hat mich das furchtbar aufgeregt. Heute weiß ich, das nützt nichts. Es wird sich alles früher oder später auflösen." Solche Aussagen höre ich in meinen Seminaren häufiger von den Älteren. Kommen Sie mit Ihren Mitarbeitern hierzu ins Gespräch. Nehmen Sie sie in Bezug auf eine positive Arbeitshaltung in die Verantwortung.

Denkanstoß

- Wie ist die Stimmung in Ihrer Abteilung, wie die innere Haltung der einzelnen Mitarbeiter?
- Wird viel gejammert? Kennen Sie die objektiven und subjektiven Gründe dafür?
- An welcher Stelle tut es Ihren Mitarbeitern gut, den Frust rauszulassen, und an welcher Stelle „zieht man sich gegenseitig runter" und raubt einander Energie?
- Ist trotz (verständlichem) Frust Raum für Freude und Wohlbefinden in der Arbeit gegeben?
- Werden kleine Erfolge gefeiert?
- Wird Humor gelebt?
- Gibt es Mitarbeiter, die Ihnen besonders gelassen erscheinen und eine positive Ausstrahlung auf die ganze Abteilung haben?

Kommen Sie mit Ihren Mitarbeitern darüber ins Gespräch. Schaffen Sie ein Bewusstsein dafür, dass Selbstverantwortung auch bedeutet, das zu ändern was ich ändern kann, und das zu akzeptieren, was ich (jetzt) nicht ändern kann.

Betrachten Sie gemeinsam die Mitverantwortung für die Kollegen bzw. die Stimmung im Team.

Wie wir unseren beruflichen Aufgaben gegenüberstehen, hängt auch davon ab, wie viel Sinn wir ihnen beimessen. Jeder Mensch sehnt sich nach einer wertvollen Tätigkeit. Doch das, was wir unter Wert oder Sinn verstehen, ist individuell verschieden. In einem von permanentem Wandel geprägten Umfeld wird es an vielen Stellen schwieriger, einen Sinn im eigenen Tun zu finden. Deshalb ist (und wird es zunehmend) eine Führungsaufgabe, durch eine sinnstiftende Führung den Mitarbeitern wieder zu mehr intrinsischer Motivation zu verhelfen (Abschn. 3.3).

3.1.2.6 Überblick: Mitverantwortung konkret für die Gesundheit Ihrer Mitarbeiter

Die folgenden zwölf Tipps können Sie als Zusammenfassung zu Abschn. 3.1.2 lesen, aber auch als Anregung für den Führungsalltag. Hintergrundinformationen zu den einzelnen Aspekten finden Sie jeweils in dem entsprechenden Abschnitt (Abschn. 3.1.2.1 bis 3.1.2.5). Einen abschließenden Überblick über die fünf Säulen des gesunden Älterwerdens erhalten Sie in Abb. 3.1.

1. Achten Sie auf Ihre Selbstverantwortung, um mitverantwortlich führen zu können (Säule 1 bis 5).
2. Geben Sie den Mitarbeitern Gelegenheit, sich mit Gesundheitsthemen auseinanderzusetzen (Säule 1 bis 5).
3. Bieten Sie externe Hilfestellungen für persönliche und berufliche Probleme an (Säule 1 bis 5).
4. Achten Sie auf Ihre eigene Gesundheit und seien Sie ein Vorbild für Ihr Team (Säule 1 bis 5).

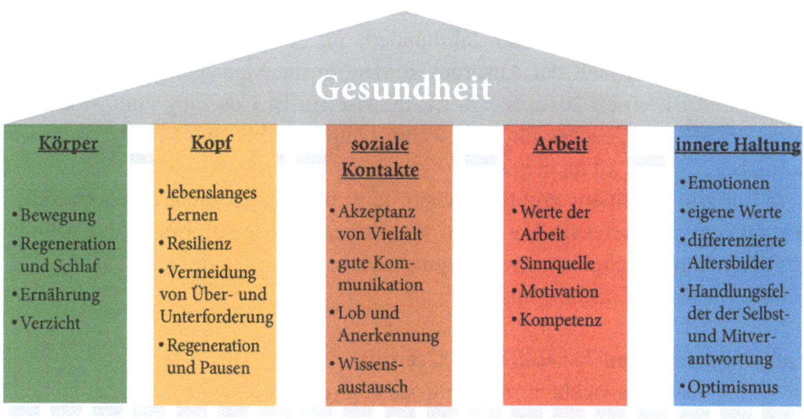

Abb. 3.1 Die fünf Säulen des gesunden Älterwerdens im Überblick. (Eigene Darstellung)

5. Wenn Sie Suchttendenzen bei Mitarbeitern erkennen, suchen Sie nach Hilfsmöglichkeiten und unterstützen Sie die Betroffenen (Säule 1).
6. Fördern Sie das lebenslange Lernen aller Mitarbeiter durch Fortbildungsangebote, die den individuellen Bedürfnissen der Beschäftigten entsprechen (Säule 2).
7. Sorgen Sie für ausreichend Raum und Zeit für Erholung und Entspannung (Säule 2).
8. Bemühen Sie sich um eine konstruktive Arbeitsatmosphäre, z. B. durch ein Leitbild für das Team (Säule 3).
9. Loben Sie richtig (Säule 3).
10. Achten Sie auf Ihre Kommunikation – vor allem bei Konflikten (Säule 3).
11. Leben und kommunizieren Sie die Werte, die Sie in Ihrer Arbeit sehen (Säule 4).
12. Fördern Sie eine positive innere Einstellung der Mitarbeiter zum Leben und zur Arbeit (Säule 5).

Denkanstoß

Betrachten Sie die fünf Säulen nun in Bezug auf Ihre persönliche Situation. Möchten Sie an einer oder mehreren Säulen arbeiten?

Schreiben Sie Ihre Gedanken und Ideen hierzu nieder.

3.2 Kompetenz – die Führungskraft als Coach

Das Wort „Coach“ leitet sich ursprünglich von „Kutscher“ ab. Gemeint war die Person, die die Pferde lenkt und pflegt. Im angloamerikanischen Raum wurde das Wort dann auch ab Ende des 19. Jahrhunderts für Sporttrainer verwendet. Erst in den 1970er-Jahren hielt der Ausdruck Einzug in die Managementsprache (Vgl. Michel und Bickerich 2016, S. 574 f.). Inzwischen ist Coaching zum Modewort avanciert: Es gibt Coaches für alles – vom Laufcoach bis zum Lebenscoach. Die Berufsbezeichnung ist nicht geschützt.

Wenn wir vor einem Problem stehen, fehlt uns oft gar nicht das notwendige Wissen, um es zu lösen. Wir haben alle erforderlichen Informationen, können uns aber nicht entscheiden, wie wir nun handeln sollen. Es gibt kein Richtig oder Falsch. Hier setzt Coaching an.

Aufgaben eines Coachs: Rolle und Grenzen

In der Personalentwicklung meint Coaching die ziel- und lösungsorientierte Begleitung von Fach- und Führungskräften, um bei der Bewältigung beruflicher

Aufgaben zu helfen. Die eingesetzten Methoden und Techniken sind verschieden; wichtig ist, dass die Selbstverantwortung und die Selbstreflexion dadurch gefördert werden. Der Coach gibt keine Lösungen vor, sondern er regt den Klienten an, eigene Lösungen und neue Sichtweisen zu finden. Da die Selbstverantwortung gestärkt werden soll, ist Coaching in gewissem Sinne auch mitverantwortliche Führungsaufgabe.

▶ Als Führungskraft können Sie natürlich keinen professionellen, speziell ausgebildeten Coach ersetzen. In diesem Kapitel geht es vor allem darum, Ihnen Gelegenheit zu geben, sich mit Potenzialen und Talenten Ihrer Mitarbeiter auseinandersetzen und sie dabei in ihrer Selbst- und Mitverantwortung zu stärken.

In diesem Sinne sind Sie als eine Mischung aus Life und Business Coach gefordert, unterstützen also zum einen die berufliche Entwicklung der Mitarbeiter, zum anderen aber auch die private Entwicklung im Sinne der mitverantwortlichen Begleitung der Beschäftigten beim Ausleben ihrer Selbstverantwortung.

Wenn Sie als Coach handeln, müssen Sie allerdings aus Ihrer Rolle als Führungskraft heraustreten: Denn während es im Alltag durchaus sinnvoll ist, dass Sie den Teammitgliedern Ratschläge, Tipps und Lösungsvorschläge geben, geht es beim Coaching allein um den Klienten, der selbstverantwortlich eigene Lösungen finden soll. Diese Rollentrennung ist im Alltag sehr schwer aufrechtzuerhalten. Die Haltung eines Coachs muss konsequent, aber gleichzeitig verständnisvoll sein – auch das gelingt in der Praxis nicht immer.

In einer Beziehung zwischen Führungskraft und Mitarbeiter gibt es immer auch ein gewisses Machtgefüge, selbst wenn die Hierarchien immer flacher werden (Abschn. 2.2.1). Je nachdem, welche Führungsposition Sie innehaben und in welchem Unternehmen Sie arbeiten, beurteilen Sie den Mitarbeiter, stellen eines Tages vielleicht ein Zeugnis aus, verteilen interessante Aufgaben, haben Einfluss auf das Gehalt, schlagen ihn für weitere Karrierewege vor … Kurzum: Ihre Mitarbeiter sind in irgendeiner Form von Ihnen abhängig. Daher kann das, was wir heute in der Fachliteratur lesen – nämlich, dass Führungskräfte immer mehr als Coach auf ihre Mitarbeiter eingehen müssen – nur in Grenzen realisiert werden.

Es ist eher ratsam, selbst ein Coaching in Anspruch zu nehmen, anstatt eine Weiterbildung zum Coach zu machen. Ein Führungskräftecoaching kann dabei helfen, die eigenen Führungsqualitäten zu optimieren, Konflikte im Team zu analysieren und zu besprechen oder um den Umgang mit Widerständen der Mitarbeiter auf beschlossene Veränderungen zu lernen (vgl. Michel und Bickerich 2016, S. 290). Gegebenenfalls, zum Beispiel wenn Sie mit einzelnen Mitarbeitern

Konflikte haben, sollten Sie einen professionellen externen Coach heranziehen oder empfehlen.

Sehen Sie sich als Begleiter in der Mitverantwortung und der Fähigkeit, den Beschäftigten empathisch zu begegnen, ohne ihnen zu nahe zu treten. Denn viele Mitarbeiter bevorzugen den Kontakt auf der Sachebene und möchten nicht, dass der Chef Einblick in ihr Privatleben hat. Das ist zu respektieren.

Auch Gruppen lassen sich coachen. Bei einem Teamcoaching geht es darum, eine konstruktive Haltung zu einem gemeinsamen Ziel zu entwickeln und die Kräfte der Teilnehmer zu fokussieren, damit die Zusammenarbeit effizient und lösungsorientiert abläuft – und im besten Fall sogar Spaß macht. Auch hier ist es eher sinnvoll, einen externen Coach hinzuzuziehen, als selbst die Rolle des Teamcoachs zu übernehmen. Trotzdem sollten Sie die Zusammenarbeit der Abteilung im Blick behalten. So wissen Sie auch, wann es ratsam ist, Unterstützung von außen zu holen.

Es muss nicht immer Coaching sein

Wenn ein Mitarbeiter hauptsächlich auf Erfahrungsaustausch mit und Ratschläge von Experten hofft, ist Mentoring die bessere Wahl, denn beim Coaching werden keine Tipps von außen gegeben. In Anbetracht der alternden Belegschaften könnten sich zukünftig neue Beratungsfelder entwickeln. Eine erfahrene Fachkraft könnte beispielsweise als Mentor ihr Wissen weitergeben. Umgekehrt könnten junge Mitarbeiter ihre Kenntnisse im Umgang mit neuen Technologien an ältere weitergeben (Reverse Coaching).

Auch wenn es einen Konflikt im Team gibt, der nachhaltig belastet, ist Coaching nicht die erste Wahl. Dann sollen Sie eher auf einen Mediator zurückgreifen. Um den Zusammenhalt der Mitarbeiter zu stärken, sind Teambuilding-Maßnahmen dem Coaching vorzuziehen. Leidet ein Mitarbeiter an einer psychischen Erkrankung oder an einem Burn-out-Syndrom ist dagegen eine Psychotherapie ratsam. (Vgl. Michel und Bickerich 2016, S. 577)

Nobody's perfect – dieser im Englischen wie im Deutschen gebräuchliche Spruch sollte uns immer wieder vor Augen führen, dass jeder Mensch seine Stärken und Schwächen hat. Fehler und Schwachstellen gehören zum Menschsein ebenso dazu wie Stärken und Fähigkeiten. Im Umgang mit uns selbst oder mit anderen Menschen bedeutet das, immer wieder die Potenziale zu erkennen und zu fördern, aber auch die Schwächen zu akzeptieren und sich selbst in Geduld zu üben.

In der Mitverantwortung heißt das, auch den anderen im Anderssein aushalten. Übertragen auf Ihre Mitarbeiter bedeutet das, beispielsweise auch ein anderes Tempo oder eine andere Herangehensweise zuzulassen.

Ein Mensch lässt sich nicht von Grund auf verändern, aber er kann sich entwickeln und weiterlernen. Daher ist hier ein Balanceakt zwischen Annehmen des Gegebenen und Streben nach Veränderung gefragt.

3.2.1 Eigene Lösungen unterstützen

3.2.1.1 Selbstverantwortung stärken

Zu Ihren Aufgaben als Führungskraft zählt es, die Mitarbeiter mitverantwortlich in ihrer Selbstverantwortung zu stärken. Dabei handelt es sich um einen ganzheitlichen Ansatz, denn Sie unterstützen jeden einzelnen Beschäftigten darin, sich selbst als ganze Person mit seiner Lebens- und Arbeitsbiografie, mit seinen Stärken und Schwächen sowie mit seinen Bedürfnissen und Motiven wahrzunehmen.

Selbstverantwortliche Mitarbeiter tun in der Regel etwas für ihre Gesundheit, wissen besser, was ihnen guttut, was ihnen Freude bereitet, was sie können. Ein weiterer Gewinn: Durch die Selbstempathie haben sie häufig auch eine stärkere Fremdempathie (Abschn. 3.1.2) und damit eine ausgeprägtere Mitverantwortung. All das trägt zu einem besseren Arbeitsklima und zu mehr Erfolg in der Abteilung bei.

Erinnern wir uns noch einmal: Selbstverantwortung ist die Fähigkeit, das Leben nach den eigenen Wünschen und Werten zu gestalten (Abschn. 2.3). Wenn wir selbstverantwortlich leben, müssen wir unsere Bedürfnisse in den Blick nehmen und uns dazu beispielsweise die folgenden Fragen stellen:

- Was brauche ich für meine Gesundheit?
- Was ist für mich eine interessante Tätigkeit?
- Was macht für mich ein gutes und sinnvolles Leben aus?
- Welche Kompetenzen benötige ich dafür?
- Wie und wo kann ich diese Kompetenzen erwerben?

Um diese und ähnliche Fragen zu beantworten, benötigen wir Wissen. Doch dieses Wissen ist nicht statisch. Es muss immer wieder aktualisiert werden. Das heißt: Wir müssen kontinuierlich und lebenslang lernen (Abschn. 3.2.1.3).

Was heißt das nun für Sie? Wenn Sie die Selbstverantwortung Ihrer Mitarbeiter fördern, sollten Sie deren Bedürfnisse und Ausgangslage einschätzen können

(Kap. 4) und individuell passende Lernangebote machen. Denn: Menschen lernen besser, wenn ihre Interessen, Erfahrungen, Bedürfnisse und die jeweilige Lebensphase berücksichtigt werden (vgl. Leipold 2012, S. 152).

Gerade wenn Sie ältere Arbeitnehmer in ihrer Entwicklung begleiten, sollten Sie Verständnis üben. Denken Sie daran: Alles, was jemand über Jahre hinweg getan hat, steckt häufig wie ein Muster in ihm. Daher braucht es Geduld und Kraft, um Neues einzuüben.

Selbstverantwortung und Mitverantwortung im digitalen Zeitalter

Verändert die Digitalisierung unsere Normen und Werte? Brauchen wir eine neue Ethik im digitalen Zeitalter? Jeder Mensch findet in seiner Selbstverantwortung unterschiedliche Antworten auf diese Fragen. Sie als Führungskraft können entsprechende Handlungs- und Entscheidungsfelder (siehe 14 Handlungsfelder, Abschn. 2.3 und 3.1.2) zur Sprache bringen, um Ihre Mitarbeiter in ihrer Selbstverantwortung über das Arbeitsleben hinaus zu fördern. Wenn Sie Tageszeitungen oder Managermagazine lesen, werden Sie für die folgenden Fragen zur Reflexion von Selbstverantwortung und Mitverantwortung in der Digitalisierung immer wieder praktische Beispiele aus dem Alltag finden. Möchten Sie diese nutzen, um mit Ihren Mitarbeitern ins Gespräch zu kommen?

- **Geistige Auseinandersetzung mit Digitalität:** Welche Chancen und Gefahren bietet das Web 4.0? Wie kann man die Chancen nutzen und die Gefahren möglichst abwehren? Was bedeuten Bildung und Ausbildung im digitalen Zeitalter?
- **Verantwortlich handeln:** Wie viel Zeit möchten wir online verbringen? Wo sollen, wollen und können wir Grenzen setzen und bewusst verzichten? Wie gehen wir mit unseren Daten um? Was geben wir preis? Welche Informationen über das Unternehmen und seine Mitarbeiter verbreiten wir? Wo machen wir mit? Wo setzen wir Grenzen?
- **Verantwortlicher Umgang mit anderen:** Wie können wir auch im digitalen Zeitalter gut mit anderen kommunizieren? Verändert sich durch die Digitalisierung unsere Einstellung gegenüber Andersdenkenden? Werden wir offener, weiter? Oder bewegen wir uns nur noch in unseren eigenen Netzwerken, die möglicherweise zu Pauschalisierung und Populismus führen? Welchen Stellenwert nimmt die digitale Kommunikation in unserem Leben ein?
- **Spannungsfelder erkennen und akzeptieren:** Inwiefern gilt es, die Gegensätze, die durch die Digitalisierung entstehen, zu verstehen? Achten wir auf den differenzierten Blick? Nehmen wir die damit verbundenen ambivalenten Gefühle an? Vermeiden wir Pauschalisierungen? Technik ist weder gut noch böse. Wichtig ist in dem digitalen Geschehen unser selbst- und mitverantwortlicher Umgang mit der Technik. Gerade heute, da wir viele Folgen noch gar nicht absehen können, ist jeder Einzelne gefordert. Die Zeit können wir nicht zurückdrehen. Aber wir können fragen: Was können wir beeinflussen, was müssen wir als gegeben hinnehmen?
- **Akzeptanz von Vielfalt:** Im Umgang mit der Technik verhalten sich die Generationen häufig sehr unterschiedlich: Während viele junge Menschen mit digitalen Medien aufgewachsen sind, tun sich Ältere gelegentlich schwerer damit (Kap. 4). Hier gilt es, die Vielfalt zu akzeptieren und jeden Einzelnen in seinen Stärken zu fördern und ihm Lernangebote zu machen, die zu seinen Bedürfnissen passen.

(Quelle: www.wortwolken.com)

3.2.1.2 Potenziale, Fähigkeiten und Talente erkennen

Wenn in diesem Kapitel davon die Rede ist, dass Sie Potenziale (Möglichkeiten zur Entwicklung) und Talente (angeborene Begabungen) Ihrer Mitarbeiter erkennen, ist das nicht mit Talentmanagement zu verwechseln. Bei Letzterem geht es darum, dass ein Unternehmen strategische Maßnahmen ergreift, um kompetente Mitarbeiter zu gewinnen, zu entdecken, an möglichst optimaler Stelle einzusetzen und an den Arbeitgeber zu binden (vgl. Gabler Wirtschaftslexikon o. J. a).

Hier soll es vielmehr darum gehen, die Kompetenzen Ihrer bestehenden Mitarbeiter zu fördern – und zwar sowohl die Fachkenntnisse als auch die Soft Skills. Ebenso können Sie – gerade bei älteren Beschäftigten – den Erfahrungsschatz erkennen und einsetzen.

Wie können Sie dabei vorgehen?

Lassen Sie Ihre Mitarbeiter zunächst selbst über ihre Talente und Fähigkeiten nachdenken. Manchen Menschen fällt es schwer, die eigenen Stärken zu benennen. Manch einer hat sich nie bewusst darüber Gedanken gemacht, ein anderer hat bereits in seiner Kindheit gelernt, dass man über die eigenen Fähigkeiten aus Bescheidenheit nicht sprechen sollte. Vermitteln Sie Ihren Teammitgliedern, dass es wichtig ist, sich über die eigenen Potenziale und Talente Gedanken zu machen. Das stärkt nicht nur das Selbstbewusstsein und ist damit ein selbstverantwortliches Tun, sondern es ist auch für die Arbeit im Team notwendig. Nur wenn Sie von den Potenzialen und Fähigkeiten Ihrer Mitarbeiter wissen, können Sie sie ihren Fähigkeiten entsprechend einsetzen und fördern.

Oft ist es sinnvoll, einen Menschen die Frage nach seinen Stärken zunächst alleine beantworten zu lassen. So kann er sich auf ein gemeinsames Gespräch mit Ihnen vorbereiten. Kopieren Sie dazu die folgende Übung und teilen Sie sie an Ihre Teammitglieder aus.

Zunächst sollten Sie auch für sich selbst überlegen, welche Fähigkeiten und Potenziale Sie haben. So setzen Sie sich nicht nur damit auseinander, was Sie Ihren Mitarbeitern aufgeben, sondern tun auch etwas für Ihre eigene Selbstverantwortung.

Übung: die eigenen Talente erkennen
Um herauszufinden, welche Talente wir besitzen, eignet sich eine Selbstreflexion. Überlegen Sie daher, was Ihnen leichtfällt (vgl. PSYCHOLOGIE bringt dich weiter 2017, S. 18 f.):

- zu Hause (mit der Familie, im Haus/in der Wohnung)
- am Arbeitsplatz
- in sozialen Situationen (unter Freunden, mit Fremden, in Gruppen)
- im Privatleben (Hobbys, Ehrenamt, Vereinstätigkeiten)

Kommen Sie mit jedem Ihrer Mitarbeiter darüber ins Gespräch, wie er seine Talente und Fähigkeiten einschätzt. Auch bei neuen Aufgaben ist es ratsam, den Beschäftigten konkret zu fragen: „Trauen Sie sich das zu? Haben Sie Interesse daran und auch entsprechende Kapazitäten?"

Ergänzen Sie seine Einschätzung durch eigene Beobachtungen: Wie verhält sich der Mitarbeiter im Berufsalltag? Welche Aufgaben fallen ihm leichter als den Kollegen? Wo zeigt er besondere Motivation? So können Sie ein Stärkenprofil des Mitarbeiters erarbeiten. Auch die folgende Übung kann Ihnen dabei helfen.

Übung: Talente der Mitarbeiter entdecken
Im Folgenden werden sechs Szenarien geschildert. Überlegen Sie, wie Ihre jeweiligen Mitarbeiter in entsprechenden Situationen reagieren würden. Daraus können Sie ableiten, welche Talente Ihre Beschäftigten möglicherweise auszeichnen.

Szenario 1: *Die Deadline für ein wichtiges Projekt rückt immer näher, der Druck ist gewaltig und nun passiert dem Team auch noch ein Fehler, der die Arbeit um Tage zurückwirft. Was tut Ihr Mitarbeiter?*

Bleibt er ruhig und versucht, gemeinsam mit dem Team eine Lösung zu finden, wie die Frist doch noch eingehalten werden kann oder wie die Chancen für einen Fristaufschub aussehen? Dann ist sein Talent die Gelassenheit. Er kann auch in Krisensituationen ruhig und besonnen handeln.

Szenario 2: *Im Zuge einer Umstrukturierung werden den Mitarbeitern zu ihren bisherigen Aufgaben noch weitere aufgebürdet. Wie geht Ihr Mitarbeiter mit dieser Arbeitsverdichtung um?*

Versucht er, mit Zeitmanagement-Methoden strategisch an die Sache heranzugehen, beispielsweise, indem er die Aufgaben nach Wichtigkeit und Dringlichkeit priorisiert und die einzelnen Punkte sukzessive abarbeitet? In diesem Fall verfügt Ihr Mitarbeiter über ausgeprägtes Organisationstalent. Er behält auch in stressigen Situationen den Überblick.

Szenario 3: *Ein neuer Kollege tut sich im Umgang mit einem speziellen PC-Programm schwer und bittet das Team um Unterstützung. Wie verhält sich Ihr Mitarbeiter?*

Bietet er dem Neuzugang Hilfe an und unterstützt er ihn aktiv dabei, sich in das Programm einzuarbeiten? Dann ist seine besondere Stärke die Hilfsbereitschaft. Er setzt sich für andere ein und ist dadurch auch eine soziale Stütze für das Team.

Szenario 4: *Während eines Auftrags stellt sich heraus, dass die geplante Vorgehensweise nicht zum gewünschten Ziel führt. Vieles muss noch einmal verändert werden – und das in der vorgegebenen Zeitspanne. Was tut Ihr Mitarbeiter?*

Präsentiert er nach einem Brainstorming denkbare Alternativvorschläge, verfügt Ihr Mitarbeiter über ein gutes Reaktionsvermögen. Wenn es darauf ankommt, sich schnell auf neue Situationen einzulassen, ist er der geeignete Ansprechpartner.

Szenario 5: *Ein neues Projekt steht an, das eine besonders enge Zusammenarbeit mehrerer Mitarbeiter erforderlich macht. Wie geht Ihr Mitarbeiter damit um?*

Hält er regelmäßig Rücksprache mit den anderen und achtet er auf ein konstruktives Gruppenklima, zeichnet er sich durch Teamfähigkeit aus. Dieses Talent ist heute in nahezu allen Positionen sehr wichtig.

Szenario 6: *Das nächste Betriebsjubiläum steht an. Alle Abteilungen werden darum gebeten, einen Beitrag zur Feier zu leisten. Wie reagiert Ihr Mitarbeiter?*

Entwickelt er gleich Ideen, wie ein solcher Beitrag gestaltet sein könnte? Dann handelt es sich um einen kreativen Menschen. Sein Talent kann vor allem dann nützlich sein, wenn es um eine Problemstellung geht, die innovative Lösungen erfordert.

Denkanstoß

Wie würden Sie selbst in den verschiedenen Szenarien reagieren? Erkennen Sie eigene Talente oder vielleicht auch Schwächen, an denen Sie arbeiten wollen?

Welche weiteren Talente fallen Ihnen ein? Wann kommen sie zum Tragen? Überlegen Sie in Ihrer Selbstverantwortung, wie Sie zukünftig in entsprechenden Situationen handeln wollen. Möchten Sie sich dazu mit anderen austauschen, etwas darüber lesen (evtl. auch im Internet suchen) oder sich professionelle Hilfe – z. B. durch einen Coach – holen?

Wenn Sie die Talente entdeckt haben, geht es nun darum, sie richtig zu fördern. Setzen Sie die Mitarbeiter so ein, dass sie ihre Talente nutzen und Stärken weiterentwickeln können. Doch es gibt Grenzen. Auch bei Talenten geht es wieder um Selbst- und Mitverantwortung. Die zentrale Frage lautet: „Was sind meine/deine Bedürfnisse, Werte und Fähigkeiten im Hinblick auf meine/deine Talente?"

Talent kann zunichtegemacht werden, wenn es überstrapaziert wird, oder wenn der betreffende Mitarbeiter nicht mit ins Boot geholt wird. Er muss über Gesundheit, Kompetenz und Motivation verfügen, außerdem muss die Arbeitsumgebung entsprechend gestaltet sein (vier Stockwerke der Arbeitsfähigkeit, Kap. 3). Nur so kann Talent gut (im Sinne der Selbst- und Mitverantwortung) ausgelebt werden.

Als Führungskraft sind Sie auch immer wieder gefordert, für einzelne Aufgaben Mitarbeiter einzusetzen, die vielleicht zunächst nicht das nötige Talent, die erforderliche Begabung oder Fähigkeit haben. Dabei ist immer wieder Unterstützung, konstruktives Feedback (Abschn. 3.1.2.3) und vielleicht auch die 80-%-Regelung (Abschn. 3.2.1.3, Exkurs zur Perfektion) notwendig.

3.2.1.3 Potenziale, Talente und Fähigkeiten fördern – die Führungskraft als Lernbegleiter

Waren früher eher die Personalabteilungen in Unternehmen für die Weiterbildung der Mitarbeiter zuständig, ist das heute anders: Führungskräften wie Ihnen kommt dabei eine entscheidende Rolle zu. In Ihrer Arbeit als Führungskraft geht es immer wieder darum, die Leistung Ihrer Mitarbeiter zu erhalten, zu steigern und deren berufliche Entwicklung zu unterstützen. Sie sind als Lernbegleiter gefragt.

Mit Lernen ist hier nicht nur die berufliche Weiterbildung gemeint, sondern ganz generell „konstruktives Verarbeiten von Informationen und Erfahrungen zu Kenntnissen, Einsichten und Kompetenzen" (Bund-Länder-Kommission für Bildungsplanung und Forschungsförderung [BLK] 2004, S. 5). Das erforderliche Wissen lässt sich nicht auf einzelne Fachgebiete eingrenzen, sondern es betrifft ganz unterschiedliche Bereiche. Im Älterwerden wird beispielsweise die Beschäftigung mit dem Thema Gesundheit (Abschn. 3.1) wichtiger. Auch hier kann und sollte dazugelernt werden.

Kennen Sie das Konzept der Lernberatung? Dabei wird ermittelt, wie verschiedene Menschen ihr Lernpotenzial möglichst gut entwickeln können. Überlegen Sie, ob Sie die Rolle des Lernberaters annehmen und ausfüllen können, oder ob Sie sich dafür externe Unterstützung holen möchten.

Wenn Sie sich dafür entscheiden, Ihre Mitarbeiter als Lernberater zu unterstützen, sollten Sie zunächst Erfahrungswissen, Kompetenzen, Lernhemmungen und Bedürfnisse der Teammitglieder erkunden und anschließend die Abteilung in ihrer Gesamtheit betrachten. Denn jeder Mensch hat andere Interessen und unterschiedliche Ausgangslagen. Wie wir lernen, hängt von verschiedenen Aspekten ab. Entscheidend sind unter anderem persönliche Lernziele, Art und Grad der Motivation, biologische – z. B. altersbezogene – Unterschiede im Hinblick auf das Lernen, geistige Leistungsfähigkeit und kulturell-gesellschaftliche Rahmenbedingungen (z. B. Verfügbarkeit von Lernangeboten, Unterstützung durch andere). Auch die Art, wie Wissen angewandt und abgerufen wird, unterscheidet sich von Mensch zu Mensch. (Vgl. Moskaliuk et al. 2016, S. 146)

Der folgende Leitfaden kann Ihnen dabei helfen, Ihre Teammitglieder mitverantwortlich beim Lernen zu begleiten (vgl. Gundermann 2015):

Schritt 1: Einzelanalyse

- Woran hat Ihr Mitarbeiter Interesse, was möchte er lernen? Handelt es sich um rein fachliche Themen, oder rücken mit zunehmendem Alter vielleicht auch gesundheitsbezogene Fragestellungen o. Ä. in den Vordergrund?
- Woran machen Sie das fest?
- Wie schätzt Ihr Mitarbeiter seine Lernbedürfnisse ein?
- Welche Lernziele können abgeleitet werden?
- Welche Lernressourcen liegen vor? Hat er ausreichend Zeit für die Fortbildung? Welcher Lerntyp ist er, d. h.: Lernt er am besten durch visuelle, akustische, haptische oder kommunikative Impulse (visueller, auditiver, haptischer und oder kommunikativer Lerntyp)?
- Welche Strategien und Lernmethoden können Sie daraus ableiten?
- Wie können Sie die Strategien umsetzen?

- Wie kann das Gelernte nachhaltig eingesetzt werden und zur Kompetenzerweiterung führen?
- Wie können Sie den Lernerfolg überprüfen?

Schritt 2: Teamanalyse

- Wo ergänzen sich die Kenntnisse einzelner Mitarbeiter?
- Wie könnte diese Ergänzung produktiv genutzt werden?
- Wo bestehen „Bildungslücken", die möglichst bald geschlossen werden sollten?
- Welche Lernmethoden (projektorientiert, entdeckend, reflektierend etc.) eignen sich für mehrere Teammitglieder?
- Wie kann das Lernen effizient gestaltet werden?
- Wo sind individuelle Trainings erforderlich?
- Sind Generationenunterschiede zu berücksichtigen?

> **Tipp**
> Um Ihre Rolle als Lernberater auszufüllen, benötigen Sie Hintergrundwissen über das menschliche Lernverhalten. Folgende Bücher können Ihnen dabei Anregungen geben:
>
> - „Lerntechniken" von David Reinhaus (2016)
> - „Das große Buch der Lerntechniken: Effektives Lernen leicht gemacht" von Bettina Geuenich et al. (2018)
> - „Denken, Lernen, Vergessen: Was geht in unserem Kopf vor, wie lernt das Gehirn, und wann lässt es uns im Stich?" von Frederic Vester (1998)

Selbstgesteuertes Lernen

Trotz dieser engen Zusammenarbeit von Führungskräften und Beschäftigten spielt das selbstgesteuerte Lernen eine große Rolle. Die Lernziele und der organisatorische Rahmen der Weiterbildung werden zwar von außen festgelegt, doch jeder Einzelne hat im Sinne der Selbstverantwortung dafür Sorge zu tragen, dass er die Motivation aufrechterhält, den Lernprozess überwacht und steuert.

Was heißt das konkret? Jeder Mitarbeiter sollte sich Gedanken darüber machen, wie er lernt. Denn je besser er sich selbst als Lernender kennt, umso besser kann er den eigenen Lernprozess beeinflussen und überprüfen, ob er die Inhalte tatsächlich verinnerlicht hat. Die folgenden Fragen zu einer vergangenen Lernsituation können ihm dabei als Leitfaden dienen:

- Worin bestand mein Lernziel? Habe ich es erreicht?
- Was habe ich mir dabei besonders leicht und gut gemerkt?

- Womit hatte ich Schwierigkeiten? Wie habe ich sie gemeistert?
- Was könnte ich in Zukunft anders machen? Welche Bedingungen sollten anders sein, damit ich in Zukunft noch besser lernen kann?
- Welche Lerninhalte waren für mich besonders wichtig? Warum?
- Gibt es Lerninhalte, die im Gegensatz zu meinem Vorwissen/meinen bisherigen Erfahrungen stehen?
- Welche Querverbindungen entdecke ich zu anderen Wissensbereichen?

Denkanstoß

Möchten Sie Ihren Mitarbeitern mehr Informationen zum Thema selbstgesteuertes Lernen zukommen lassen – z. B., indem Sie den obigen Fragenkatalog kopieren und vor der nächsten Weiterbildung austeilen?

Bedürfnisse, Motive, Ziele und Werte sind für das selbstgesteuerte Lernen zentral, daher sollten Sie – wenn die Rahmenbedingungen dafür gegeben sind – Ihren Mitarbeitern Gestaltungsmöglichkeiten einräumen, was sie wie lernen wollen. Wenn einzelne Beschäftigte Probleme mit formellem Lernen haben (in Seminaren, Vorträgen, Schulungen), zum Beispiel weil aufgrund des fortgeschrittenen Alters eine Lernentwöhnung stattgefunden hat, können Sie gemeinsam über Möglichkeiten des informellen Lernens sprechen.

Lernen ist auch ein sozialer Prozess. Interaktion und Gemeinschaft begünstigen den Lernprozess. Wenn Ihr Team gemeinsam neue Fähigkeiten erlernt, hat jeder Einzelne weniger das Gefühl, allein zu sein.

▶ **Interessant** Wissenschaftlichen Erkenntnissen zufolge laufen Lernprozesse zum allergrößten Teil informell ab. 90 % dessen, was wir verinnerlichen, lernen wir „on the Job" oder durch Erfahrungsaustausch mit anderen. Nur die übrigen zehn Prozent unseres Wissens erwerben wir durch Seminare, Vorträge oder Schulungen.

Nicht jeder Mitarbeiter ist motiviert (Abschn. 3.3) und bereit, sich regelmäßig fort- und weiterzubilden. Wenn Sie bei einem Beschäftigten Anzeichen einer geringen Weiterbildungsbereitschaft feststellen, klären Sie die Ursachen dafür in einem Vier-Augen-Gespräch. Möglicherweise sind die Lernangebote nicht ausreichend auf die betreffende Person abgestimmt, oder die Beteiligung wird nicht ausreichend gefördert. Gerade ältere Beschäftigte halten eine Weiterbildung möglicherweise für nicht nötig, wenn sie darin keinen ausreichenden Mehrwert für sich sehen.

Umso wichtiger ist es, dass Sie im Gespräch deutlich machen, wie bedeutsam das lebenslange Lernen für die persönliche Entwicklung ist. Wenn Sie erkennen, dass Lernangst oder negative Lernerfahrungen für die mangelnde Bereitschaft zur Weiterbildung verantwortlich sind, nehmen Sie das ernst. Suchen Sie beispielsweise nach alternativen Lernmethoden, die zu dem Mitarbeiter und seinen Bedürfnissen passen. Nutzen Sie dazu Ihr Wissen über die Selbstverantwortung des Menschen (Abschn. 2.3 und 3.2.1.1) und zur Motivation von Mitarbeitern (Abschn. 3.3).

Denkanstoß

Wie gut kennen Sie die Lerngewohnheiten Ihrer Mitarbeiter? Haben Sie schon einmal darüber gesprochen? Wie könnten Sie sie darin unterstützen?

Was können Ihre Mitarbeiter voneinander lernen? Haben Sie z. B. schon einmal mit Ihren erfahrenen Mitarbeitern darüber gesprochen, wie sie ihr Wissen zum Wohle aller konstruktiv weitergeben können? (Kap. 4)

Ein realitätsnaher Kontext kann dabei helfen, dass Menschen Dinge leichter lernen und in der Folge besser anwenden können. Die Methode der Cognitive Apprenticeship berücksichtigt das. Sie untergliedert Lern- und Lehrprozesse in vier Phasen:

1. Erklärung: Die Lehrperson schildert oder demonstriert den Lerninhalt.
2. Angeleitete Anwendung: Der Lernende wendet die neuen Informationen oder Techniken selbst an und wird dabei von seinem Lehrer unterstützt.
3. Reduzierte Unterstützung: Im dritten Schritt greift der Lehrende nur noch ein, wenn der Mitarbeiter ohne Hilfe nicht mehr weiterkommt.
4. Geförderte Selbstständigkeit: Mit zunehmenden Wissen und steigender Kompetenz wird die Unterstützung durch den Lehrer weiter reduziert. Dadurch kann Ihr Mitarbeiter immer selbstständiger an der Lösung eines Problems arbeiten.

Lernen und Digitalisierung

Die Digitalisierung begünstigt das individuelle Lernen, denn die Lernumgebung kann auf die Bedürfnisse des Einzelnen zugeschnitten werden: Videos, Lernsoftware, Gruppenlernen, Frontalunterricht – es stehen verschiedene Methoden zur Auswahl, die sich auch am Wissensstand des Lernenden orientieren. Dadurch sind individuelle Lernpläne möglich. Beim digitalisierten Lernen passt sich das Lernprogramm an den Schüler an. Die Technik macht den Lehrer nicht überflüssig, sie verändert nur seine Rolle. Er wird vom Wissensvermittler zum Lernbegleiter. Dadurch erhält er mehr Zeit für den Austausch mit den Lernenden und kann individuell auf jeden Einzelnen eingehen.

Auf der anderen Seite macht es die Digitalisierung überhaupt erst notwendig, sich immer wieder mit neuen Technologien und Arbeitsmethoden zu beschäftigen. Viele Menschen – vor allem nicht technikaffine Beschäftigte – haben Vorbehalte gegenüber der Technologisierung. Ihre Aufgabe als mitverantwortliche Führungskraft besteht auch darin, den Mitarbeitern die Angst davor zu nehmen. Das kann gelingen, indem Sie auf die Vorteile der Digitalisierung für die Beschäftigten hinweisen, aber auch, indem Sie einen offenen Austausch über die Chancen und Risiken fördern. Weitere Tipps finden Sie in Abschn. 3.2.2 (Umgang mit Digitalisierungsängsten).

Digitale Fitness fördern
Digitale Fitness im Sinne der Selbst- und Mitverantwortung bedeutet:

- bei der digitalen Arbeit körperlich und geistig gesund zu sein und zu bleiben
- Verständnis für Technik zu haben
- das rechte Maß digitalen Lebens zu finden und analogen Ausgleich zu finden (z. B. Naturerlebnisse, die Sinneswahrnehmungen ohne Reizüberflutung ermöglichen)
- motiviert, neugierig und offen zu sein, Hilfe anzunehmen und auch zu geben (Mitverantwortung)

Denkanstoß

Welche Vorteile ergeben sich für Ihre Mitarbeiter durch die Digitalisierung?

Wie könnten Sie mit den Beschäftigten dazu ins Gespräch kommen?

Was müssen Ihre Mitarbeiter im Zuge der Digitalisierung neu lernen?

Wie können und wollen Sie sie dabei unterstützen? Welche Lernangebote und -szenarien eignen sich dafür?

Welchen analogen Ausgleich gibt es für Ihre Mitarbeiter?

Das Gelernte anwenden
Die Schulung ist beendet, die Mitarbeiter haben das Teilnahmezertifikat abgeheftet, der Alltag kehrt ein. Nun ist es unbedingt wichtig, dass das Gelernte wiederholt und umgesetzt wird, denn das Gefühl, etwas umsonst gelernt zu haben, kann sich vor allem bei älteren Beschäftigten demotivierend auswirken.

Übertragen Sie Ihren Mitarbeitern Verantwortung bei der Anwendung des Gelernten. Geben Sie konstruktives Feedback, um zu zeigen, wo noch Verbesserungsbedarf bei der Anwendung des Gelernten besteht und was bereits gut läuft. Betonen Sie die Erfolge, die die Beschäftigten dabei erzielen, nicht die Fehler (vgl. Moskaliuk et al. 2016, S. 158). Das erhöht die Motivation (Abschn. 3.3).

Auch im weiteren Prozess sollten Sie als Führungskraft das vorhandene Wissen und das neu erworbene Wissen im Blick haben. Weisen Sie – zum Beispiel in Teambesprechungen – regelmäßig darauf hin und ermöglichen Sie Wiederholungen oder Auffrischungen. So werden die Effektivität und der Nutzen der Fortbildung für Mitarbeiter, Team und Führungskräfte wie Sie sichtbar, was wiederum zu weiterer Lernmotivation führen kann.

Was können Sie tun, um als Lernbegleiter Ihre Mitarbeiter mitverantwortlich zu unterstützen?

1. Welche Fähigkeiten und Kompetenzen haben Ihre Mitarbeiter (Abschn. 3.2.1.2)?
2. Wo bestehen im Team noch Wissenslücken?
3. Wie lernen die Mitarbeiter am liebsten und am besten?
4. Welche Lernerfahrungen haben sie gemacht?
5. Welche Lernziele sollen erreicht werden?

Wenn Sie Antworten auf diese Fragen gefunden haben, leiten Sie daraus Handlungsstrategien ab:

1. Finden Sie gemeinsam mit den Beschäftigten Lernangebote, die zu den individuellen Lernvorlieben und -bedürfnissen passen.
2. Sorgen Sie dafür, dass neu erworbenes Wissen auch im Alltag regelmäßig angewendet und wiederholt wird.
3. Geben Sie konstruktives Feedback während des Lernprozesses.
4. Behalten Sie vorhandenes und neues Wissen stets im Blick.

Sie sehen: Die Rolle als Lernbegleiter ist herausfordernd und komplex. Das muss niemand alleine schaffen! Holen Sie sich Unterstützung durch Außenstehende. Externe Experten haben einen unvoreingenommeneren Blick dafür, welche Maßnahmen abzuleiten sind, und können als Außenstehende die Lage besser überblicken.

Exkurs: Kompetenz vs. Perfektionismus

Viele Menschen wünschen sich, es anderen immer recht zu machen. Das Streben nach Vollkommenheit ist zwar ehrenwert, doch es ist in der Praxis nicht immer möglich, alles perfekt zu machen. Manchmal sind Anforderungen zu hoch gesetzt, widersprechen einander und gelegentlich kostet es einfach zu viel Kraft, allen Erwartungen zu entsprechen. Durch den Wandel der Arbeitswelt steigen die Anforderungen an Beschäftigte, und die Komplexität der Aufgaben nimmt zu. Um der Selbstverantwortung gerecht zu werden, ist es auch wichtig, sich auch einmal mit 80-prozentigem zufriedenzugeben und Grenzen zu setzen.

Wie Untersuchungen ergeben, hat rund die Hälfte aller Perfektionisten damit jedoch Schwierigkeiten. Unterläuft ihnen ein Fehler, stellen sie schnell ihre ganze Persönlichkeit und ihre Kompetenz infrage. Sie setzen sich hohe Ziele und haben zugleich Angst davor, etwas falsch zu machen oder den Ansprüchen anderer nicht gerecht zu werden. Daher ist es für sie überaus wichtig, alles unter Kontrolle zu haben. Erfolge können sie kaum würdigen. Schon kleine Fehler erscheinen ihnen wie ein völliges Versagen. Sie fürchten, nicht mehr gemocht zu werden, wenn sie etwas falsch machen. Das wiederum steigert die Angst vor Fehlern. Um den Preis der Perfektion verausgaben sie sich im schlimmsten Fall bis zur völligen Erschöpfung.

Daher sind bei solchen Menschen – sogenannten dysfunktionalen Perfektionisten – oft Depressionen und Burn-out-Symptome die Folge. Das Selbstwertgefühl und das Gefühl der Selbstwirksamkeit, also die Gewissheit, eine Situation aus eigener Kraft bewältigen zu können, leiden darunter. Auch die Selbstverantwortung kommt dann zu kurz, weil Bedürfnisse – wie der Wunsch nach Erholung oder Pause – übergangen werden.

Wie können Sie mit Mitarbeitern umgehen, die einen Hang zu diesem ungesunden Perfektionismus haben?

- Fördern Sie eine Fehlerkultur: Wenn ein Mitarbeiter etwas falsch macht, ist das ärgerlich, aber kein Weltuntergang. Viel wichtiger ist, wie er mit dem Fehler umgeht: ob er etwas daraus lernt, ob er eine Lösung findet, um den Patzer wieder auszugleichen, etc. Wenn die Mitarbeiter wissen, dass ihr Umfeld Fehler akzeptiert, fällt es ihnen möglicherweise leichter, auch selbst Fehler zuzulassen. Dadurch nimmt auch gegebenenfalls die Furcht davor ab, bei einem Missgeschick nicht mehr gemocht oder anerkannt zu werden.
- Weisen Sie auf Unterstützungsangebote hin, indem Sie zum Beispiel ein Coaching durch einen externen Experten anbieten.
- Unterstützen Sie die Selbstverantwortung der Beschäftigten, indem Sie eine Auseinandersetzung mit dem Thema Perfektionismus aktiv fördern, zum Beispiel durch die folgende Übung. Sie können die Übung auch selbst durchführen, um Ihr eigenes Perfektionsstreben auf den Prüfstand zu stellen.

Übung: Selbstverantwortlicher Umgang mit Perfektionismus
Stellen Sie sich die folgenden Fragen und beantworten Sie sie möglichst ehrlich.

- Stellen Sie sich typische Arbeitssituationen vor: Wann ist Ihr Perfektionsdrang besonders ausgeprägt? Wofür wenden Sie überproportional viel Zeit auf?
- Ziehen Sie Bilanz: Welche positiven Effekte erzielen Sie durch Ihren Perfektionismus? Welche negativen Konsequenzen ergeben sich für Sie daraus? Überwiegen eher die Vor- oder die Nachteile?
- Überlegen Sie, worin die Ursachen für Ihr Streben nach Perfektion liegen. Was würde passieren, wenn Sie etwas nicht zu 100, sondern nur zu 80 % erledigen würden?
- Gibt es Aufgaben, bei denen es nicht schlimm ist, wenn Sie sie nicht perfekt machen?
- Wie müsste sich Ihre innere Einstellung ändern, damit Sie mit den (beruflichen) Anforderungen locker(er) umgehen könnten?
- Stellen Sie sich eine typische Situation vor, in der Sie üblicherweise ein besonders starkes Perfektionsstreben haben: Wie müssten Sie sich verhalten, um eine gesunde Gelassenheit zu empfinden?

Tipp
Tatsächlich fällt manchen Menschen die Arbeit an einem Projekt leichter als anderen. Sie haben vielleicht ein besseres Gedächtnis, mehr Energie, mehr Hintergrundwissen, mehr Erfahrung etc. Andere müssen sich dagegen mehr anstrengen, um die gleiche Aufgabe genauso gut zu lösen. Es ist auch ein berechtigter Wunsch, eine Aufgabe möglichst gut erledigen zu wollen.[4] Achten Sie in einer „perfektionsorientierten" Situation besonders auf Pausen (Abschn. 3.1.2.2), aber auch auf Körpersignale, die Sie spüren lassen: Jetzt muss ich innehalten.

Wir Menschen sind dazu in der Lage, für eine bestimmte Zeit Höchstleistungen zu bringen. Dann können wir für ein paar Tage (vielleicht auch Wochen) andere wichtige Lebensthemen hintanstellen. Das alles geht für eine bestimmte Zeit, aber nicht unbegrenzt. Wichtig ist, dass wir uns selbst klarmachen, dass das nicht auf Dauer so sein kann.

Denken Sie an die fünf Säulen des gesunden Lebens beziehungsweise Älterwerdens (Abschn. 3.1.2). Wenn die Säule Arbeit überproportional hoch ist, bemühen Sie sich, wieder auf eine Ausgewogenheit in den Säulen zu achten. Sie ist für uns, unsere Mitmenschen und unser Leben wichtig.

3.2.1.4 Perspektiven besprechen

Wo stehe ich jetzt? Wie sieht mein Weg aus? Was ist mein Ziel (Perspektive)? Diese Fragen, die aufeinander aufbauen, sind in einem selbst- und mitverantwortlichen Leben immer wieder von Bedeutung.

Ein selbstverantwortlicher Mitarbeiter, der seine Potenziale und Talente kennt, weiß besser als jemand, der sich keine Gedanken darüber macht, welche Ziele er hat. In einem Mitarbeitergespräch können Sie sie gemeinsam besprechen und Perspektiven ermitteln. Ihre Aufgabe besteht darin, den Beschäftigten unterstützend zu begleiten. Sie als Vorgesetzter wissen, welche Möglichkeiten das Unternehmen und die Abteilung bieten, die Sie Ihrem Teammitglied in einem Mitarbeitergespräch (s. u.) aufzeigen können.

Gleichzeitig können Sie Ihren selbstverantwortlichen Mitarbeiter eigene Ideen entwickeln lassen, sodass er möglicherweise auch Perspektiven findet, an die Sie selbst noch gar nicht gedacht haben. Berücksichtigen Sie bei alldem immer wieder auch die Vergangenheit (Biografie) und die gegenwärtige Situation Ihrer Mitarbeiter.

Die folgende Übung kann Ihnen dabei helfen, im Sinne Ihrer Selbstverantwortung Ihre eigenen Perspektiven auszuloten. Sie können sie aber auch kopieren und – im Sinne Ihrer Mitverantwortung – an Ihre Mitarbeiter austeilen.

---

[4]Hinsichtlich des Vergleichs mit anderen kann es sinnvoll sein, an der inneren Haltung zu arbeiten. Menschen haben unterschiedliche Fähigkeiten – und das ist auch gut so. Einem anderen eine Fähigkeit zugestehen, die man selbst nicht (in diesem Ausmaß) hat, ist eine mitverantwortliche Haltung, die zu „Mitfreude" und Lob führen kann.

Übung
Beantworten Sie die folgenden Fragen für sich. Nehmen Sie sich dazu ausreichend Zeit.

1. Standortbestimmung
In welcher Situation befinde ich mich derzeit?
Fühle ich mich hier wohl? Warum oder warum nicht?
Was möchte ich ändern? Wie kann ich etwas ändern? Möchte ich an meiner Haltung zu dem Problem arbeiten?

2. Zielfindung
Wo möchte ich in Zukunft sein?
Warum möchte ich dort sein?
Was erhoffe ich mir von der zukünftigen Situation?
Wie realistisch ist mein Ziel?

3. Umsetzungsplanung
Wie kann ich zu der zukünftigen Situation gelangen?
Welche Schritte sind erforderlich, um dorthin zu gelangen?
Wer könnte mich unterstützen?
Was könnte mir bei der Veränderung helfen?
Was könnte mich bei der Veränderung behindern?

Denken Sie bei der Beantwortung der Fragen daran, dass zu hohe Erwartungen schnell zu Frust führen können. In der Selbstverantwortung gilt es daher auch, immer wieder das Unabänderliche und Belastende ein Stück weit zu akzeptieren (Abschn. 2.3, Handlungsfeld 13). Der realistische Blick gehört bei der Besprechung von Perspektiven dazu.

Das mitverantwortliche Mitarbeitergespräch
Möglicherweise hat Ihr Unternehmen konkrete Vorgaben für Mitarbeitergespräche. Auch im Internet finden Sie Leitfäden, an denen Sie sich orientieren können. Ergänzend dazu möchte ich Ihnen einige Tipps geben, wie Sie die Perspektiven Ihrer Mitarbeiter mitverantwortlich betrachten können.

Mitarbeitergespräche haben das Ziel, Leistung und Stimmung zu verbessern. Wenn der Beschäftigte das Gefühl hat, dass es für Sie eine unliebsame Pflichtübung ist, verfehlt das Gespräch höchstwahrscheinlich sein Ziel. Achten Sie daher darauf, individuell auf ihn einzugehen.

Vor dem Gespräch

Damit die Stimmung im Gespräch entspannt ist, sorgen Sie für möglichst wenig Stress vor dem Termin und achten Sie darauf, genügend Zeit einzuplanen. Vorbereitung ist wichtig: Schauen Sie sich Ihre Notizen zu vergangenen Mitarbeitergesprächen an und überlegen Sie, was Sie dem Beschäftigten inhaltlich mitgeben möchten.

Während des Gesprächs

- Sorgen Sie gerade zu Gesprächsbeginn für eine *vertrauensvolle und angenehme Stimmung.*
  - Vermitteln Sie Ihrem Gesprächspartner, dass Sie ihn als Mensch wertschätzen.
  - Bitten Sie ihn darum, zu schildern, was ihn (beruflich) beschäftigt. Gibt es Belastungen? Wie sieht er die persönliche Work-Life-Balance? Hören Sie aktiv zu (Abschn. 3.1.2.3) und stellen Sie entsprechende Nachfragen.
  - Unter Umständen können Sie ihn auch nach seiner aktuellen Lebenssituation fragen – vorausgesetzt, der Mitarbeiter möchte Privates preisgeben. Wenn Sie merken, dass ihm die Frage unangenehm ist, bohren Sie nicht nach, sondern respektieren Sie die Grenze.
- Wie beurteilt der Mitarbeiter seine *berufliche Situation?*
  - Wo konnte er in der Vergangenheit seine Fähigkeiten einbringen?
  - Wo sieht er (für sich persönlich, für die Abteilung bzw. das Team und für das Unternehmen) Erfolge?
  - Wie zufrieden ist er mit seinen aktuellen beruflichen Aufgaben?
  - Wie lief die Zusammenarbeit mit Kollegen und Vorgesetzten?
  - Welche Hoffnungen und Erwartungen hat er für die Zukunft?
  - Was wünscht er sich von Ihnen als Führungskraft? Fühlt er sich ausreichend von Ihnen unterstützt?
  - Können Sie diese Wünsche verstehen und ihnen nachkommen? Wenn nicht, warum?
  - Was bedeutet das für Sie persönlich in Ihrer Situation (als Vorgesetzter)?
- Welche gemeinsamen *Ziele* können gesteckt werden (persönliche Ziele, Unternehmensziele)? Beachten Sie dabei die SMART-Formel (siehe unten).
  - Inwiefern decken sich die Ziele des Unternehmens und des Mitarbeiters?
  - Wo sieht er Schwierigkeiten?
  - Was bedeutet das für ihn persönlich?
  - Blicken Sie gemeinsam auf vergangene Gespräche zurück: Welche vormals gesteckten Ziele wurden erreicht? Wie wurden sie erreicht? Falls die Ziele nicht erreicht wurden, woran lag das?
  - Halten Sie korrigierte bzw. aktualisierte Ziele gemeinsam fest.

- Aus den vergangenen Gesprächen, der bisherigen Zusammenarbeit und aus dem aktuellen Mitarbeitergespräch haben Sie einen Eindruck von der beruflichen und ggf. der Lebenssituation Ihres Mitarbeiters erhalten. Nun können Sie *Feedback* geben.
  - Was haben Sie seit dem letzten Gespräch wahrgenommen?
  - Wie sehen Sie den Beschäftigten während seiner Arbeit?
  - Wie erleben Sie den Mitarbeiter im Team? Punkte wie Teamfähigkeit, Kommunikations- und Kritikfähigkeit, Engagement oder Arbeitsorganisation können angesprochen werden.
  - Haben Sie Kritik?

    Wenn ja, äußern Sie diese im Sinne der gewaltfreien Kommunikation (Abschn. 3.2.2).

    Sieht das Ihr Mitarbeiter auch so? Geben Sie ihm Gelegenheit, seine Sicht der Dinge zu erläutern.

    Überlegen Sie gemeinsam, wie Sie die Situation verändern bzw. verbessern können. Woran kann gearbeitet werden? Welche Schritte sind dafür nötig?

    Möchten Sie auf externe Hilfe zurückgreifen? Sind Fortbildungen erforderlich?

    Was kann verändert werden, was gilt es zu akzeptieren (Abschn. 2.3 Spannungsfelder des Lebens)?

    Wie und wo kann Ausgleich für Belastungen gefunden werden? Hier sollte der Mitarbeiter in seiner Selbstverantwortung gesehen, gefördert und gefordert werden.
- Machen Sie sich Notizen. Allerdings sollten Sie während des Gesprächs nur wenig aufschreiben, damit sich der Mitarbeiter nicht kontrolliert fühlt. Erklären Sie kurz, was Sie und warum Sie es mitschreiben.
- Fragen Sie am Ende des Gesprächs nach, ob es vonseiten des Mitarbeiters noch Klärungsbedarf gibt. Vereinbaren Sie gegebenenfalls einen Folgetermin, bei dem in aller Ruhe über einzelne Punkte gesprochen wird.

Die SMART-Formel

Wer kein konkretes Ziel vor Augen hat, wird schneller demotiviert. Das gilt im Berufsleben ebenso wie im privaten Bereich. Daher ist bei der Zielvereinbarung darauf zu achten, dass die Ziele SMART sind (vgl. INQA 2016, S. 19):

- Spezifisch: Die Ziele sollten möglichst konkret und verständlich sein. Was sollte in welchem Zeitraum erledigt werden?

- Messbar: Woran lässt sich erkennen, ob das Ziel erreicht wurde? Definieren Sie Ziele, die auch konkret messbar sind.
- Attraktiv: Wer das gesteckte Ziel gar nicht erstrebenswert findet, wird weniger Energie darauf verwenden, es zu erreichen. Achten Sie daher darauf, dass die gesetzten Ziele ansprechend sind.
- Realistisch: Ist ein Ziel überhaupt im vorgegebenen Zeitrahmen mit den zur Verfügung stehenden Ressourcen und unter den gegebenen Umständen erreichbar?
- Terminiert: Legen Sie eine Frist fest, bis wann das Ziel erreicht werden soll. Wenn es sich um größere Ziele handelt, legen Sie Zwischenziele fest.

3.2.2 Soziale Kompetenz stärken, mit Konflikten und Krisen umgehen

Unter sozialer Kompetenz versteht man „kommunikative (Dialogfähigkeit), integrative (Konsensfähigkeit) und kooperative (Teamfähigkeit) Fähigkeiten eines Menschen, die aus der Sozialisation bzw. aus dem sozialen Lernen entstehen" (Gabler Wirtschaftslexikon o. J. b).

Es handelt sich also um die Fähigkeit zu einem guten und konstruktiven Umgang mit anderen Menschen. Die soziale Kompetenz kann vorübergehend beeinträchtigt sein, wenn wir beispielsweise akut überfordert sind, aber sie kann auch langfristig zu wenig ausgeprägt sein. Ein gewisses Maß an sozialer Kompetenz haben alle Menschen, doch fast jeder kann auch noch etwas dazulernen.

In einer komplexen, individualisierten Welt ist vieles unklar. Menschen suchen nach Orientierung. Dabei laufen manche von ihnen Gefahr, einfache Antworten zu suchen und Pauschalisierungen vorzunehmen. Auch in Organisationen können hierdurch Probleme auftauchen, die Führungskräfte vor neue Herausforderungen stellen. Neue Spannungs- und Konfliktfelder entstehen in manchen Betrieben zum Beispiel durch Rassismus. Hier hilft das Wissen zu Diversity. Workshops zu respektvollen Umgang, Anti-Mobbing- und Anti-Rassismusprogramme sowie Anti-Aggressionstrainings können präventiv helfen; in einem konkreten Fall sollte die Unternehmensleitung (und – falls vorhanden – der Betriebsrat) eingeschaltet werden, denn der Arbeitgeber ist rechtlich verpflichtet, seine Angestellten zu schützen. Bundesweite Beratungsstellen können im akuten Fall unterstützen.[5]

[5]Unter http://www.bpb.de/politik/extremismus/rechtsextremismus/41934/initiativen-gegen-rechtsextremismus finden Sie eine Auflistung von Initiativen gegen Rechtsextremismus in Deutschland.

Da ein guter Umgang miteinander überaus wichtig ist für eine gelungene Zusammenarbeit – und damit für die langfristige Arbeitszufriedenheit –, sollten regelmäßige Übungen oder Gespräche zur Stärkung der sozialen Kompetenz dazugehören. Sie als Führungskraft sind zwar kein ausgebildeter Coach, aber es gibt dennoch Möglichkeiten, wie Sie die soziale Kompetenz Ihrer Mitarbeiter im Sinne der Mitverantwortung fördern können.

Sie haben in Abschn. 3.1.2.3 die Technik des aktiven Zuhörens kennengelernt. Sie ist ein sehr wichtiges Instrument im guten Umgang miteinander. Machen Sie Ihre Mitarbeiter mit dieser Gesprächstechnik vertraut.

Auch eine Auseinandersetzung mit dem Haus der Arbeitsfähigkeit (Kap. 3) kann die sozialen Kompetenzen der Mitarbeiter fördern; denn wer sich regelmäßig fragt, wie die Arbeitsfähigkeit erhalten werden kann, achtet mehr auf sich und andere. Erwartungen werden nicht zu hoch gesteckt.

Tipp

Möchten Sie sich näher mit dem Thema beschäftigen? Kurse und Seminare zu Soft Skills und sozialer Kompetenz können sich lohnen. Alternativ können Sie auch aus den folgenden Büchern Anregungen erhalten:

- „Soziales Kompetenztraining: Arbeitsbuch zur Steigerung der emotionalen Intelligenz, sozialen Kompetenz und Empathie" von Elke Dullenkopf (2018)
- „Soziale Kompetenzen: Entstehung, Diagnose und Förderung" von Uwe Peter Kanning (2005)

Probieren Sie auch einmal die folgende Gruppenarbeit zur Stärkung der sozialen Kompetenz durch die Betrachtung von Selbst- und Mitverantwortung aus.

Übung: Stärkung der sozialen Kompetenz (Selbst- und Mitverantwortung)

1. Stellen Sie zunächst für die folgende Gruppenarbeit einige Regeln auf: Jeder lässt den anderen ausreden, nichts wird nach außen getragen, die Kommunikation muss wertschätzend sein. Rückmeldungen sollten immer erst mit einer positiven Aussage beginnen, erst dann sollten mögliche Einwände wertschätzend formuliert werden. Nach der Gruppenarbeit soll nicht darüber geurteilt werden, *was wer wie* gesagt hat (Lästern).
2. Geben Sie die Definition von Selbstverantwortung und Mitverantwortung (Abschn. 2.3) als ethische Kategorien an Ihre Mitarbeiter weiter. Nutzen Sie

hierfür ein Flipchart oder große Poster, sodass die Definitionen jederzeit nachgeschaut werden können. Vereinfachen Sie sie gegebenenfalls, sodass sie für Ihre Mitarbeiter gut nachvollziehbar sind.
3. Suchen Sie nun gemeinsam nach allgemeinen Beispielen zur Selbst- und Mitverantwortung, damit die beiden ethischen Kategorien von Ihren Mitarbeitern gut verstanden werden. Grenzen Sie beispielsweise die Selbstverantwortung von Egoismus ab. Manchmal wird das miteinander verwechselt.
4. Suchen Sie jetzt gemeinsam nach Beispielen für gutes selbst- und mitverantwortliches Verhalten in Ihrem Team – und zwar in Ist- und Soll-Situationen. Je nach Gruppendynamik kann auch jeder einen Zettel schreiben und ihn (ohne Namen) in die Mitte legen.
5. Versuchen Sie nun, die Beispiele gemeinsam näher zu erläutern. Wurde das Beispiel genannt: „Rücksichtnahme, wenn ein Mitarbeiter nicht so fit ist", betrachten Sie die Situation genauer. Was bedeutet das für die Selbst- und Mitverantwortung eines „Unfitten"? Was bedeutet das für die anderen Kollegen und Sie als Führungskraft in ihrer Selbst- und Mitverantwortung?
6. Kommen Sie zu einem Ergebnis, wie in der konkreten Situation selbst- und mitverantwortlich gehandelt werden kann? Wenn ja, halten Sie das möglicherweise für ein Teamleitbild (Abschn. 3.1.2.3) fest.
7. Falls Sie zu keinem Ergebnis kommen: Was ist konkret offen? Wann werden Sie den Fall weiter analysieren? Ist externe Hilfe notwendig? Wer ist hier geeignet (z. B. Coach, Supervisor, Sozialberatung, ethische Begleitung)?
8. Verteilen Sie den Denkanstoß zu den 14 Handlungsfeldern der Verantwortung aus Abschn. 2.3 zur Selbst- und Mitverantwortung (evtl. als Hausaufgabe). Welche Fragen sind hier relevant und helfen weiter? Wie könnte die Beantwortung der Frage konkret aussehen?

Umgang mit Konflikten im Team
Konflikte gehören zum Leben dazu. Gerade in Anbetracht der zunehmenden Individualisierung prallen immer wieder unterschiedliche Persönlichkeiten, Kulturen und Bedürfnisse aufeinander – vor allem im Berufsleben, wo wir uns unser Umfeld nicht selbst aussuchen können (Abschn. 2.1.3). Doch Konflikte müssen nicht unbedingt etwas Schlechtes sein. Entscheidend ist die Art, wie wir mit ihnen umgehen. Die Technik der gewaltfreien Kommunikation hilft dabei, Konflikte konstruktiv zu lösen. Daher möchte ich sie kurz vorstellen.

Gewaltfreie Kommunikation Wenn uns jemand mit Worten angreift, neigen wir dazu, uns zu verteidigen und zurückzuschlagen. Doch dadurch werden Konfliktsituationen nicht gelöst, sondern verschärft. Das Wortgefecht zerstört eher die

Beziehung der Gesprächspartner, die plötzlich zu Gesprächs*gegnern* werden. Hier setzt das Konzept der gewaltfreien Kommunikation (GfK) an. Es wurde von dem US-amerikanischen Psychologen Marshall B. Rosenberg entwickelt.

Im Vordergrund steht nicht, andere Menschen zu einem bestimmten Handeln zu bewegen. Vielmehr geht es darum, eine wertschätzende Beziehung zu entwickeln. Bei der gewaltfreien Kommunikation verzichtet man auf Angriffe und konzentriert sich auf die Gefühle und Bedürfnisse, die den oft unbedachten Äußerungen des anderen zugrunde liegen.

Empathie ist nach Rosenberg eine Grundvoraussetzung gelingender Kommunikation. Damit ist die Mitverantwortung angesprochen, die den anderen mit seinen Bedürfnissen, Normen und Werten wahrnimmt.

In der gewaltfreien Kommunikation richtet sich die Aufmerksamkeit auf folgende Bestandteile bzw. Schritte:

1. *beobachten,* statt bewerten oder interpretieren
2. *Gefühle* wahrnehmen und benennen
3. *Bedürfnisse* wahr- und ernst nehmen
4. auf der Grundlage der Bedürfnisse klare und erfüllbare *Bitten* äußern

Beobachtung bedeutet, eine konkrete Handlung (oder Unterlassung) zu beschreiben, ohne sie mit einer Bewertung oder Interpretation zu vermischen.

Die Beobachtung löst ein *Gefühl* aus, das mit einem oder mehreren *Bedürfnissen* in Verbindung steht. Damit sind allgemeine Qualitäten gemeint, die vermutlich jeder Mensch gerne in seinem Leben hätte. Dazu zählen zum Beispiel Sicherheit, Verständnis, Kontakt oder Sinn. Gefühle sind laut GfK Ausdruck dessen, ob ein Bedürfnis gerade erfüllt ist oder nicht. Für den einfühlsamen Kontakt ist das Wissen über Bedürfnisse sehr wichtig, da sie den Weg zu einer kreativen Lösung weisen, die für alle Beteiligten passt.

Aus dem Bedürfnis geht schließlich eine *Bitte* um eine konkrete Handlung im Hier und Jetzt hervor. Um sie möglichst erfüllbar zu machen, lassen sich Bitten und Wünsche unterscheiden: Bitten beziehen sich auf Handlungen im Jetzt, Wünsche dagegen sind vager. Sie beziehen sich auf Zustände („sei respektvoll") oder auf Ereignisse in der Zukunft. Erstere sind leichter zu erfüllen, haben deshalb auch mehr Chancen auf Erfolg. Rosenberg schlägt vor, Bitten in einer „positiven Handlungssprache" zu formulieren. Das heißt: Man soll sagen, was man will – und nicht, was man *nicht* will.

Denkanstoß

Wie können Sie die Technik der gewaltfreien Kommunikation in Ihrem Arbeitsalltag einbauen? Möchten Sie sie selbst üben und/oder Ihren Teammitgliedern vorstellen?

Gibt es Konflikte oder Probleme in Ihrer Abteilung, die Sie alleine nicht lösen können, holen Sie sich Unterstützung von einem Mediator, Supervisor oder einer internen bzw. externen Mitarbeiterberatung.

Als Führungskraft sind Sie gefordert, Ihren Mitarbeitern in Konflikten, die durch fehlende gemeinsame Werte oder aber mangelndes mitverantwortliches Verhalten (Abschn. 2.3) entstehen, beizustehen oder Unterstützung anzubieten. Eine interne oder externe Sozialberatung oder auch Supervisionen können in solchen Situationen helfen. Präventiv eignen sich auch regelmäßige Gespräche mit dem Team über Verantwortung, Soft Skills und gutes Miteinander (Kap. 3). Das kann schon mit kleinen Absprachen, wie z. B. dem Gruß am Morgen, beginnen.

Während eines Seminars erzählte mir einmal ein Mitarbeiter, dass er die menschliche Vielfalt manchmal als Kraftquelle erlebt:

> Immer, wenn ich die Erfahrung machen darf, dass Erfolg dann entsteht, wenn Menschen unterschiedlicher Charaktereigenschaften und unterschiedlicher Fähigkeiten als Team funktioniert haben, erlebe ich meine Arbeit als Kraftquelle. Jeweils den anderen zu lassen, wie er ist, und nicht zu erwarten, dass er so ist wie man selbst. Und dennoch an einem Strang zu ziehen. Wenn das gelingt!

Umgang mit menschlichen Krisen und inneren Konflikten

Jeder Mensch erlebt Krisen oder belastende Situationen. Aus psychologischer Sicht sind diese Grenzerfahrungen wichtig, denn dabei erlernen wir Bewältigungsstrategien und sind für das weitere Leben besser gewappnet.

Ihre Aufgabe als selbst- und mitverantwortliche Führungskraft besteht darin, die Beschäftigten im Umgang mit Problemsituationen und inneren Konflikten zu unterstützen. Dabei ist natürlich klar, dass Sie weder die Arbeit eines ausgebildeten Coachs noch die eines Therapeuten machen können. Hier geht es vielmehr darum, für diese Themen sensibilisiert zu werden.

▶ **Tipp**

Krisen verursachen körperliche und/oder seelische Belastungen. Individuelle Bedürfnisse, Hoffnungen und Erwartungen werden nicht erfüllt. Was als Leid empfunden wird, hängt vom Menschen ab, also von dessen Erfahrungen, Einstellungen und seiner Resilienz (Abschn. 3.1.2.2).

Im Hinblick auf Selbstverantwortung und Mitverantwortung können wir in einer belastenden Situation beispielsweise fragen: Was sind meine Bedürfnisse, Normen und Werte in dieser Situation? Was kann ich an meiner Situation ändern? Wo und wie kann ich lernen, Belastendes anzunehmen? Genauso können diese Fragen in der Mitverantwortung (gedanklich) an das Du gerichtet werden. So wird die Empathie gefördert.

Die belastete Person ist aber auch immer in der Mitverantwortung. Denn auch wenn man in einer Krise steckt, sollte man seine Mitmenschen nicht aus den Augen verlieren. Der Belastete ist gefordert, auch an sein Umfeld zu denken und für andere Themen offen zu bleiben. Das ist nicht leicht, weil man in einer Krise häufig so durchgeschüttelt wird, dass man sich in erster Linie auf sich selbst konzentriert. Dennoch ist das Bewusstsein für die Mitverantwortung zu stärken. Zudem kann es gerade in Krisen hilfreich sein, sich auf andere Menschen und Themen einzulassen. Denn so kann man aus dem Kreisen um die eigenen Probleme und dem „Kummer-Karussell" ausbrechen.

Die Aufgabe von Führungskräften ist es auch, immer wieder Probleme zu relativieren. Wenn beispielsweise ein Mitarbeiter sein Leid klagt, kann es ihm bereits helfen, wenn Sie ihm aktiv zuhören (Abschn. 3.1.2.3). Weiterhin können Sie ihn auf seine Ressourcen ansprechen: Wo finden Sie Ausgleich? Wie tanken Sie Kraft? Was hilft Ihnen in dieser Situation?

Mitarbeiter sind heute weniger von körperlichen Belastungen in der Arbeitswelt gefordert, sondern eher psychisch überfordert. Die zunehmende Flexibilisierung, Digitalisierung, die Beschleunigung und Verdichtung der Arbeit stellen Beschäftigte vor große Herausforderungen. Auch die Frage, wie die eigene berufliche Zukunft aussieht, kann belasten – vor allem, wenn ihr Arbeitsplatz gefährdet ist, oder wenn sie sich den (technischen) Anforderungen nicht gewachsen fühlen.

Zudem kann die aktuelle Lebensphase als belastend empfunden werden: Ältere Mitarbeiter erleben oft eine Doppelbelastung, wenn neben der Arbeit die hochbetagten Eltern gepflegt werden müssen. Jüngere Mitarbeiter mit Familie müssen ebenfalls einen täglichen Spagat machen, wenn beide Partner berufstätig sind und daneben noch Zeit für das Familienleben bleiben soll. Weitere Herausforderungen, die sich durch Lebensphasen und -situationen in einer Generation ergeben, finden Sie in Kap. 4. Es ist wichtig, dass Sie sich als Führungskraft diese Belastungen bewusst machen, um Verständnis für die Mitarbeiter zu haben.

Übrigens: Jüngere gehen heute häufig mit Schmerz und Traurigkeit anders um als die älteren Mitarbeiter. Leid ist kein Tabuthema mehr. Die heute jungen Menschen sind anders sozialisiert als die vorangehenden Generationen. „Ein Mann weint nicht", „Gefühle habe ich zu Hause, aber nicht bei der Arbeit" – das sind Sätze von gestern. Der Lebensraum Arbeitswelt umfasst also zukünftig auch die Sorgen und Belastungen der Mitarbeiter. Vielleicht ist das als Chance für eine älter werdende Gesellschaft zu betrachten, in der neue Formen der Verletzlichkeit gegeben sind?

Sie werden also als Führungskraft mit neuen Ausdrucksformen von Gefühlen und mit Leid konfrontiert. Was bedeutet das für Ihren Führungsalltag?

Auch wenn es anfänglich merkwürdig erscheinen mag: Sie dürfen sich freuen, dass ein breiteres Spektrum an Gefühlen im Team vorhanden ist: Zum einen kostet das konsequente Unterdrücken von Angst, Wut, Trauer und ähnlichen Gefühlen – die wir alle kennen – sehr viel Energie. Und die benötigen die Mitarbeiter, gerade in einer sich wandelnden Arbeitswelt, eigentlich für ihren Job. Zum anderen kann ein neuer Zusammenhalt im Team entstehen, wenn ein Mitarbeiter über eine schwere Lebenssituation spricht und dabei Verständnis und Unterstützung erfährt. Gerade wenn Einzelne ihre Traurigkeit schildern, stärkt das nachweislich das Wirgefühl. Wer seine Gefühle bei der Arbeit konsequent unterdrückt, kann auch nicht die Fähigkeiten nutzen, die damit jeweils verbunden sind: Ihm fällt das Neinsagen schwer, er scheut Veränderungen, kann nur schwer Entscheidungen treffen etc.

Trotz alledem heißt das nicht, dass der Arbeitsalltag in Zukunft nur durch Gefühlsausbrüche und Emotionen bestimmt sein wird und die Arbeit zu kurz kommt. Das Spektrum der gezeigten Gefühle erweitert sich lediglich.

Wie gehen Sie mit belasteten Mitarbeitern um?

Sorge und Empathie sind Teil der Mitverantwortung. Doch es gilt immer abzuwägen, ob Sie aktiv werden sollten oder nicht. Es kann unter Umständen richtig sein einzugreifen, aber es kann genauso gut richtig sein, bewusst *nicht* aktiv zu werden. Bieten Sie Unterstützung und Hilfe an, wo es notwendig und gewünscht ist. Mitverantwortung bedeutet aber auch, dass wir hinterfragen, was dem anderen wirklich hilft. Hier ein Gleichgewicht zwischen Aktivwerden und bewusstem Nicht-Aktivwerden zu finden, ist nicht leicht – und schon gleich gar nicht gibt es *die eine* richtige Lösung. Vielmehr müssen verschiedene Bedürfnisse und Vorstellungen gegeneinander abgewogen werden. Bei alldem darf auch die Selbstverantwortung des Unterstützenden nicht zu kurz kommen.

Wenn Sie mit Ihren Teammitgliedern über Selbst- und Mitverantwortung sprechen, sollten Sie ihnen verdeutlichen, dass es nicht immer sinnvoll ist einzugreifen. Daher gelten die folgenden Tipps nur als Anregung. In manchen

Situationen lassen sie sich gut und leicht umsetzen, in anderen nicht, in manchen müssen sie ein wenig angepasst werden. Überlegen Sie, was Ihnen in Ihrer Situation sinnvoll erscheint. Denken Sie daran: Mitverantwortung bedeutet, empathisch den andern mit seinen Bedürfnissen zu sehen. Stülpen Sie Ihrem Mitarbeiter, der sich in einer schweren Situation befindet, nichts über!

Zehn Tipps für die mitverantwortliche Unterstützung von Mitarbeitern in der Krise

1. **Das Leid als natürlichen Teil des Lebens begreifen:** Es geht also um die innere Haltung (Abschn. 3.1.2.5) zum Leben, das aus Höhen und Tiefen besteht. Der Philosoph Wilhelm Schmid (2013) bezeichnet diese geistige Haltung als das „Glück der Fülle". Vielleicht möchten Sie mit Ihren Mitarbeitern einmal hierzu ins Gespräch kommen, unabhängig von deren belasteten Lebenssituation?
2. **Der Traurigkeit Raum geben:** Wir können nicht immer glücklich sein. Umso wichtiger ist es, auch für das Gefühl der Traurigkeit Raum zu schaffen. Signalisieren Sie belasteten Mitarbeitern, dass sie auch einmal traurig sein dürfen. Wenn es in einem Mitarbeitergespräch zu Tränen kommt, ist das also in Ordnung.
3. **Prozess akzeptieren und geduldig mit sich selbst sein:** Schweres annehmen ist ein Prozess. Der Mensch ist keine Maschine, bei der man im Falle einer Krise einen Akzeptanz-Knopf drücken kann. Er muss sich mit der neuen Situation erst befassen. Umso wichtiger ist Geduld mit sich selbst, aber auch mit anderen, die gerade in einer Krisensituation stecken. Zeigen Sie Verständnis, wenn ein Mitarbeiter aufgrund einer belastenden Situation nicht in Topform ist.
4. **Teilhabe ist wichtig:** Auch wenn viele Menschen in einer Krise das Bedürfnis haben sich zurückzuziehen, ist das Miteinander wichtig, ja, notwendig. Bieten Sie Ihrem belasteten Mitarbeiter Gesprächsmöglichkeiten an. Beziehen Sie ihn in Aufgaben ein, in denen er anderen Kollegen seine Fähigkeiten zeigen kann. Fragen Sie ihn, ob er gemeinsam mit Ihnen die Mittagspause (z. B. an der frischen Luft) verbringen möchte. Lassen Sie ihm dennoch die Möglichkeit für Rückzug.
5. Das **Gefühl des Gebrauchtwerdens** kann maßgeblichen Einfluss auf das Wohlbefinden haben. Daher können Sie Ihrem in der Krise steckenden Mitarbeiter **Aufgaben** übertragen, von denen Sie wissen, dass er sie gerne erledigt. Gibt es etwas, das Ihr Mitarbeiter besonders gut kann, wo andere von ihm lernen können? Setzen Sie hier an.

6. **Freude, Wohlgefühl und Zufriedenheit** leben und gestalten: Freude und Wohlgefühl können wir auch in leidvollen Lebensphasen finden. Das eine schließt das andere nicht aus. Momente des Wohlbefindens können gerade im ganz Kleinen gefunden werden. Belastungen und Leid erzeugen häufig Anspannung. Um Ruhe zu finden, ist es wichtig, für Entspannung zu sorgen (Abschn. 3.1.2.2). Geben Sie gerade belasteten Mitarbeitern Tipps zur Entspannung an die Hand. Welche (Lebens-)Themen bereiten ihm Freude: Fußball, Garten, Musik? Lenken Sie das Gespräch hin und wieder auf diese Themen.
7. Forschungsarbeiten zeigen, dass sich dankbare Menschen subjektiv besser fühlen, glücklicher und weniger depressiv sind. Zudem weisen sie weniger Stress und mehr Zufriedenheit in ihren sozialen Beziehungen auf und haben mehr positive Bewältigungsstrategien. Motivieren Sie Ihre Mitarbeiter immer wieder zur **Dankbarkeit.** Das gilt unabhängig von der Krisensituation. Gibt es schöne gemeinsame Erlebnisse bzw. Erfolge, an die Sie gerne zurückdenken? Vielleicht ergibt sich ein Gespräch hierzu, das auch in schwierigen Zeiten Kraft geben kann. Diese kleinen Momente sind manchmal enorm hilfreich für Menschen, die in Krisen stecken. Dabei gilt es aber – und das ist sehr wichtig –, das Leid nicht zu beschönigen, sondern es anzunehmen (siehe Tipp 1) und auch Raum für Traurigkeit (siehe Tipp 2) zuzulassen.
8. **Schöpferisches und kreatives Tun** können bei der Bewältigung von Krisen helfen. Zum einen kann man seine Talente anwenden, zum anderen entsteht das Gefühl: „Ich habe etwas geschaffen!" Die Gestalttherapie ist eine Form der Psychotherapie. Sie ist ein erfahrungs- und erlebensorientiertes Verfahren mit dem Ziel, Stimmigkeit im Menschen zu erzeugen und psychische Prozesse, z. B. der Verlustverarbeitung, zu integrieren. Bieten Sie Ihren Mitarbeitern Hintergrundinformationen zu diesem Thema. Gibt es bei der Arbeit ein Tätigkeitsfeld, in dem Ihr Mitarbeiter seine Traurigkeit auf kreative Weise verarbeiten kann? Dann geben Sie ihm bevorzugt diese Aufgabe. Hat er ein Hobby, bei dem er seinen Gefühlen freien Lauf lassen kann (ein Instrument spielen, Tanzen, Malen, Schreiben etc.)? Wenn es sich ergibt, fragen Sie nach: „Wie und wo haben Sie ein Ventil in dieser schweren Situation?"
9. Benötigt Ihr Mitarbeiter in der Krise weitere Unterstützung? Ermuntern Sie ihn, **Hilfe anzunehmen,** wenn die Sprache darauf kommt. Es kann die Sozial- und Mitarbeiterberatung sein, der gute Ratschlag von einem Freund oder der freundliche Nachbar, der beim Einkaufen hilft, wenn man sich den Fuß gebrochen hat. In einer Gesellschaft, in der Selbstständigkeit und Autonomie großgeschrieben werden, ist es gar nicht so einfach, Hilfe anzunehmen oder gar danach zu fragen. Bieten Sie Unterstützung an und signalisieren Sie, dass es keine Schande ist, in einer belastenden Situation Unterstützung anzunehmen.

10. Das **Leid als Lehrer** begreifen: Häufig erleben wir, dass reflektierte und bewusste Menschen ihr Leid als Lehrer begreifen. Sie fragen sich: „Was kann ich daran lernen? Was fällt mir besonders schwer? Wie kann ich loslassen und annehmen?“ Die Reflexion über solche Fragen kann Menschen zu neuen Erkenntnissen über die eigene Person verhelfen. Sie kommen sich sozusagen selbst ein Stückchen näher und empfinden diesen Prozess auch als Bereicherung. Vielleicht möchten Sie Ihrem Mitarbeiter einmal die Geschichte von einer Frau mittleren Alters erzählen, die sich beim Skifahren eine schwere Verletzung zugezogen hatte und sechs Monate an Krücken gehen musste. Sie sagte nach den ersten Monaten des Frusts plötzlich: „Aber eines ist doch gut daran. Ich lerne, geduldiger zu werden. Das ist mir immer schwergefallen.“ Vielleicht möchten Sie auch ein persönliches Beispiel erzählen. Stehen Sie Ihrem belasteten Mitarbeiter nah genug, um zu fragen, was er aus dieser Situation lernen kann oder mitnimmt?

Denkanstoß

Welche Erfahrungen haben Sie im Umgang mit Belastungen und Krisen gemacht? Was hat Ihnen geholfen? Schreiben Sie Ihre Gedanken und Erinnerungen nieder. Diese können Ihnen auch dabei helfen, mit den Belastungen Ihrer Mitarbeiter umzugehen. Aber Vorsicht, schließen Sie nicht von sich selbst auf andere. Jeder Mensch ist anders. Fragen Sie Ihre Teammitglieder lieber nach ihren persönlichen Erfahrungen und Erkenntnissen.

Umgang mit Digitalisierungsängsten

Bei der Digitalisierung geht es nicht nur um die technische Veränderung, sondern hauptsächlich um die Köpfe und die Menschen, die immer wieder neue Technikanwendungen im Alltag verwenden und mittragen müssen.

Wir Menschen sind in unterschiedlichem Maße technikaffin. Der eine ist fasziniert davon, und jede Herausforderung ist für ihn wie ein interessantes Spiel; für den anderen ist die Technik beängstigend oder gefährlich, und jede Arbeit mit oder Veränderung an Technik führt zu innerer Abwehr, Anstrengung und Anspannung oder gar Angst. Auch wenn die Jüngeren heute als technikaffiner gelten, zeigt sich in der Berufswelt nicht, dass bei Älteren mehr technische Problemfelder gegeben sind (Kap. 4).

Für Führungskräfte ist es enorm schwer, alle Mitarbeiter in dieser Spanne von Gefühlen abzuholen. Das dennoch zu versuchen, wird sich lohnen. Bloß wie? Zunächst gilt es, offen darüber zu sprechen, dass Technik bei Menschen Anspannung und Ängste auslösen kann. Hierzu möchte ich Ihnen eine Übung an die Hand geben.

Übung
Die erste Botschaft darf ruhig lauten: Das Ziel ist, dass wir die Technik alle konstruktiv nutzen.

Dann können die Mitarbeiter Probleme benennen: Was ist hinderlich, störend und sorgt für Anspannung? Welche körperlichen Symptome spüre ich dabei? Was fühle ich, wenn ich daran denke? Nutzen Sie dazu beispielsweise Karteikarten. Jeder Mitarbeiter darf sich so viele nehmen, wie er will. Je größer die Befürchtungen sind, sich mit seinen Ängsten zu outen, desto wichtiger ist die Anonymität bei diesem Spiel. Vielleicht gibt es eine Zettelbox, die die Mitarbeiter innerhalb einer Woche mit so vielen Karteikarten füllen dürfen, wie sie wollen. Mit anderen Worten: Den Problemen sind keine Grenzen gesetzt.

Sammeln Sie die Karten und sortieren Sie sie nach Kriterien wie zum Beispiel:

- körperliche Probleme
- Probleme für Kopf und Geist
- Probleme im Miteinander
- Probleme für die Arbeit

Vielleicht fallen Ihnen auch andere oder ergänzende Kriterien ein, nach denen Sie sortieren möchten. Finden Sie sich anschließend in kleineren Gruppen zusammen. Jede Gruppe kann nun einen Problembereich vorstellen und reflektieren. Dabei gilt die Regel, dass nichts bewertet wird. Die Probleme werden nur benannt und dadurch ernst genommen.

In einem nächsten Schritt sollen Ihre Mitarbeiter Lösungen finden. Jeder Mitarbeiter schreibt Lösungsvorschläge zu einem bestimmten Problem (das auch benannt wird) auf eine Karte. Diese werden dann wieder den Kategorien zugeordnet und so aufgedeckt, dass wiederum die Anonymität gewahrt bleibt. Tragen Sie die Ergebnisse vor. Handelt es sich dabei um Lösungen, die alle Teilnehmer annehmen können? Wurden möglicherweise gewisse Probleme gar nicht bearbeitet? Dann legen Sie diese zur Bearbeitung nochmals gesondert aus. Oder besprechen Sie diese direkt mit den Mitarbeitern.

Ziel dieses Spiels sollte es sein, sich über die Probleme Gedanken zu machen und Lösungen zu finden, die konkret helfen. So kann beispielsweise herauskommen, dass es wichtig ist einen Ausgleich zur Technik zu haben – sowohl im Berufsalltag (Aufgaben, die ohne technisches Equipment erfüllt werden können) als auch im Privatleben. Falls hierauf nicht ausreichend eingegangen wird, kann es Ihre Aufgabe sein, darauf hinzuweisen und Beispiele zu nennen.

Dieses Spiel kann und sollte schließlich auch mit den Chancen der Digitalisierung durchgeführt werden.

Im Team sollten anschließend Lösungen gefunden werden, wie neue Wege der Zusammenarbeit ausprobiert werden können, ohne dass sich jemand bedroht fühlt. Wer kann wem helfen? Konnten Techniktandems eine Lösung sein, bei der ein technikaffiner Kollege einen Technikskeptiker unterstützt? Wie kann Rücksichtnahme aussehen? Wie kann um Unterstützung gebeten werden? Wie kann dabei kommuniziert werden? Wie kann der Spaß an der Technik erhalten werden? Probieren Sie die Vorschläge in der Praxis aus und seien Sie dabei kreativ.

Nach etwa einer Woche sollte sich die Gruppe wieder zusammenfinden und berichten, was passiert ist: Welche Erfahrungen haben die Mitarbeiter gemacht? Wo kann nachgebessert werden? Welche neuen Ideen gibt es?

Dieses *Spiel der digitalen Erfahrung und Zusammenarbeit* sollte kontinuierlich stattfinden, wenn es große Probleme gibt. Ansonsten behalten Sie es im Blick und sprechen einzelne Punkte vielleicht auch direkt in Mitarbeitergesprächen an. Durch die Bildung von Techniktandems können Technikaffine übrigens empathischer und damit mitverantwortlicher werden. Sie verstehen nun, welche Ängste bestehen können, über die sie sich vorher vielleicht nie Gedanken gemacht haben.

So können Mitarbeiter flexibler werden und lineares Denken hinter sich lassen. Verbesserungsvorschläge entstehen und können genutzt werden. Vielleicht probieren einige Mitarbeiter freiwillig neue Methoden aus. Innere Widerstände können bewusst gemacht und Bewältigungsstrategien entwickelt werden. Daraus resultieren (inneres) Wachstum und Agilität.

Auf einen Blick

Abb. 3.2 gibt noch einmal abschließend einen Überblick, welche Aufgaben zu Ihrer Rolle als Coach gehören.

Denkanstoß

Stellen Sie sich vor, Sie bekommen für Ihr Team eine neue Aufgabe. Der Zeitrahmen dafür ist relativ eng bemessen. Nach einem Drittel der festgelegten Zeit stellen Sie fest, dass drei von sieben Mitarbeitern ihre Aufgaben nicht erfüllt haben. Sie schauen genauer nach: Mitarbeiter A hat private Probleme durch eine neue familiäre Situation mit den hochbetagten Eltern. Mitarbeiter B arbeitet nicht effizient. Mitarbeiter C mangelt es an Motivation. Die anderen vier Mitarbeiter sind genervt, weil sie ihre Aufgaben bisher erfüllt haben und das Ziel voraussichtlich trotzdem nicht erreicht wird.

Wie schätzen Sie die Situation ein? Wo sehen Sie Konflikte, wo mögliche Lösungen für das Problem? Was tun Sie im Sinne der Selbst- und Mitverantwortung? Versuchen Sie, alle Seiten sowie die komplette Situation zu betrachten.

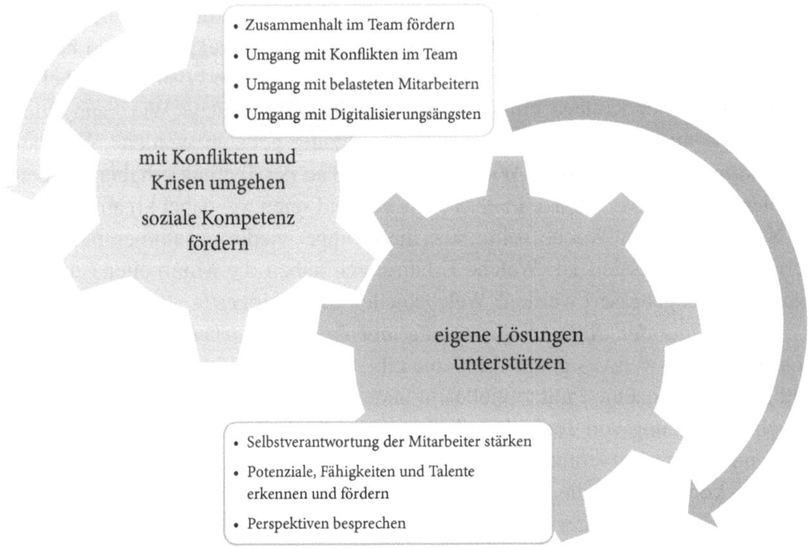

Abb. 3.2 Die Führungskraft als Coach – Aufgaben im Überblick. (Eigene Darstellung)

3.3 (Arbeits-)Motivation – die Führungskraft als Motivator

Was ist Arbeitsmotivation?
All die psychologischen Prozesse, die die Ausdauer, Intensität, Form und Richtung bestimmen, mit der sich ein Mensch für die Ziele seiner Organisation einsetzt, mit denen er seine Aufgaben erfüllt, Verantwortung übernimmt und die auch seine Stimmung am Arbeitsplatz beeinflussen, bezeichnet man als Arbeitsmotivation (vgl. Hennecke und Brandstätter 2016, S. 85; INQA 2016, S. 17).

Man unterscheidet zwischen intrinsischer und extrinsischer Motivation: Wenn wir etwas tun, kann der Antrieb zu der Handlung von innen kommen (intrinsische Motivation) – wir empfinden beispielsweise Freude bei der Erledigung der Aufgabe – oder wir werden von äußeren Faktoren dazu bewogen (extrinsische Motivation) – zum Beispiel, weil wir auf eine positive Beurteilung oder eine Gehaltserhöhung hoffen (vgl. Gabler Wirtschaftslexikon o. J. c, d).

Jede Führungskraft wünscht sich motivierte Mitarbeiter, denn sie zeigen Engagement, haben Freude an ihrer Tätigkeit, bringen frische Ideen ein und fördern das Betriebsklima. Und letztlich ist auch nur derjenige gut, in dem, was er tut, der seine Arbeit mag.

Was motiviert uns?
Geld allein macht nicht glücklich – das ist kein Geheimnis. Wer eine gut bezahlte Stelle hat, die ihn inhaltlich nicht erfüllt, wird langfristig unzufrieden. Umgekehrt gilt aber auch: Wer seinen Job gerne macht, aber dafür zu gering entlohnt wird, wird früher oder später ebenfalls unglücklich. In beiden Fällen wird ein Beschäftigter kaum motiviert sein, bis zum gesetzlichen Rentenalter im Unternehmen zu verbleiben und dort sein Bestes zu geben.

Vielmehr muss ein ausgewogenes Gleichgewicht zwischen der beruflichen Anstrengung und der Belohnung dafür herrschen. Diese Belohnung kann materiell sein (Gehalt, Boni, Gratifikationen), aber auch immaterieller Lohn (hohes Ansehen, regelmäßiges Lob) ist wichtig.

Gerade in Anbetracht der sich rasant wandelnden Arbeitswelt bleibt die Motivation gelegentlich auf der Strecke: Für ein positives Feedback oder Freude an erzielten Erfolgen fehlt häufig die Zeit. Regelmäßige Veränderungen sorgen für Irritation und Unsicherheit. (Vgl. INQA 2016, S. 16) Das ist ein nicht zu unterschätzendes Problem.

Folgen mangelnder Motivation
Wenn die Arbeitszufriedenheit langfristig beeinträchtigt ist, schadet das letztlich dem physischen und psychischen Wohlbefinden. Überforderung, Arbeitsverdichtung, immer schnellere Abläufe, die keine Zeit für Erholung oder Freude am eigenen Erfolg lassen – all das führt zu Frust, Stress und letztlich zu einer Beeinträchtigung der Gesundheit. Es gilt als erwiesen, dass psychische Überlastung (Abschn. 3.1.2.2) die gleichen Gehirnareale aktiviert wie körperlicher Schmerz. Auf Stress reagiert der Körper mit der Ausschüttung der Hormone Cortisol, Adrenalin und Noradrenalin. Wenn diese Hormone langfristig im Blut bleiben (zum Beispiel bei Dauerstress), werden das Immunsystem geschwächt und bestimmte Gene im Gehirn beeinflusst, sodass sich weniger neue Gehirnzellen bilden. Die Konzentrationsfähigkeit leidet, im schlimmsten Fall kommt es zur Depression. (Vgl. INQA 2016, S. 8)

Mangelnde Mitarbeitermotivation wirkt sich nicht nur auf die Beschäftigten negativ aus, sondern auch auf den Geschäftserfolg des Arbeitgebers. Denn Beschäftigte, die sich nicht oder nur wenig an ihren Arbeitgeber gebunden fühlen, zeigen weniger Leistungsbereitschaft, Eigeninitiative und Verantwortungsbewusstsein. Die Anzahl der Fehltage pro Jahr liegt bei Mitarbeitern mit einer geringen Bindung um einiges höher als bei Mitarbeitern mit hoher Bindung. (Vgl. INQA 2016, S. 18) Nicht zuletzt sind unmotivierte Mitarbeiter eher geneigt, das Unternehmen vorzeitig zu verlassen – sei es, um eine neue Stelle anzutreten, sei es, um vorzeitig pensioniert zu werden.

Wie kann die Motivation gefördert werden?

Gerade in Zeiten des demografischen Wandels und des drohenden Fachkräftemangels ist es für Organisationen umso wichtiger, die Beschäftigten langfristig zu motivieren und an sich zu binden. Eine alter(n)sgerechte Unternehmens- und Arbeitskultur ist erforderlich. Hier sind alle Beteiligten gefordert, sich aktiv einzubringen (vgl. MiaA o. J.):

1. Unternehmen
Das Ziel für den Arbeitgeber besteht darin, positive Rahmenbedingungen zu schaffen, sodass sich Beschäftigte engagiert im Unternehmen einsetzen. Dazu ist das Wissen darüber erforderlich, was den Wunsch nach einem langen Berufsleben, die Motivation und die Gesundheit beeinflusst. Folgende Fragen sind zu klären:

- Ist dem Unternehmen bekannt, welche Rahmenbedingungen das Engagement, die Motivation und den Wunsch nach einem langen Erwerbsleben beeinflussen? Nimmt es beispielsweise das Haus der Arbeitsfähigkeit (Kap. 3) in den Blick, und arbeitet es an einer mitarbeiterorientierten Unternehmenskultur (Abschn. 2.3)?
- Weiß das Unternehmen, wie Erkenntnisse zur Mitarbeitermotivation gewonnen werden können (z. B. Mitarbeiterbefragungen, Studien, Best Practices)?
- Ist klar, wer innerhalb des Unternehmens über diese Erkenntnisse verfügt (z. B. Führungskräfte, Personal- oder Betriebsrat)?

Wenn die Organisation über das erforderliche Wissen verfügt, gilt es, den Beschäftigten Gestaltungsmöglichkeiten zu bieten, Maßnahmen sollten angeboten und ausreichend kommuniziert werden.

Eine lebensphasenorientierte Personalpolitik, die die Lebens- und Berufsphasen eines Beschäftigten in den Blick nimmt, ist ein wichtiger Grundpfeiler zum Erhalt der Motivation. Gerade in Zeiten der alternden Belegschaften ist es eine wichtige Aufgabe der Unternehmen, motivierende Rahmenbedingungen für eine alternsgerechte Arbeitskultur zu schaffen, diese dann auch tatsächlich zu pflegen und zu fördern (Abschn. 4.2.1 bis 4.2.7).

Ein erster Schritt besteht darin, Ziele festzulegen und eine Strategie abzuleiten, wie sich entsprechende Rahmenbedingungen schaffen lassen, geeignete

Ansatzpunkte in der bestehenden Struktur auszumachen und den Austausch der relevanten Akteure zu fördern. Da Studien zufolge die direkten Vorgesetzten überdurchschnittlich oft als ein Grund für die geringe Mitarbeitermotivation genannt werden (vgl. INQA 2016, S. 18), gilt es, entsprechende Fortbildungen anzubieten und den Führungskräften ihre Verantwortung bewusst zu machen. Allerdings muss ihnen dann auch neben den entsprechenden Rahmenbedingungen die erforderliche Zeit zur Verfügung gestellt werden. Denn Motivation benötigt Austausch und damit Zeit.

2. Führungskräfte

Als Führungskraft spielen Sie eine zentrale Rolle bei der Motivation der Mitarbeiter. Gute Führung zeichnet sich durch Fairness und das richtige Verhältnis von Kritik und Lob aus. Führen heißt nicht nur bestimmen, sondern vor allem auch motivieren. Hierfür müssen Sie sich zunächst einmal Zeit für die Beantwortung der folgenden Fragen nehmen: Wie motiviere ich meine Mitarbeiter zu Leistung, Engagement und Teamarbeit? Wann wird aus Motivation Leistungsdruck?

Sie haben bereits einen wichtigen Grundstein für die motivierende Führung gelegt, wenn Sie sich Ihrer Rolle als Motivator bewusst sind. Ihnen kommt außerdem eine Vorbildfunktion zu; daher stellt sich die Frage: Wie motiviert sind Sie? Lässt sich Ihre Motivation steigern? Wenn ja, wie? Nur wer Arbeitsfreude empfindet und vorlebt (Selbstverantwortung), kann auch andere motivieren (Mitverantwortung).

Ein wichtiger Aspekt motivierender mitverantwortlicher Führung ist der Austausch darüber, was die Mitarbeiter kurz- und langfristig motiviert und was sie dazu bewegt, bis zum gesetzlichen Renteneintrittsalter im Unternehmen zu verbleiben. Nicht immer sind die unternehmerischen Rahmenbedingungen dafür optimal; das ist zu akzeptieren. Finden Sie heraus, welche Gestaltungsspielräume Sie haben.

Seien Sie sich auch im Klaren darüber, dass Ihr Mitarbeiter von Ihnen als ganzer Mensch gesehen und ernst genommen werden will. Er wünscht sich von Ihnen, dass auch mal Fehler akzeptiert werden, und dass Sie ihm etwas zutrauen. Wenn Sie ihm wertschätzend begegnen, können Sie seine Sympathie gewinnen. Und dann wird er motivierter für Sie arbeiten, auch wenn seine Aufgabe gerade nicht allzu reizvoll ist.

Setzen Sie sich mit der Frage auseinander, was eine gute, zufriedenstellende Arbeit ausmacht, die die Mitarbeiter motiviert. Überlegen Sie zunächst selbst (Selbstverantwortung), geben Sie die Aufgabe aber auch anschließend an Ihre Teammitglieder weiter (Mitverantwortung). Kommen Sie über die Ergebnisse ins Gespräch. Der folgende Denkanstoß kann Ihnen dabei helfen.

Denkanstoß

Was macht Ihrer Meinung nach gute, zufriedenstellende Arbeit aus, die motiviert? Ergänzen Sie die folgende Liste und finden Sie allgemeine Beispiele für jeden Punkt.

- Ruhemomente, Pausen, Arbeitszeitgestaltung, z. B. ...
- Selbstständigkeit, z. B. ...
- Wertschätzung (auch durch die Ausstattung), z. B. ...
- Erreichbare Ziele, z. B. ...
- Gestaltungsmöglichkeiten, z. B. ...
- (Arbeits-)Freude, z. B. ...
- Möglichkeit, Fähigkeiten (Talente) zu leben, z. B. ...
- Sinnhaftigkeit des Tuns, z. B. ...
- Erfolg (Zufriedenheit mit Ergebnis), z. B. ...
- Fehlerkultur, z. B. ...
- effektive Arbeitsorganisation, Zweckmäßigkeit, z. B. ...
- transparente Kommunikation, z. B. ...
- Möglichkeit zur Weiterbildung, z. B. ...
- Toleranz, z. B. ...
- harmonisches, konstruktives Arbeitsumfeld, z. B. ...
- Förderung und Forderung, aber keine Überforderung, z. B.
- Möglichkeit, das eigene Wissen weiterzugeben, z. B. ...
- ...

Überlegen Sie nun: Sind diese Punkte in Ihrem Arbeitsalltag oder dem Ihrer Mitarbeiter gegeben? An welchen Stellen möchten Sie mit Ihrem Team zukünftig arbeiten?

3. Arbeitnehmer

Selbst wenn die äußeren Rahmenbedingungen optimal sind und Sie Ihrer Rolle als mitverantwortlicher Motivator gerecht werden – ohne das selbstverantwortliche Handeln der Beschäftigten geht es nicht. Sie müssen sich klarmachen, was sie in ihren täglichen Aufgaben motiviert (siehe Werte der Arbeit, Abschn. 3.1.2.4 und 3.3.3).

Die Motivation der Beschäftigten kann auch im Zusammenspiel der Generationen betrachtet werden: Was motiviert die Mitarbeiter verschiedener Altersgruppen? Gibt es Unterschiede, über die sie sich austauschen möchten? Gibt es negative Zuschreibungen durch Jüngere oder Ältere, die möglicherweise demotivieren? Beschäftigte sollten eine Basiswissen über andere Generationen haben, um Stereotype (Kap. 4) zu vermeiden.

Des Weiteren sollte die Motivation im Hinblick auf die aktuelle Lebensphase betrachtet werden. Das Wissen über ihre Motivation, das im Idealfall im Zusammenhang mit der eigenen Gesundheit, Kompetenz und dem Arbeitsplatz betrachtet wird, kann mit Vorgesetzten geteilt werden. Wenn sie Ihnen mitteilen, worin die individuellen Bedürfnisse, Stärken und Wünsche liegen, können Sie überhaupt erst darauf eingehen.

3.3.1 Bedürfnisse und Motive

Alle Menschen verfügen über eine begrenzte (individuell verschiedene) Anzahl an Bedürfnissen und Motiven, die relativ stabil sind (vgl. Hennecke und Brandstätter 2016, S. 85).

Doch was sind Bedürfnisse und was sind Motive?

Ein **Bedürfnis** ist eine Kraft, die das Verständnis, die Wahrnehmung, die Handlung und die Intention einer Person so beeinflusst, dass sie eine unbefriedigende Situation verändern kann (vgl. Hennecke und Brandstätter 2016, S. 85). Anders ausgedrückt: Ein Bedürfnis soll einen Mangel beseitigen (vgl. Gabler Wirtschaftslexikon o. J. e). Bedürfnisse können unterschiedlich stark ausgeprägt sein. Sie können auch existieren, ohne dass wir uns ihrer bewusst sind. Vor allem aber haben verschiedene Menschen unterschiedliche Bedürfnisse. Sich das bewusst zu machen und die diversen Bedürfnisse der Mitarbeiter in den Blick zu nehmen, ist die Basis guter Führung.

Unter **Motiven** versteht man „zeitlich relativ überdauernde psychische Eigenschaften von Personen. Sie werden im Zug der Sozialisation erworben und bilden ein verhältnismäßig stabiles System“ (Gabler Wirtschaftslexikon o. J. f). Nicht immer ist die Unterscheidung zwischen einem Motiv und einem Bedürfnis leicht.

Was motiviert Menschen? Diese Frage wird in der Wissenschaft ausführlich und teilweise kontrovers diskutiert. Exemplarisch möchte ich Ihnen zwei Theorien vorstellen, die das Phänomen der Motivation erklären.

1. Motivtheorie nach David McClelland (vgl. Hennecke und Brandstätter 2016, S. 88)

Der amerikanische Sozial- und Verhaltenspsychologe David McClelland geht davon aus, dass wir handeln, weil wir positive Gefühle erwarten. Diese positiven Gefühle erleben wir, wenn wir Zugang zu speziellen „natürlichen Anreizen“

erhalten. Zu den Anreizen zählen die Erkundung der Umwelt, Nähe zu unseren Mitmenschen und die Durchsetzung gegenüber Konkurrenten.

Drei große Motive bestimmen demnach unser Handeln: das Leistungsmotiv, das Anschlussmotiv und das Machtmotiv. Diese drei Motive sind unterschiedlich stark in uns ausgeprägt.

Das Leistungsmotiv Eine Herausforderung reizt uns, weil wir daran ein Gütesiegel unserer Leistung erkennen, weil wir den Nervenkitzel bei der Erfüllung der Aufgabe schätzen und weil wir darauf aus sind, Erfolg zu haben und anschließend stolz auf uns zu sein.

Das Anschlussmotiv Wir suchen die Nähe zu unserem menschlichen Umfeld, weil es uns Geselligkeit und Vertrauen vermittelt.

Das Machtmotiv Wir möchten Einfluss auf andere nehmen. Uns reizt das Gefühl, stark und anderen überlegen zu sein. Positiver und im Sinne der Mitverantwortung (Abschn. 2.3) ausgedrückt, würde das bedeuten, dass wir unser Wissen gerne weitergeben und dabei auch unsere Kraft und unsere Fähigkeiten bewusst spüren können.

Wie sehr bestimmte Motive unser Handeln bestimmen, hängt davon ab, wie stark sie in uns ausgeprägt sind und ob die äußere Situation dazu passt: Wenn es beispielsweise keine Aufgabe gibt, deren Bewältigung uns reizt, ist das Leistungsmotiv nicht allzu stark ausgeprägt. Wenn wir alleine arbeiten, kommen das Macht- und das Anschlussmotiv nicht zum Tragen.

Was lässt sich daraus für Ihren Arbeitsalltag ableiten?
Zunächst sollten Sie sich fragen, welche Motive bei Ihren Mitarbeitern gegeben sind: Wie schätzen Sie Ihre Mitarbeiter ein? Welche(s) der Motive sind bei ihnen besonders stark ausgeprägt? Woran machen Sie das fest?

Wenn Sie die Motivkonstellation Ihrer Mitarbeiter kennen, können Sie besser abschätzen, welche Aufgaben sie besonders erfolgreich übernehmen können und wie wirksam Weiterbildungen und Trainings sind; denn Menschen arbeiten und lernen dann besonders gut, wenn sie positive Gefühle erleben und keine inneren Widerstände überwunden werden müssen. Außerdem können Sie ein sogenanntes Motivtraining durchführen. Anbieter sind beispielsweise externe Experten. Aber auch Sie als Führungskraft können helfen: Unterstützen Sie die Mitarbeiter dabei, sich moderate Ziele zu setzen und konkrete Umsetzungsschritte für längerfristige, übergeordnete Ziele zu planen. Sie stärken das Leistungsmotiv auch durch positives Feedback. Denn das fördert den Stolz, wenn eine Aufgabe erfolgreich abgeschlossen wird.

2. Selbstbestimmungstheorie nach Richard M. Ryan und Edward L. Deci (vgl. Hennecke und Brandstätter 2016, S. 92–96)

Gemäß dieser Theorie fühlt sich ein Mensch umso wohler, je stärker seine Bedürfnisse befriedigt werden. Allerdings lassen sich in der Praxis nicht alle Bedürfnisse maximal befriedigen. In vielen Situationen müssen wir auch Dinge tun, die wir eigentlich nicht tun wollen.

Wir verspüren intrinsische Motivation, wenn die drei Grundbedürfnisse, Autonomie (Selbstbestimmung), Kompetenzerleben (Selbstwirksamkeit) und soziale Eingebundenheit, befriedigt sind.

Wenn die vollkommene Selbstbestimmung (Autonomie) nicht erreichbar ist – und das ist sie in der Realität eigentlich nie –, können externe Faktoren unser Handeln bestimmen.

Ein Beispiel: Wenn wir arbeiten, um Geld zu verdienen oder weil wir fürchten, sonst unseren Job zu verlieren, handeln wir extrinsisch motiviert. Das muss aber nicht immer schlecht sein. Wir können auch extrinsisch motiviert agieren und trotzdem selbstbestimmt sein, wenn unser Verhalten von verinnerlichten Normen, Werten und Zielen beeinflusst wird. Wer die Ziele seines Unternehmens für sehr wichtig und erstrebenswert hält, übernimmt auch freiwillig unangenehme Aufgaben. Selbst wenn er in der aktuellen Situation nicht ganz zufrieden ist, nimmt er die momentane Unzufriedenheit für das größere Ganze in Kauf.

Was lässt sich daraus für Ihren Arbeitsalltag ableiten?

Sie als Führungskraft können beispielsweise die drei Grundmotive im Arbeitsalltag stärken.

Ein erweiterter Handlungsspielraum ist für viele Mitarbeiter aller Altersgruppen ein wichtiger Zufriedenheitsfaktor (Kap. 4). Indem Sie die Mitarbeiter selbstständig und eigenverantwortlich Aufgaben bearbeiten lassen, stärken Sie das Autonomiemotiv. Um die Selbstbestimmung der Beschäftigten zu fördern, können Sie beispielsweise darauf verzichten, von außen Deadlines zu setzen und die Beschäftigten zu stark zu kontrollieren (vgl. Hennecke und Brandstätter 2016, S. 112).

Doch Vorsicht: Dieses Motiv ist nicht bei jedem Menschen gleich stark ausgeprägt. Behalten Sie im Blick, welche Mitarbeiter möglichst selbstständig arbeiten wollen und welche großen Wert auf regelmäßigen Austausch mit anderen legen. Auch das Maß an Verantwortung, das wir tragen möchten, unterscheidet sich von Mensch zu Mensch. Das gilt es bei der Aufgabenverteilung zu berücksichtigen. (Vgl. INQA 2016, S. 19)

Das Motiv der Selbstwirksamkeit (Kompetenzerleben) ist verantwortlich für den Wunsch nach Feedback. Wir wünschen uns eine positive Bewertung unserer Leistung, aber auch eine Wertschätzung dessen, was uns als Mensch ausmacht. Dem können Sie gerecht werden, indem Sie die Mitarbeiter regelmäßig loben und indem Sie ihnen immer wieder die Werte der Arbeit (Abschn. 3.1.2.4) vermitteln.

Sie können auch über Worte signalisieren, dass Sie bereit sind, Kontrolle abzugeben. Statt „Sie müssen“ oder „Sie sollten“ benutzen Sie Formulierungen wie „ziehen Sie in Erwägung, dass …“ oder „bedenken Sie …“ oder „was halten Sie davon, …?“. Das vermittelt Mitarbeitern ein Gefühl von Verantwortung und Selbstbestimmtheit. Denkbar sind auch Projekttage, an denen die Beschäftigten an bestehenden oder neuen Aufgaben ihrer Wahl arbeiten können. So werden frische Ideen gefördert.

Ein positives Arbeitsklima und kollegiale Zusammenarbeit befriedigen wiederum das Beziehungsmotiv (soziale Eingebundenheit). Hier können Sie die Beschäftigten mitverantwortlich unterstützen, indem Sie beispielsweise gemeinsam mit ihnen ein Leitbild erarbeiten (Abschn. 3.1.2.3) und die Zusammenarbeit fördern. Fördern Sie durch Feedback und Lob (Abschn. 3.1.2.3) die intrinsische Motivation Ihrer Teammitglieder?

Denkanstoß

Was könnten Sie als Führungskraft in Ihrer Mitverantwortung tun, um das Arbeitsklima zu verbessern, zum Beispiel im Hinblick auf:

- Informationsfluss und -weitergabe
- Umgangston
- Feedback (Lob und Kritik)
- sozialen Zusammenhalt
- Kommunikationsstrategien

In Abschn. 2.3, 3.1.2.3 und 3.2.2 finden Sie Anregungen hierzu.

3.3.2 Motivationsfaktor Sinn

Jeder Mensch strebt danach, etwas Sinnvolles zu tun. Nur wenn wir das Gefühl haben, dass wir so handeln, wie es uns unsere inneren Werte und unser Gewissen vorgeben, empfinden wir unser Tun als sinnhaft. (Vgl. Reusche 2015) Und wer sein Tun als sinnhaft erlebt, ist motivierter als ein Mensch, der keinen tieferen Sinn in seinem Handeln sieht. Menschen können in Grenzsituationen über sich hinaus wachsen, was dann oftmals später erst als Sinn – „Ich habe in der schweren Situation viel gelernt" – bewusst wird.

Doch was genau ist Sinn? Der Duden (o. J. a) führt – neben anderen – die folgenden Bedeutungen auf:

- „gedanklicher Gehalt, Bedeutung; Sinngehalt"
- „Ziel und Zweck, Wert, der einer Sache innewohnt"

Der Sinn ist demnach der Wert, den eine Sache – in diesem Fall die Arbeit – für jemanden persönlich hat. Doch wie wir die Frage nach dem Sinn beantworten, hängt ganz und gar von unserer Persönlichkeit und unseren Werten ab. Es gibt nicht *die eine* pauschale Antwort auf die Frage: Was ist sinnvoll?

Für viele Menschen gehört es zum Sinn des Lebens, Spuren zu hinterlassen. Ein offener Austausch darüber, worin das eigene Vermächtnis bestehen soll – sowohl im Unternehmen als auch in der Gesellschaft oder in der eigenen Familie – kann langfristig die intrinsische Motivation der Mitarbeiter fördern (vgl. Reusche 2015).

Denkanstoß

Reflektieren Sie zunächst einmal in Ihrer Selbstverantwortung, woraus Sie Sinn ableiten.

- Was sind Ihre Sinnquellen?
- Was können Sie tun, um die Sinnquellen zu stärken, d. h. sich ihrer bewusst zu sein, mehr Kraft und Freude daraus zu schöpfen?
- Welche weiteren Sinnquellen können Sie finden? Was müssen Sie dafür tun?

Sinn nach Viktor Frankl

Viktor Frankl, ein österreichischer Psychiater und Neurologe, definiert drei Arten von Werten, die unser Leben mit Sinn erfüllen (vgl. Frankl 1987):

1. **Erlebniswerte:** Indem wir etwas Gutes oder Schönes erleben, empfinden wir Sinn, zum Beispiel, wenn wir die Natur betrachten, schöne Musik hören oder Zeit mit einem anderen Menschen verbringen. Am stärksten entfaltet sich diese Wertekategorie in der Liebe.
2. **Schöpferische Werte:** Indem wir etwas (er)schaffen, setzen wir Werte in die Welt. Dadurch empfinden wir sie als sinnvoll, zum Beispiel ein Arbeitsergebnis, aber auch ein schön angelegter Garten, ein Kunstwerk oder ein gut gelungenes Abendessen.
3. **Einstellungswerte:** Wenn es beispielsweise aufgrund einer Krankheit oder durch einen Verlust darum geht sich dem Schicksal zu stellen. Hier geht es

darum, die eigene Grundeinstellung zum Leben beizubehalten. Diese zeigt sich vor allem in der Art, wie wir mit Leid umgehen. Menschen können in Grenzsituationen über sich hinaus wachsen, was dann oftmals später erst als Sinn – „Ich habe in der schweren Situation viel gelernt" – bewusst wird.

Sinn im Wertewandel der Arbeit

Nicht nur die Arbeitswelt wandelt sich gerade, sondern auch die Werte, die mit der Arbeit verbunden werden. In westlichen Industrieländern lassen sich vor allem folgende Tendenzen beobachten: Für viele Beschäftigte wird die Vereinbarkeit von Berufs- und Privatleben immer wichtiger, ebenso der Wunsch nach Mitgestaltung und Einflussmöglichkeiten; Beschäftigte aller Generationen erwarten mehr *Sinn* von ihrer Arbeit. Materialistische Werte wie Geld spielen eine eher untergeordnete Rolle, dafür gewinnen postmaterialistische Werte wie Selbstverwirklichung oder das Ausleben der eigenen Talente an Bedeutung (Kap. 4).

Wie eine BMAS-Studie mit dem Titel „Wertewelten Arbeiten 4.0" (BMAS 2016) gezeigt hat, werden die Ansprüche an die Arbeit immer unterschiedlicher: Was für den einen erstrebenswert scheint, empfindet der andere als bedrohlich.

Hier ist jeder Einzelne in seiner Selbstverantwortung und Mitverantwortung gefordert, sich innerhalb dieser Vielfalt an Werten und Möglichkeiten zu bewegen. Wir müssen unsere Vorstellungen von Arbeit überprüfen und in unserer Mitverantwortung andere Werte akzeptieren. Dabei sollten wir miteinander im Gespräch bleiben und einen gemeinsamen Konsens über die verschiedenen Werte suchen. Es ist sehr unwahrscheinlich, dass wir dabei *die eine* Lösung finden, mit der alle zufrieden sind. Vielmehr bleibt ein Spannungsfeld bestehen, das wir akzeptieren müssen und innerhalb dessen wir immer wieder neu einen Konsens suchen müssen. (Vgl. Schröder-Kunz 2016, S. 188 f.)

Sinn in einer sich wandelnden Arbeitswelt

Im Arbeitsalltag spielt Sinn allzu oft nur eine untergeordnete Rolle: Unternehmen müssen sich immer wieder neu erfinden und ihre Strategien an die sich wandelnde Arbeitswelt anpassen. Dabei leidet gelegentlich die Kommunikation. Wenn sie nicht wissen, was das Unternehmen umtreibt, empfinden die Mitarbeiter das Handeln des Managements als Zickzackkurs. Doch genau das ist ein Problem. Denn um Sinn zu empfinden, ist es für die meisten Beschäftigten sehr wichtig, dass es ein gewisses Maß an Vorhersagbarkeit gibt. Sonst fehlen ihnen die Orientierungspunkte. Im schlimmsten Fall fühlen sie sich als Menschen nicht (mehr) wertgeschätzt und lediglich auf ihre Arbeitsleistung reduziert. Das kann dazu führen, dass sie den Sinn ihrer Tätigkeit infrage stellen. (Vgl. Reusche 2015)

Umso wichtiger ist es, dass sich Unternehmen – gerade in einer Zeit, in der sich die Arbeitswelt permanent wandelt – mit dem Thema Sinn auseinandersetzen.

Dafür sprechen auch ökonomische Gründe: Wenn die Mitarbeiter ihr Tun als sinnvoll empfinden, arbeiten sie motivierter, engagierter und letztlich produktiver. In der Praxis zielen Unternehmen vor allem auf die extrinsische Motivation der Mitarbeiter, indem sie Anreize durch leistungsabhängige Boni oder Aufstiegsmöglichkeiten setzen. Doch (wie bereits zu Beginn gesagt): Geld allein macht auch nicht glücklich. Hier gilt es anzusetzen und die langfristige intrinsische Motivation zu stärken.

Was ist zu tun?

Als Führungskraft sollten Sie Ihren Mitarbeitern vermitteln, welchen übergeordneten Sinn eine Aufgabe oder (geplante) Änderungen hat: Welchen Beitrag leistet die Aufgabe zum Wohl des großen Ganzen? Welche Unternehmensvision steckt hinter einer Veränderung? (Vgl. Reusche 2015)

Leider ist es in der Praxis auch für Führungskräfte nicht immer leicht, das große Ganze zu erkennen – und selbst Geschäftsführer sehen sich in der sich rasch wandelnden Arbeitswelt zu vielen Unbekannten gegenüber, um genau zu wissen, wie die Zukunft aussehen wird. Hier gilt es, im Rahmen der eigenen Möglichkeiten zu handeln, Unveränderliches hinzunehmen und Freude und Motivation im Kleinen zu suchen.

Exkurs: Was ist Glück?

Welche Bedeutung hat Glück für den Menschen und für die Arbeitswelt? Was ist Glück überhaupt? Diesen Fragen widmet sich der Philosoph Wilhelm Schmid in seinem Essay „Glück und seine Bedeutung für die Wirtschaft" (Schmid 2013). Seiner Meinung nach ist es viel wichtiger, welche geistige Haltung wir gegenüber dem Leben einnehmen, als permanent nach Glück zu suchen. Glück ist laut Schmid ohnehin Ansichtssache; jeder Mensch muss danach individuell festlegen, was dieser Ausdruck für ihn bedeutet. Der Philosoph unterscheidet zwischen drei Arten des Glücks: das Zufallsglück, das Wohlfühlglück und das Glück der Fülle.

Unter **Zufallsglück** versteht er zufällig auftretende Umstände, die als positiv oder negativ empfunden werden – man könnte es auch nur als „Zufall" bezeichnen. Dieses Glück kann man nicht herstellen oder planen. Man kann sich lediglich offen zeigen für die Überraschungen des Lebens. Das ermuntert laut Schmid „eher das günstige als das ungünstige Zufallsglück" (Schmid 2013, S. 7).

Mit **Wohlfühlglück** ist das gemeint, was wir landläufig unter „Glück" verstehen, nämlich die Maximierung von Lust und die Minimierung (besser noch: das völlige Nichtvorhandensein) von Leid. Das weitverbreitete Streben nach diesem Glück sieht Schmid aber nicht nur positiv. Denn dadurch werden leicht diejenigen ausgeschlossen, die nicht rundum glücklich sind oder sein können: weil sie krank sind oder in einer finanziellen Notsituation stecken. Außerdem sieht

Schmid die Gefahr von Glücksstress: Wenn wir beständig mit hohen Erwartungen nach dem Wohlfühlglück suchen, es aber nicht – oder nicht in dem Maße, in dem wir es uns wünschen – finden, droht Enttäuschung.

Kurzum: Wer zu viel Glück vom Leben erwartet, wird beinahe zwangsläufig unglücklich. Denn das Glück hat Grenzen. Leid gehört zum Leben dazu. Nicht alles kann schön und zufriedenstellend sein.

Hier kommt die dritte Art von Glück ins Spiel, die Wilhelm Schmid in seinem Essay vorstellt: das **Glück der Fülle.** Es „umfasst auch die andere Seite des Lebens, das Unangenehme, Schmerzliche und Negative, mit dem zurechtzukommen ist. Die Fülle kann nicht nur aus der positiven Hälfte des Lebens bestehen. Von der anderen Hälfte kann niemand sich freikaufen: Vor dem Glück der Fülle sind alle Menschen gleich" (Schmid 2013, S. 13). Niemand bleibt gänzlich von negativen Erfahrungen verschont. Im besten Fall hält sich das Leid in Grenzen. Wie stark wir das Glück der Fülle erleben, hängt von unserer geistigen Haltung ab: Akzeptieren wir, dass auch das Negative, das Schmerzhafte, das Leidvolle zu unserem Leben gehört?[6]

Indem wir uns das immer wieder bewusst machen, erlangen wir nach Schmid eine größere Heiterkeit und Gelassenheit. Darunter versteht er eine „Grundstimmung des Einverstandenseins mit dem Leben in allen seinen Gegensätzen" (Schmid 2013, S. 15). Daher kann man sie auch spüren, wenn man traurig ist.

Schmid rät dazu, dem Glück der Fülle mehr Raum zu geben, weil es vom Negativen nicht beeinträchtigt werden kann. Von den drei Glücksarten ist das Glück der Fülle die einzige, die langfristig bleibt.

Was hat all das mit Selbst- und Mitverantwortung im Arbeitsleben und mit Motivation zu tun?

Wilhelm Schmids Ausführungen verdeutlichen, dass die geistige Haltung, die wir dem Leben gegenüber einnehmen, entscheidender ist als die Suche nach dem Glück. Und dahinter steht die Frage nach dem Sinn im (Arbeits-)Leben. Das wiederum gehört zur Selbstverantwortung.

Ihre Aufgabe als Führungskraft ist es, die Mitarbeiter mitverantwortlich in ihrer Selbstverantwortung zu stärken. Die folgenden Fragen können Ihnen als Anregung dienen:

- Wie erleben Sie sich selbst während Ihrer Arbeit?
- Wie und woran möchten Sie gerne arbeiten?

[6]Das zeigt, wie wichtig das Handlungsfeld 13 ist (unabänderliches Leid bewusst annehmen, das im Spannungsfeld von Freude und Leid gegeben ist) (Abschn. 2.3).

- Worin bestehen Ihre (internen und externen) Ressourcen?
- Wo können Sie Freude bewusst leben und gestalten?
- Wo und wie erleben Sie Unzufriedenheit und Belastungen? Wo finden Sie Raum, um diese Gefühle auszuleben bzw. ihnen freien Lauf zu lassen?
- Was können Sie verändern?
- Geben Ihnen Momente der Unzufriedenheit Impulse für Veränderungen?
- Was ist unabänderlich? Inwiefern sind Sie bereit, das anzunehmen?

3.3.3 Arbeitszufriedenheit (Arbeitsfreude) und Arbeitsfrust

Motivation und Gefühle sind eng miteinander verbunden. Wir reagieren emotional, wenn etwas für unser Zielstreben wichtig ist. Umgekehrt motiviert uns vor allem der Wunsch nach bestimmten emotionalen Erfahrungen zum Handeln. (Vgl. Hennecke und Brandstätter 2016, S. 84)

Arbeitszufriedenheit/Arbeitsfreude
Damit wir mit unserer Arbeit zufrieden sind, müssen mehrere Bedingungen gegeben sein:

- Das Maß der Zufriedenheit hängt davon ab, wie viele positive Aspekte wir an unserer Tätigkeit sehen.
- Wichtig ist zudem ein gutes Verhältnis zwischen Wunsch-Zustand und Ist-Zustand. Wenn der tatsächliche Arbeitsalltag zu weit von dem Ideal entfernt ist, entsteht Unzufriedenheit.
- Außerdem ist für dic Zufriedenheit entscheidend, wie der Mitarbeiter verschiedene Aspekte des Arbeitslebens ganz persönlich bewertet. Je nachdem, wie er diese Punkte einschätzt und wie weit das von seiner Wunschvorstellung entfernt ist, ist die Arbeitszufriedenheit größer oder geringer.
- Auch die eigene Vorstellung davon, was Arbeitsglück bedeutet, bestimmt das Maß der Arbeitszufriedenheit mit. Eine Langzeitstudie der Universität Harvard hat ergeben, dass glückliche Arbeitnehmer drei Kernziele anstreben: Exzellenz, Ethik und Engagement. Exzellenz meint das Erleben und Ausleben von Kompetenz. Ethik bezieht sich auf die soziale Verantwortung bei der Tätigkeit. Engagement meint, ob man bei der Arbeit gefordert ist und in seinem Beruf aufgeht.

Bei der Frage nach der Arbeitsfreude kommt es weniger darauf an, was man tut. Viel wichtiger ist es, mit welcher Einstellung man an die Arbeit herangeht. Es ist wichtig, einen Sinn in der eigenen Aufgabe zu finden (Abschn. 3.3.2), auch wenn zu jedem Job (vermeintlich) sinnlose oder unangenehme Aufgaben dazugehören.

Sie als Führungskraft können Ihre Mitarbeiter mitverantwortlich dabei unterstützen, Arbeitsfreude zu empfinden. Regen Sie sie zur selbstverantwortlichen Reflexion an. Dazu können Sie ihnen zum Beispiel den folgenden Denkanstoß austeilen und mit ihnen darüber ins Gespräch kommen, welche Aspekte der Arbeit ihnen besondere Freude bereiten. Sie können auch mitverantwortlich dafür sorgen, dass „Zufriedenheitsverstärker" eine größere Rolle im Arbeitsalltag spielen. Dazu könnten Sie zum Beispiel ein positives Arbeitsklima fördern, denn das stellt für viele Menschen einen der wichtigsten Zufriedenheitsfaktoren dar.

Wie Studien belegen, sind dankbare Menschen grundsätzlich zufriedener und weniger gestresst. Nutzen Sie dieses Wissen und regen Sie Ihre Teammitglieder regelmäßig zur Reflexion darüber an, wofür sie dankbar sind. Auch das kann motivieren.

Möchten Sie Ihre Mitarbeiter dazu anregen, über das Thema Arbeitsfreude zu reflektieren?

Die Abbildung oben zeigt ein Beispiel für ein Arbeitsblatt zum Thema Arbeitsfreude. Ergänzen Sie es durch folgende Fragen: Was ist für Sie notwendig, damit Arbeitsfreude entsteht? Tragen Sie die jeweiligen Aspekte in die Kreise ein. Gewichten Sie diese dabei nach Wichtigkeit: Diejenigen, die Ihnen besonders wichtig erscheinen, notieren Sie in den größeren Kreisen. Diejenigen, die Ihnen weniger wichtig sind, finden in den kleinen Kreisen Platz.

Markieren Sie im Anschluss diejenigen Aspekte der Arbeitsfreude, die Sie aktuell bei Ihrer Tätigkeit gegeben sehen. Was fehlt Ihnen? Wie könnten andere Zufriedenheitsfaktoren zukünftig aktiviert werden?

Arbeitsfreude und Arbeitsfrust im Wandel der Arbeitswelt

Die Arbeitswelt verändert sich. Wie sich der Wandel auf die Motivation der Beschäftigten auswirkt, ist jedoch von Person zu Person unterschiedlich. Flexible Arbeitsgestaltung wird häufig als einer der wesentlichen Zufriedenheits-/Motivationsfaktoren angesehen. Dank neuer Technologien (Videokonferenzen statt Dienstreisen, Arbeit am PC im Homeoffice statt fester Bürozeiten) können Menschen deutlich flexibler arbeiten. Das könnte die Arbeitsmotivation also steigern.

Auf der anderen Seite sorgt die Digitalisierung dafür, dass Menschen heutzutage fast permanent erreichbar sind. Wenn sich die Arbeit demnach stark auf das Privatleben ausdehnt, kann das die Arbeitsmotivation beeinträchtigen.

Durch die neuen Technologien (E-Mails etc.) verkürzen sich auch die Reaktionszeiten: Kommunikation erfolgt schneller. Das kann den Zeitdruck steigern und die Selbstbestimmung einschränken – ebenfalls eine Belastung.

Falls E-Mails oder Chats dauerhaft persönliche Gespräche ersetzen, leidet auch der Motivationsfaktor soziale Beziehungen, denn ein Gemeinschaftsgefühl gehört zu den wichtigsten Motivationsfaktoren am Arbeitsplatz (vgl. Hennecke und Brandstätter 2016, S. 115; Kap. 4).

Auch hinsichtlich der Globalisierung ist es entscheidend, ob die Beschäftigten die damit verbundenen Folgen (mehr interkulturelle Kommunikation und Kontakte, Reisen/Anforderungen an räumliche Flexibilität) als Bedrohung oder als Bereicherung ansehen. Wenn die Mitarbeiter beispielsweise über die Internationalisierung der eigenen Organisation frühzeitig Bescheid wissen oder sie gar mitgestalten können, können das Sinnerleben und das Gefühl der Verantwortlichkeit die Motivation durchaus erhöhen. Ist dies nicht der Fall, kann das Gefühl der Ohnmacht zur Demotivation führen. (gl. Hennecke und Brandstätter 2016, S. 116)

Der demografische Wandel wirkt sich ebenfalls auf die Motivation von Belegschaften aus, denn was uns zur Arbeit motiviert, hängt unter anderem vom Alter der Beschäftigten ab. Tendenziell gilt (vgl. Hennecke und Brandstätter 2016, S. 114 f.): Jüngere Menschen streben eher danach, Neues zu lernen und beruflich aufzusteigen

(Wachstumsmotive), bei manchen Älteren lässt dieser Wunsch nach. Anreize von außen (extrinsische Motivationsfaktoren) wie Prestige oder ein hohes Einkommen werden mit zunehmendem Alter ebenfalls tendenziell weniger wichtig. Sie sind allerdings auch bei den „neuen" Jüngeren vergleichsweise wenig ausgeprägt. Zahlreiche ältere Beschäftigte legen dafür größeren Wert darauf, Freude und Sinn bei der Arbeit zu erleben (intrinsische Motivationsfaktoren). Diesen unterschiedlichen Motivationsfaktoren müssen Organisationen Rechnung tragen, wenn sie (ältere) Mitarbeiter motivieren und halten wollen. Doch die verallgemeinernden Studienergebnisse sollten mit Vorsicht betrachtet werden. Jeder Mensch ist anders und wird dementsprechend auch von unterschiedlichen Motiven angetrieben (Kap. 4). Hier gilt es, jeden einzelnen Mitarbeiter im Blick zu behalten. Reden Sie mit Ihren Mitarbeitern über die Veränderungen des Arbeitslebens? Wie nehmen Ihre Mitarbeiter die Veränderungen wahr? Und was macht das mit deren Motivation?

Denkanstoß

Wie erleben Sie Ihre Beschäftigten hinsichtlich der unten genannten Bedürfnisse? Betrachten Sie die Mitarbeiter unabhängig voneinander.

Eine solche Übung kann besonders vor einem Mitarbeitergespräch sinnvoll sein. Machen Sie sich gerade dann die Bedürfnisse des Mitarbeiters bewusst, um empathisch und mitverantwortlich auf ihn eingehen zu können. Wenn Sie nicht alle Fragen beantworten können, möchten Sie den Mitarbeiter vielleicht danach fragen?

Wie wichtig ist diesem Mitarbeiter …

- … das Bedürfnis, **Talente und individuelle Fähigkeiten zu leben?** Stellen Sie dazu z. B. folgende Fragen:
  - „Welche Aufgabe(n) schätzen Sie an Ihrer Arbeit besonders?"
  - „Wo sehen Sie Ihre Talente oder Fähigkeiten?"
- … das Bedürfnis, **ein Werk zu schaffen,** also beispielsweise Ziele zu erreichen? Stellen Sie dazu z. B. folgende Fragen:
  - „Welcher Teil eines Projekts macht Ihnen besondere Freude: die Planung, die Ausführung oder der Abschluss?"
  - „Wie gehen Sie damit um, wenn ein Projekt/eine Aufgabe unerwartet abgebrochen wird?"
- … das Bedürfnis nach **Erfolg?** Stellen Sie dazu z. B. folgende Fragen:
  - „Wie wichtig ist es Ihnen, ein Ziel zu erreichen?"
  - „Erhalten Sie die entsprechende Anerkennung für Ihre Leistungen?"
- … das Bedürfnis nach **positiven Arbeitsbeziehungen?** Stellen Sie dazu z. B. folgende Fragen:
  - „Wie wichtig ist Ihnen der Austausch mit Kollegen?"
  - „Was macht Ihrer Meinung nach eine gute Zusammenarbeit aus?"

- … das Bedürfnis, **andere am eigenen Wissen teilhaben zu lassen?** Stellen Sie dazu z. B. folgende Fragen:
  - „Geben Sie Ihre Erfahrungen und Ihr Wissen gerne an andere weiter?"
  - „Was möchten Sie besonders gerne weitergeben?"
  - „Welche Haltung wünschen Sie sich dabei von Ihrem Gegenüber?"
- … das Bedürfnis, **sich weiterzuentwickeln und zu lernen?** Stellen Sie dazu z. B. folgende Fragen:
  - „Wie stellen Sie sich Ihr berufliches Leben in ein paar Jahren vor?"
  - „Würden Sie gerne mehr Fortbildungen besuchen?"
  - „Wie lernen Sie am besten?"
  - „Was lernen Sie bei Ihrer täglichen Arbeit?"
- … das Bedürfnis nach **Selbstständigkeit?** Stellen Sie dazu z. B. folgende Fragen:
  - „Arbeiten Sie lieber alleine oder im Team?"
  - „Schätzen Sie eher kreative Freiheit, oder halten Sie sich lieber an Vorgaben?"
- … das Bedürfnis nach **Work-Life-Balance?** Stellen Sie dazu z. B. folgende Fragen (Besonders wenn nicht ausreichend auf Regeneration und Ausgleich geachtet wird.):
  - „Wie wichtig sind Ihnen familienfreundliche Arbeitszeiten?"
  - „Was zeichnet ein ausgewogenes Berufs- und Privatleben für Sie aus?"
- … das Bedürfnis nach **Pausen?** Stellen Sie dazu z. B. folgende Fragen (Besonders wenn der Mitarbeiter nicht ausreichend auf Regeneration achtet.):
  - „Wie erholen Sie sich nach anstrengenden Aufgaben?"
  - „Haben Sie das Gefühl, sich nach Höchstleistungen ausreichend regenerieren zu können?"
- … das Bedürfnis nach **Arbeitsfreude?** Stellen Sie dazu z. B. folgende Fragen:
  - „Wie gehen Sie mit Routineaufgaben um?"
  - „Wann macht Ihnen die Arbeit besonderen Spaß?"
  - „Was macht Ihnen an der Zusammenarbeit mit Ihren Kollegen besondere Freude?"

Ursachen für geringe Motivation

Es gibt verschiedene Gründe für eine geringe Motivation. Diese können innerlich begründet oder durch äußerliche Rahmenbedingungen gegeben sein. Zu möglichen *inneren Ursachen* für mangelnde Motivation zählen unter anderem: zu hohe Erwartungen, mangelnde Flexibilität, Angst vor Neuem, fehlendes Vertrauen in die eigenen Fähigkeiten, fehlende Bereitschaft für konstruktive Kritik und veränderte Lebensziele bzw. eine veränderte Lebenssituation.

Äußere Ursachen bzw. Rahmenbedingungen, die die Motivation einschränken, sind beispielsweise: schnelle Veränderungen (z. B. Digitalisierung), Über- oder Unterforderung/Mehrarbeit, Differenz zwischen Bedürfnissen und Aufgaben/Rahmenbedingungen, Konflikte oder schlechtes Arbeitsklima, Langeweile oder Routine, Umstrukturierungen oder Veränderung von Rahmenbedingungen (in Verbindung mit mangelnder Transparenz), Wertewandel oder -verfall/fehlender Sinn, falsche Anreizsysteme, mangelnde Kommunikation, fehlende Perspektiven oder zu hohe Erwartungen von außen.

Wer langfristig nicht motiviert ist, ist oft frustriert, zeigt ein geringes berufliches Engagement, hat möglicherweise innerlich bereits gekündigt und leidet unter Umständen sogar an psychosomatischen Erkrankungen.

Wie können Selbst- und Mitverantwortung helfen, um die Ursachen für Demotivation zu bekämpfen? In seiner Selbstverantwortung kann der Mensch reflektieren, weshalb er unzufrieden und demotiviert ist. Wenn er sich bewusst ist, woran es hapert, kann er entweder an seiner Einstellung arbeiten (sofern die äußeren Umstände unabänderlich sind) oder aktiv werden und die Ursachen beheben. In der Mitverantwortung können Sie die Beschäftigten dabei unterstützen.

Denkanstoß

Auf die Frage was man tun kann, um in einer unbefriedigenden Situation wieder Motivation zu finden, nennen meine Gesprächspartner aus dem Berufsleben underschiedliche Aspekte. Was würden Sie antworten? Ergänzen Sie die Liste um eigene Vorschläge. Möchten Sie mit Ihren Mitarbeitern hierzu ins Gespräch kommen und die verschiedenen Punkte als Anregungen nutzen?

- Feiern von Erfolgen, auch im Kleinen
- Planung kleiner Schritte
- Konzentration auf die Werte der Arbeit
- Setzen erreichbarer (Zwischen-)Ziele
- Zusammenarbeit mit netten Kollegen
- Loslassen von Altbewährtem, wenn ein Festhalten daran demotiviert
- Aufgabeneinteilung: das Schwere zuerst
- Pausen (Sauerstoff tanken, Bewegung)
- Zusammentragen und Weitergabe von Wissen über Veränderungen, um diese zu verstehen
- Umdenken: eine Veränderung als Herausforderung sehen, nicht als Belastung

- Engagement im Betrieb (Betriebsrat, Vertrauensmann etc.)
- produktives Im-Gespräch-Bleiben
- Anpassung der Arbeitsaufgaben an den Biorhythmus (wer morgens besonders produktiv arbeitet, sollte dann die schwersten Aufgaben angehen etc.)
- Übung in Gelassenheit
- Gestaltung des Umfelds (räumlich und sozial)
- positives Denken
- Suche nach einem Ausgleich, sodass Werte gelebt werden
- Besinnung auf die eigenen Ressourcen
- eigene Fähigkeiten bewusst machen
- Dankbarkeit für das, was man aufbauen konnte, denn es bildet die Basis, auf die heute aufgebaut wird
- Suche nach einem Ausgleich durch „Wohlfühl-Aufgaben"
- …

Belastung und Überlastung

Wie bereits mehrfach angesprochen, erleben viele Menschen Arbeit zugleich als Sinnquelle und als Belastung. Psychische *Be*lastung ist aber nicht gleichbedeutend mit psychischer *Über*lastung. Eine (zeitweilige) Belastung muss nicht zwangsläufig negative Folgen haben. Sie kann auch dazu führen, dass sich ein Mensch weiterentwickelt oder dass er dazu angestachelt wird, etwas Neues auszuprobieren. Manche Menschen laufen auch erst unter Druck zu Höchstform auf und sehen es als positive Herausforderung. Andere wiederum reagieren auf die gleiche Belastung mit Erschöpfung oder Stress. Wie psychische Belastung wirkt, hängt unter anderem davon ab, über welche Ressourcen der Mensch verfügt, um die Belastung zu bewältigen. Einen Überblick über verschiedene Ressourcen, die sich im Laufe des Lebens verändern können, finden Sie in Abb. 3.3.

Denkanstoß

Welche der in Abb. 3.3 genannten Ressourcen stehen Ihnen zur Verfügung? Wie helfen sie Ihnen dabei, mit Belastung am Arbeitsplatz umzugehen? Welche Ressourcen können oder wollen Sie ausbauen?

Selbst- und mitverantwortliche Menschen sind im Wandel der Arbeitswelt auch immer wieder gefordert, sich mit dem Thema psychischer Fehlbelastung auseinanderzusetzen und präventive Wege für sich selbst oder andere zu gehen. Auch in der Organisation sollte ein entsprechendes Bewusstsein vorherrschen. Ein

Persönliche Ressourcen	Familiäre und soziale Ressourcen	Berufliche Ressourcen	Materielle Ressourcen	Gesellschaftliche Ressourcen
• körperliche und seelische Gesundheit • körperliche und geistige Leistungsfähigkeit • Humor • ein ausgeglichenes Temperament • Durchhaltevermögen • seelische Widerstandsfähigkeit • Erfahrung und Wissen • Bildung • handwerkliches Geschick • Interessen und Hobbys • Ehrenamt • Naturbewusstsein • Konfliktfähigkeit • Kommunikationsgeschick • Fähigkeit, Anerkennung anzunehmen • Kenntnis verschiedener Bewältigungsstrategien • Bindungsfähigkeit • Autonomie • schöne Erinnerungen und Dankbarkeit • positives Selbstwertgefühl • Neugier und Offenheit • …	• soziale Beziehungen • vertraute Bezugsperson(en) • gegenseitige Wertschätzung und Unterstützung • klare Kommunikation innerhalb der Familie • konstruktive Konfliktlösungsmöglichkeiten • Freude an gemeinsamen Unternehmungen • Haustiere • unterstützende Familienmitglieder • familiäres Netzwerk • soziale Unterstützung und Förderung • positive Freundschaftsbeziehungen • harmonische Paarbeziehung • Nachbarschaftskontakte • Kontakt mit der Kirchengemeinde • Mitgliedschaft und Engagement in einem Verein • guter Arzt • …	• Arbeitsklima • Entscheidungsspielräume • Zeit • Regeln und Strukturen • Wertschätzung von Kollegen und Vorgesetzten • angemessener Leistungsstandard • Förderung von Kompetenzen und Fähigkeiten • positive Herausforderungen • Raum für Entspannung • betriebsinterne Angebote (z. B. Werksarzt, Sozial- und Mitarbeiterberatung, Schulungen, Fortbildungen) • Naturnähe (für Pausengestaltung) • Angebote für körperliche und seelisch-geistige Fitness • …	• Arbeitsplatz • monatliches Einkommen • (kleines) Vermögen • Auto • nur geringe oder keine Schulden • Lage und Qualität der Wohnung • Garten • …	• soziales Sicherungssystem • soziale und kulturelle Angebote • Möglichkeiten der gesellschaftlichen Teilhabe • Einflussmöglichkeit im demokratischen System • gesellschaftliche Anerkennung von Diversität • …

Abb. 3.3 Ressourcen. (Eigene Darstellung)

gutes betriebliches Gesundheitsmanagement (BGM) bildet die Basis für einen gesunden Umgang mit Belastung und arbeitet präventiv.

> **Tipp** Besonders Führungskräfte spielen eine entscheidende Rolle. Um Ihre Mitarbeiter in ihrer Selbstverantwortung zu stärken, kopieren Sie beispielsweise Abb. 3.3 sowie den Denkanstoß und teilen Sie beides an sie aus. Was halten Sie von einem Kurzvortrag über Ressourcen zum Einstieg in Ihre nächste Abteilungsbesprechung? Möchte möglicherweise ein Azubi diese Aufgabe übernehmen und ein Handout dazu gestalten? Das kann sich dann jeder Einzelne später noch in Ruhe durchlesen und als nachhaltige Gedankenstütze nutzen.

Die Ressource Willenskraft

In einem viel beachteten Artikel stellen Roy Baumeister et al. (1998) die These auf, dass Willenskraft eine begrenzte Ressource sei. Nach einem Einsatz müsse sie sich – wie ein Muskel – erst einmal erholen. Deshalb sei die menschliche Leistung nach einer besonderen Willensanstrengung zunächst herabgesetzt, bevor sie wieder ansteige. Ähnlich wie ein Muskel könne die Willenskraft aber auch trainiert werden. (Vgl. Hennecke und Brandstätter 2016, S. 108)

Willenskraft benötigen Menschen immer dann, wenn sie zum Beispiel unangenehme Aufgaben erledigen sollen, sich konzentrieren sollen oder ihre Emotionen im Zaum halten müssen – also auch und vor allem am Arbeitsplatz.

Auch wenn diese Theorie kontrovers diskutiert wird, belegen Studien, dass Menschen, die ihre Emotionen bei der Arbeit besonders stark kontrollieren (z. B. Pflegeberufe), deutlich erschöpfter sind als andere. Das zeigt sich besonders stark bei solchen Menschen, die insgesamt nur wenige Ressourcen zur Verfügung haben. (Vgl. Hennecke und Brandstätter 2016, S. 109)

Was bedeutet das für Ihren Arbeitsalltag?

Überlegen Sie, wo und wie Sie den Mitarbeitern Raum für ihre Emotionen geben können. Achten Sie in Ihrer Mitverantwortung darauf, dass die Beschäftigten ausreichend Erholungsmöglichkeiten haben. Einige Anregungen finden Sie beispielsweise in Abschn. 3.1.2.

Tauschen Sie sich im Team über Stress und Stressbewältigung aus. Das kann ebenfalls dabei helfen, die individuellen Ressourcen der Mitarbeiter zu stärken. Mehr Informationen dazu finden Sie in Abschn. 3.1.2.2.

Motivation in der digitalen Arbeitswelt

Wie können Sie als Führungskraft Mitarbeiter bei der Digitalisierung mitnehmen? Die schlimmste Situation sieht folgendermaßen aus: Eine neue Technologie wird im Unternehmen eingeführt. Mitarbeiter X fühlt sich überfordert. Die Schulung ist kaum vorbei, schon hat er das Gefühl, alles wieder vergessen zu haben. Von den anderen, die sich schnell an die neue Technologie gewöhnen, fühlt er sich abgehängt. Selbstzweifel überkommen ihn. Wenn er andere um Hilfe bittet, sind diese schnell genervt. Irgendwann empfindet er nur noch Frust und Demotivation.

Damit das in Ihrem Unternehmen nicht Wirklichkeit wird, sind Sie in Ihrer Rolle als Führungskraft gefragt. Die Herausforderung ist keine kleine: Sie müssen sowohl die digitalen als auch die analogen Werkzeuge der Information und Kommunikation beherrschen, die Bedürfnisse der Mitarbeiter erkennen und vor allem diejenigen unterstützen, die sich mit der Digitalisierung schwertun. Da die digitalen Einsatzmittel und Prozesse noch nicht überall ausgereift sind, haben Sie möglicherweise auch selbst Zweifel am Nutzen der ein oder anderen Entwicklung. Das macht Ihre Aufgabe umso schwerer.

Skepsis kann sinnvoll sein – auch, um verantwortungsbewusst zu handeln. Eine Auseinandersetzung mit der digitalen Welt darf jedoch nicht in einer Verweigerungshaltung enden. Bleiben Sie daher mit Ihren Mitarbeitern im Gespräch. Fragen Sie immer wieder: Worin liegen die Chancen des Neuen? Welche Positivbeispiele kennen Sie? Wenn Sie selbst Erfolgserlebnisse mit neuen Technologien hatten oder motivierende Beispiele kennen, erzählen Sie Ihren Mitarbeitern davon. Dass ein Wandel auch Probleme Anstrengung und Mühe mit sich bringt, ist klar. Sorgen Sie daher verstärkt für einen Ausgleich. Es müssen noch mehr Wege aufgezeigt werden, wie die Digitalisierung mit ihren komplexen Themen nicht zum Schreckensszenario wird. Hier ist besonders viel mitverantwortliche Kreativität von Führungskräften gefragt.

3.3.4 Sieben Tipps zur Motivation

1. Richtig Ziele setzen

Ziele sind für die (Arbeits-)Motivation überaus wichtig. Unter einem Ziel versteht man „etwas, worauf jemandes Handeln, Tun o. Ä. ganz bewusst gerichtet ist, was jemand als Sinn und Zweck, angestrebtes Ergebnis seines Handelns, Tuns zu erreichen sucht“ (Duden o. J. b).

Welche Ziele verfolgen Ihre Mitarbeiter bei ihrer Arbeit? Kommen Sie mit ihnen dazu ins Gespräch und bestärken Sie sie in den Zielen, die mit ihren

Bedürfnissen und Motiven übereinstimmen. Erarbeiten Sie gemeinsam mit den Beschäftigten Zielvereinbarungen, die spezifische und herausfordernde, aber realistische Ziele beinhalten (Abschn. 3.2.1, SMART-Formel).

2. Stiften Sie Sinn und zeigen Sie Begeisterung

Um den Beschäftigten den Sinn ihres Tuns zu vergegenwärtigen, vergeben Sie Aufgaben als geschlossene Einheiten (sofern möglich). Erklären Sie dabei, welche Bedeutung die Aufgabe im Gesamtkontext erfüllt. Schaffen Sie Arbeitsfreude, indem Sie Begeisterung zeigen. Für ein Produkt, einen gemeinsamen Erfolg, eine mitverantwortliche Handlung einer Ihrer Mitarbeiter. Geben Sie der Freude Raum, z. B. durch eine gemeinsame Pause, in der Sie Ihre Mitarbeiter verwöhnen (ein kleines Essen, eine mobile Massage am Arbeitsplatz etc.).

3. Loben Sie Ihre Mitarbeiter

In Abschn. 3.1.2.3 haben Sie bereits erfahren, wie wichtig positive Bestärkung für die Mitarbeitermotivation ist. Nutzen Sie Ihr Wissen und loben Sie die Beschäftigten: für gute Leistungen, erreichte (Zwischen-)Ziele, eine besondere Herangehensweise etc.

4. Seien Sie aufmerksam

Da ein positives Arbeitsklima eine der zentralen Voraussetzungen für Arbeitsfreude und Motivation ist, können Sie hier einen wichtigen ersten Schritt machen, indem Sie die Mitarbeiter aufmerksam und höflich behandeln. Um in einem nächsten Schritt die Motivation der Beschäftigten individuell zu fördern, machen Sie vorab eine Bestandsaufnahme: Wer zeigt besonderes Engagement, wer eher weniger? Woran könnte das liegen?

5. Mitarbeiter gemäß ihren Stärken einsetzen

Wer permanent mit Aufgaben konfrontiert ist, die nicht zu den eigenen Stärken passen, ist leicht demotiviert. Versuchen Sie, die Aufgaben möglichst so zu verteilen, dass die Beschäftigten Freude an ihrer Tätigkeit haben und die Aufgaben gut erledigen können.

6. Autonomie stärken

Vermitteln Sie Ihren Mitarbeitern, dass Sie Vertrauen zu ihnen haben. Räumen Sie ihnen dabei so viel Handlungsspielraum wie möglich ein. Achten Sie dabei auf die individuellen Bedürfnisse. Beschäftigte, denen eigenverantwortliches Handeln besonders wichtig ist, werden große Freiheiten zu schätzen wissen. Mitarbeiter, die gerne eine Rückversicherung an der Hand haben, schätzen die Autonomie im Kleinen.

7. Weiterentwicklung fördern
Viele Menschen schreckt der Gedanke langfristigen Stillstandes ab. Kaum jemand möchte 30 oder mehr Jahre die immer gleiche Arbeit machen. Besprechen Sie daher mit Ihren Mitarbeitern die individuellen Entwicklungsziele und unterstützen Sie sie dabei, z. B. durch passende Weiterbildungsangebote (Abschn. 3.2).

Literatur

Verwendete Literatur

Antonovsky, A. (1997). *Salutogenese – Zur Entmystifizierung der Gesundheit.* Tübingen: Deutsche Gesellschaft für Verhaltenstherapie.

Baumeister, R. F., Bratslavsky, E., Muraven, M., & Tice, D. M. (1998). Ego depletion: Is the active self a limited resource? *Journal of Personality and Social Psychology, 74,* 1252–1265.

Beck, H. (2017). Darum wirken Naturgeräusche so entspannend. https://www.geo.de/magazine/geo-magazin/16810-rtkl-hirnforschung-darum-wirken-naturgeraeusche-so-entspannend. Zugegriffen: 3. Aug. 2018.

Bundesanstalt für Arbeitsschutz und Arbeitsmedizin (BAuA). (2012). Förderung psychischer Gesundheit als Führungsaufgabe Ein eLearning-Tool von psyGA. http://psyga.info/fileadmin/user_upload/PDFs/psyGA_eLearningTool_Booklet.pdf. Zugegriffen: 3. Aug. 2018.

Bundesanstalt für Arbeitsschutz und Arbeitsmedizin (BAuA). (2017a). Alterns- und altersgerechte Arbeitsgestaltung Grundlagen und Handlungsfelder für die Praxis. https://www.baua.de/DE/Angebote/Publikationen/Praxis/Arbeitsgestaltung.pdf. Zugegriffen: 1. Aug. 2018.

Bundesanstalt für Arbeitsschutz und Arbeitsmedizin (BAuA). (2017b). Arbeitsunterbrechungen und Multitasking täglich meistern. https://www.baua.de/DE/Angebote/Publikationen/Praxis/A78.pdf?__blob=publicationFile&v=13. Zugegriffen: 3. Aug. 2018.

Bundesministerium für Arbeit und Soziales (BMAS). (2016). Wertewelten Arbeiten 4.0. www.arbeitenviernull.de/fileadmin/Downloads/Wertestudie_Arbeiten_4.0.pdf. Zugegriffen: 31. Juli 2018.

Bundesministerium für Familie, Senioren, Frauen und Jugend (BMFSFJ). (2010). Sechster Bericht zur Lage der älteren Generation in der Bundesrepublik Deutschland. Altersbilder in der Gesellschaft. https://www.bmfsfj.de/blob/101922/b6e54a742b2e84808af68b8947d10ad4/sechster-altenbericht-data.pdf. Zugegriffen: 21. Aug. 2018.

Bundesministerium für Familie, Senioren, Frauen und Jugend (BMFSFJ). (2012). Dokumentation der Konferenz „Altersbilder im Wandel". https://www.bmfsfj.de/blob/93260/8ce220c299df2385d5cd8f343a0c1747/altersbilder-im-wandel-data.pdf. Zugegriffen: 2. Aug. 2018.

Bund-Länder-Kommission für Bildungsplanung und Forschungsförderung (BLK). (2004). Strategie für Lebenslanges Lernen in der Bundesrepublik Deutschland. http://www.blk-bonn.de/papers/heft115.pdf. Zugegriffen: 6. Aug. 2018.

DAK. (2017). Müdes Deutschland: Schlafstörungen steigen deutlich an. DAK-Gesundheitsreport 2017: 80 Prozent der Erwerbstätigen schlafen schlecht [17.03.2017]. https://www.dak.de/dak/bundes-themen/muedes-deutschland-schlafstoerungen-steigen-deutlich-an-1885310.html. Zugegriffen: 2. Aug. 2018.

Deci, E. L., & Ryan, R. M. (1985). *Intrinsic motivation and self-determination in human behavior*. New York: Plenum.

Deutsche Gesellschaft für Ernährung (DGE). (o. J.). https://www.dge.de/ernaehrungspraxis/vollwertige-ernaehrung/10-regeln-der-dge/. Zugegriffen: 2. Aug. 2018.

Duden. (o. J. a). https://www.duden.de/rechtschreibung/Sinn. Zugegriffen: 6. Aug. 2018.

Duden. (o. J. b). https://www.duden.de/rechtschreibung/Ziel. Zugegriffen: 6. Aug. 2018.

Dullenkopf, E. (2018). *Soziales Kompetenztraining: Arbeitsbuch zur Steigerung der emotionalen Intelligenz, sozialen Kompetenz und Empathie*. o. O.: Selbstverlag.

Frankl, V. E. (1987). *Ärztliche Seelsorge*. Frankfurt a. M.: Fischer.

Gabler Wirtschaftslexikon. (o. J. a). https://wirtschaftslexikon.gabler.de/definition/talent-management-53960. Zugegriffen: 3. Aug. 2018.

Gabler Wirtschaftslexikon. (o. J. b). https://wirtschaftslexikon.gabler.de/definition/sozialkompetenz-43651. Zugegriffen: 6. Aug. 2018.

Gabler Wirtschaftslexikon. (o. J. c). https://wirtschaftslexikon.gabler.de/definition/intrinsische-motivation-41764/version-265123. Zugegriffen: 6. Aug. 2018.

Gabler Wirtschaftslexikon. (o. J. d). https://wirtschaftslexikon.gabler.de/definition/extrinsische-motivation-32084. Zugegriffen: 6. Aug. 2018.

Gabler Wirtschaftslexikon. (o. J. e). https://wirtschaftslexikon.gabler.de/definition/beduerfnis-30856. Zugegriffen: 6. Aug. 2018.

Gabler Wirtschaftslexikon. (o. J. f). https://wirtschaftslexikon.gabler.de/definition/motiv-39694. Zugegriffen: 6. Aug. 2018.

Geuenich, B., Hammelmann, I., Havas, H., Mündemann, B.-M., Novac, K., & Solms, A. (2018). *Das große Buch der Lerntechniken: Effektives Lernen leicht gemacht*. München: Compact.

Groll, T. (2011). Entspannung: Kurze Pausen richtig nutzen [02.08.2011]. https://www.zeit.de/karriere/beruf/2011-07/entspannung-pausen-tipps. Zugegriffen: 3. Aug. 2018.

Gundermann, A. (2015). Lernberatung. www.die-bonn.de/wb/2015-lernberatung-01.pdf. Zugegriffen: 17. Aug. 2018.

Hennecke, M., & Brandstätter, V. (2016). Gefühle und Anreize als Auslöser und Regulativ von Handlungen: Beiträge der allgemeinen Psychologie – Emotion und Motivation. In K. Sonntag (Hrsg.), *Personalentwicklung in Organisationen. Psychologische Grundlagen, Methoden und Strategien* (4., vollständig überarbeitete und erweiterte Aufl., S. 83–124). Göttingen: Hogrefe.

Hintz, A. J. (2011). *Erfolgreiche Mitarbeiterführung durch soziale Kompetenz. Eine praxisbezogene Anleitung*. Wiesbaden: Springer Gabler.

Ilmarinen, J. (2012). Förderung des aktiven Alterns am Arbeitsplatz. https://osha.europa.eu/de/tools-and-publications/publications/articles/promoting-active-ageing-in-the-workplace. Zugegriffen: 2. Aug. 2018.

Ilmarinen, J., & Tempel, J. (2013). *Arbeitsleben 2025. Das Haus der Arbeitsfähigkeit im Unternehmen bauen*. Hamburg: VSA.

Initiative Neue Qualität der Arbeit (INQA). (2016). Kein Stress mit dem Stress. Lösungen und Tipps für Führungskräfte und Unternehmen Mit vielen Arbeitshilfen und Praxisbeispielen. http://www.inqa.de/SharedDocs/PDFs/DE/Publikationen/psyga-kein-stress-mit-dem-stress-fuehrungskraefte-unternehmen.pdf?__blob=publicationFile&v=1. Zugegriffen: 1. Aug. 2018.

Institut für Arbeits-, Sozial- und Umweltmedizin der Johannes Gutenberg-Universität Mainz. (2014). Betriebliches Gesundheitsmanagement in kleinen und mittleren Unternehmen in Rheinland-Pfalz. http://www.gesundekmu.de/typo3temp/secure_downloads/19092/0/20c4292c3e573fa5bd9dba7c8dae0b6f709a7243/Leitfaden_GesundeKMU_Universitaetsmedizin.pdf. Zugegriffen: 2. Aug. 2018.

Kaluza, G. (2011). *Stressbewältigung*. Berlin: Springer.

Kanning, U. P. (2005). *Soziale Kompetenzen: Entstehung, Diagnose und Förderung*. Göttingen: Hogrefe.

Lampert, T., Kuntz, B., Hoebel, J., Müters, S., & Kroll, L. E. (2016). Arbeitslosigkeit und Gesundheit [03.05.2016]. http://www.bpb.de/nachschlagen/datenreport-2016/226608/arbeitslosigkeit-und-gesundheit. Zugegriffen: 3. Aug. 2018.

Leipold, B. (2012). *Lebenslanges Lernen und Bildung im Alter*. Stuttgart: Kohlhammer.

Levy, B. (2014). Unbewusst trainierte Altersbilder machen fit. *Wirtschaftspsychologie Aktuell* [16.12.2014]. https://www.wirtschaftspsychologie-aktuell.de/lernen/lernen-20141216-becca-levy-unbewusst-trainierte-altersbilder-machen-fit.html. Zugegriffen: 3. Aug. 2018.

Lohmann-Haislah, A. (2012). Stressreport Deutschland 2012. Psychische Anforderungen, Ressourcen und Befinden. https://www.baua.de/DE/Angebote/Publikationen/Berichte/Gd68.pdf?__blob=publicationFile&v=12. Zugegriffen: 23. Aug. 2018.

McClelland, D. C. (1985). *Human motivation*. Glenview: Scott, Foresman.

Meyer-Feist, A. (2018). 30 Tage ohne Klage [18.01.2018]. http://www.deutschlandfunkkultur.de/gute-laune-aktion-in-belgien-30-tage-ohne-klage.2165.de.html?dram:article_id=408559. Zugegriffen: 3. Aug. 2018.

MiaA. (o. J.). Der MiaA-Kurz-Check im Detail. https://www.ifgp.de/sites/default/files/2017-11/MiaA-KulturCheck.pdf. Zugegriffen: 6. Aug. 2018.

Michel, A., & Bickerich, K. (2016). Berufliche Entwicklung steuern und Erfolg fördern. Mentoring und Coaching. In K. Sonntag (Hrsg.), *Personalentwicklung in Organisationen. Psychologische Grundlagen, Methoden und Strategien* (4., vollständig überarbeitete und erweiterte Aufl., S. 561–600). Göttingen: Hogrefe.

Moskaliuk, J., Moeller, K., Sassenberg, K., & Hesse, F. W. (2016). Gestaltung von (mediengestützten) Lernprozessen und -umgebungen in organisationalen Kontexten – Beiträge der Pädagogischen Psychologie. In K. Sonntag (Hrsg.), *Personalentwicklung in Organisationen. Psychologische Grundlagen, Methoden und Strategien* (4., vollständig überarbeitete und erweiterte Aufl., S. 145–172). Göttingen: Hogrefe.

PSYCHOLOGIE bringt dich weiter. (2017). *Übungsbuch: Entdecken Sie Ihre Talente*. Hamburg: PSYCHOLOGIE bringt dich weiter.

Reinhaus, D. (2016). *Lerntechniken* (3. Aufl.). Freiburg: Haufe-Lexware.

Reusche, U. (2015). Sinn vermitteln als Führungsaufgabe [14.9.2015]. https://www.chemietechnik.de/sinn-vermitteln-als-fuehrungsaufgabe. Zugegriffen: 6. Aug. 2018.

Rump, J., Zapp, D., & Eilers, S. (2017). Erfolgsformel: Arbeiten 4.0 und Führung 4.0. http://www.ibe-ludwigshafen.de/download/arbeitsschwerpunkte-downloads/digitalisierung/Erfolgsformel-Arbeiten-4.0-und-FuCC88hrung-4.0_NEU_2.pdf. Zugegriffen: 31. Juli 2018.

Rytina, S., & Marschall, J. (2010). Gegen Stress geimpft. *Gehirn und Geist, 3,* 51–55.

Schmid, W. (2013). Glück und seine Bedeutung für die Wirtschaft. https://www.romanherzoginstitut.de/publikationen/detail/download/glueck-und-seine-bedeutung-fuer-die-wirtschaft.html. Zugegriffen: 16. Aug. 2018.

Schreiber, V., & Iskenius, E.-L. (2013). Flüchtlinge: zwischen Traumatisierung, Resilienz und Weiterentwicklung. http://amnesty-heilberufe.de/wp-content/uploads/mug.schreiber_iskenius resilienz.2013.pdf. Zugegriffen: 3. Aug. 2018.

Schröder-Kunz, S. (2016). Selbstverantwortung und Mitverantwortung bei älteren Arbeitnehmern in der sich verändernden Arbeitswelt. (bislang unveröffentlicht).

Schwarzer, J. (2015). Die Fehler der dicken Deutschen [22.2.2015]. http://www.handelsblatt.com/technik/medizin/sport-und-gesunde-ernaehrung-die-fehler-der-dicken-deutschen/11383748-all.html. Zugegriffen: 2. Aug. 2018.

Sonntag, K., Turgut, S., & Feldmann, E. (2016). Arbeitsbedingte Belastungen erkennen, Stress reduzieren, Wohlbefinden ermöglichen: Ressourcenorientierte Gesundheitsförderung. In K. Sonntag (Hrsg.), *Personalentwicklung in Organisationen. Psychologische Grundlagen, Methoden und Strategien* (4., vollständig überarbeitete und erweiterte Aufl., S. 411–454). Göttingen: Hogrefe.

Vester, F. (1998). *Denken, Lernen, Vergessen: Was geht in unserem Kopf vor, wie lernt das Gehirn, und wann lässt es uns im Stich?* München: dtv.

Wöhrmann, A. M., Gerstenberg, S., Hünefeld, L., Pundt, F., Reeske-Behrens, A., Brenscheidt, F., & Beermann, B. (2016). Arbeitszeitreport Deutschland 2016. https://www.baua.de/DE/Angebote/Publikationen/Berichte/F2398.pdf. Zugegriffen: 31. Juli 2018.

Weiterführende Literatur

Bundesanstalt für Arbeitsschutz und Arbeitsmedizin (BAuA). (2016). Arbeitszeitreport Deutschland 2016. https://www.baua.de/DE/Angebote/Publikationen/Berichte/F2398.pdf. Zugegriffen: 31. Juli 2018.

Bundesministerium für Familie, Senioren, Frauen und Jugend (BMFSFJ) (2017). Siebter Altenbericht. Sorge und Mitverantwortung in der Kommune – Aufbau und Sicherung zukunftsfähiger Gemeinschaften und Stellungnahme der Bundesregierung. https://www.bmfsfj.de/blob/120144/2a5de459ec4984cb2f83739785c908d6/7–altenbericht—bundestagsdrucksache-data.pdf. Zugegriffen: 18. Aug. 2018.

Drössler, S., Steputat, A., Schubert, M., Euler, U., & Seiler, A. (2016). Psychische Gesundheit in der Arbeitswelt – Soziale Beziehungen. https://www.baua.de/DE/Angebote/Publikationen/Berichte/F2353-2b.pdf?__blob=publicationFile&v=5. Zugegriffen: 25. Aug. 2018.

Erikson, E. H. (1966). *Identität und Lebenszyklus*. Frankfurt a. M.: Suhrkamp.

Europäische Kommission. (1995). Lehren und Lernen. Auf dem Weg zur kognitiven Gesellschaft. Weißbuch zur allgemeinen und beruflichen Bildung. europa.eu/documents/comm/white_papers/pdf/com95_590_de.pdf. Zugegriffen: 25. Aug. 2018.

Jaspers, K. (1973). *Philosophie II Existenzerhellung*. Berlin: Springer.

Maas, H. (10.12.2015). Internet-Charta: Unsere digitalen Grundrechte. https://www.zeit.de/2015/50/internet-charta-grundrechte-datensicherheit. Zugegriffen: 25. Aug. 2018.

McClelland, D. C., & Boyatzis, R. E. (1982). Leadership motive pattern and long-term success in management. *Journal of Applied Psychology, 67,* 737–743.

Meschkutat, B., Stackelbeck, M., & Langenhoff, G. (2002). Der Mobbing-Report. Repräsentativstudie für die Bundesrepublik Deutschland. https://www.baua.de/DE/

Angebote/Publikationen/Schriftenreihe/Forschungsberichte/2002/Fb951.pdf?__blob=publicationFile&v=1. Zugegriffen: 25. Aug. 2018.
Müller, A., & Weigl, M. (2014). Ressourcenorientierte Ansätze alternsgerechter Arbeitsgestaltung. *Informationsdienst Altersfragen, 41*(2), 3–9.
Oppitz, S. (2012). Innovationen leben. Beschäftigungsfähigkeit sichern. In Charta der Vielfalt e. V. (Hrsg.), *JUNG – ALT – BUNT. Diversity und der demographische Wandel* (S. 33 f.). Berlin: Charta der Vielfalt e. V.
Paridon, H. (2015). IAG Report 1/2013 Gefährdungsbeurteilung psychischer Belastungen – Tipps zum Einstieg. https://www.zuv.uni-freiburg.de/formulare/iag-report. Zugegriffen: 25. Aug. 2018.
Soziale Kontakte verlängern das Leben. (28. Juli 2010). *Tagesspiegel.* https://www.tagesspiegel.de/wissen/studie-ueber-einsamkeit-soziale-kontakte-verlaengern-das-leben/1892120.html. Zugegriffen: 26. Aug. 2018.
Wahl, H.-W., & Elsässer, V. (2016). Menschliche Entwicklung und ihre Gestaltbarkeit: Beitrage der Entwicklungspsychologie. In K. Sonntag (Hrsg.), *Personalentwicklung in Organisationen. Psychologische Grundlagen, Methoden und Strategien* (4., vollständig überarbeitete und erweiterte Aufl., S. 39–64). Göttingen: Hogrefe.

Verschiedene Alter gut (zusammen) führen

4

Zusammenfassung

In diesem Kapitel beschäftigen Sie sich näher mit den drei Mitarbeitergenerationen (Abschn. 4.1). Sie erfahren, welche Potenziale, Bedürfnisse und Belastungen etc. die jüngere, mittlere und ältere Mitarbeitergeneration mitbringen können. Dabei ist bei der Unterteilung der Generationen immer Vorsicht geboten, denn jeder Mensch ist anders – auch zwei Gleichaltrige können sich stark voneinander unterscheiden. In Abschn. 4.2 können Sie nachlesen, wie Sie dieses Wissen im Arbeitsalltag in sieben Gestaltungsfeldern umsetzen können.

Dieses Kapitel soll Sie dazu ermuntern, sich über die verschiedenen Mitarbeitergenerationen mit ihren Bedürfnissen, Belastungen, Potenzialen etc. Gedanken zu machen und einen Führungsstil zu finden, der Ihnen dabei hilft, die verschiedenen Mitarbeitergenerationen erfolgreich und gut zu führen. Das Ziel sollte eine altersgerechte und alternsgerechte Arbeitsgestaltung[1] sein, die die Bedürfnisse der verschiedenen Mitarbeitergenerationen in den Blick nimmt; denn sie trägt zur Motivation, zur Zufriedenheit und zum Engagement der Mitarbeiter bei (vgl. Bundesanstalt für Arbeitsschutz und Arbeitsmedizin [BAuA] 2017, S. 3).

Eine schnelllebige, komplexe Arbeitswelt mit „vielfältigen" Mitarbeitern und hohem Bedarf an Kommunikation benötigt kontinuierliche Weiterbildung und Unterstützung auf der fachlichen Ebene, in Bezug auf das Miteinander und hinsichtlich der individuellen psychischen und physischen Gesundheit.

[1]Sie erinnern sich: Altersgerecht ist ein Führungsstil dann, wenn er die Besonderheiten der verschiedenen Generationen im Blick behält. Alternsgerechte Führung unterstützt die Beschäftigten so, dass sie trotz und mit ihrer Arbeit gesund und gut älter werden.

S. Schröder-Kunz, *Generationen (gut) führen*,
https://doi.org/10.1007/978-3-658-24097-4_4

Hier wird der älteren Generation aus drei Gründen besondere Aufmerksamkeit geschenkt:

Erstens wird die stetig wachsende Gruppe der Älteren in den Unternehmen infolge des demografischen Wandels eine immer größere Rolle spielen. Sie gilt es, möglichst lange im Betrieb zu halten. Dabei gibt es großen Handlungsbedarf, denn viele ältere Beschäftigte würden lieber früher in Rente gehen, wenn es finanziell machbar wäre, anstatt länger im Berufsleben zu bleiben (vgl. AXA 2018). Hier gilt es anzusetzen und Wege zu finden, damit ältere Mitarbeiter länger motiviert, gesund und engagiert arbeiten können und wollen.

Zweitens haften älteren Menschen besonders viele negative Vorurteile (Altersstereotype) an, die hinterfragt und aufgelöst werden müssen. Wie sich zeigen wird, haben ältere Menschen auch eine Menge Potenziale, die es zu nutzen gilt. Hier haben Sie als Führungskraft einen großen Handlungsspielraum, allerdings herrscht hier in vielen Organisationen auch eine besondere Handlungsnotwendigkeit.

Drittens: Wenn Sie sich mit Ihren älteren Mitarbeitern im positiven Sinne beschäftigen, profitieren Sie auch selbst davon. Die positive Sicht auf das Alter wird Ihr eigenes Älterwerden prägen. Wer an sich selbst die „Kräfte durch das Älterwerden" entdeckt, nimmt sie auch eher an seinen älteren Mitarbeitern wahr. Daher sollte der erste Schritt zu einer altersgerechten Führung eine Selbstreflexion sein (vgl. Initiative Neue Qualität der Arbeit [INQA] 2016, S. 36).

Denkanstoß

Wie schätzen Sie die Potenziale des Alters ein? Haben Sie im Laufe Ihres (Berufs-)Lebens Talente entwickelt, die erst mit der Zeit zur Entfaltung kamen? Wie stehen Sie selbst dem Alter und dem Älterwerden gegenüber?

Warum teile ich die Beschäftigten in (Arbeits-)Generationen ein? Weil sich damit typische Lebenslagen beschreiben und grobe Zuordnungen vornehmen lassen. Weil Menschen von bestimmten Lebensumständen, politischen, technologischen, sozialen und gesellschaftlichen Rahmenbedingungen geprägt werden. Und weil es tatsächlich altersbedingte Unterschiede gibt, die Einfluss auf das Arbeitsleben haben: Wissenschaftliche Studien haben ergeben, dass sich Arbeitsbedingungen bei unterschiedlichen Altersgruppen verschieden auswirken können (vgl. u. a. BAuA 2017).

Und doch sind alle Menschen verschieden. Selbst wenn zwei Personen das gleiche Alter haben, heißt das noch lange nicht, dass ihre Bedürfnisse, Werte, Lebenssituation, Potenziale und Belastungen identisch sind. Sie sind zwar zur gleichen Zeit aufgewachsen und wurden in gewissem Maße von den gesellschaftlichen, wirtschaftlichen und kulturellen Rahmenbedingungen und Ereignissen ihrer Zeit geprägt. Doch die Ziele, Wünsche und ganz allgemein die Persönlichkeiten dieser Menschen können sehr stark voneinander abweichen.

Für Sie als Führungskraft gilt daher: Seien Sie sich bewusst, dass das Alter von Beschäftigten zwar durchaus eine Rolle dabei spielt, wie die Mitarbeiter am besten geführt werden können, dass daneben aber auch unzählige weitere Faktoren eine Rolle spielen. Haben Sie immer den Menschen im Blick, nicht den Vertreter eines bestimmten Lebensalters.

Das Big-Five-Persönlichkeitsmodell

Ihre Mitarbeiter haben sicher ganz unterschiedliche Persönlichkeiten. Als Führungskraft sind Sie immer wieder gehalten, die Beschäftigten zu fördern, zu fordern und zu begleiten. Sie möchten positiv auf ihre Entwicklung einwirken und haben hier im besten Fall viele Ideen und Strategien parat.

Doch bei all dem ist es wichtig, sich immer wieder vor Augen zu führen, dass jeder Mensch seine individuelle Persönlichkeit hat und nicht nach Belieben gestaltbar ist. Das heißt: Veränderungen sind bei Ihren Mitarbeitern nur begrenzt möglich und immer wieder im Hinblick auf deren Persönlichkeit und Biografie zu sehen.

Damit Sie die Persönlichkeit Ihrer Mitarbeiter besser einschätzen können, möchte ich Ihnen das sogenannte Big-Five-Modell (Fünf-Faktoren-Modell) vorstellen. Dieses Modell aus der Persönlichkeitspsychologie unterscheidet fünf Hauptdimensionen der Persönlichkeit (vgl. Spektrum Akademischer Verlag 2000):

- Neurotizismus (Neigung zu Ängstlichkeit, Traurigkeit und emotionaler Labilität)
- Extraversion (Neigung zu Optimismus und Geselligkeit)
- Offenheit für Erfahrungen (Interesse an Neuem, Wissbegier)
- Verträglichkeit (Neigung zur Nachgiebigkeit, Selbstlosigkeit und Kooperation)
- Gewissenhaftigkeit (Neigung zu hoher Leistungsbereitschaft, ausgeprägte Disziplin, Tendenz zur Zuverlässigkeit).

Tab. 4.1 gibt Ihnen einen Überblick über das Big-Five-Modell (vgl. Bipp 2006).

Wie schätzen Sie Ihre Mitarbeiter ein? Welche praktischen Konsequenzen ergeben sich daraus?

Wenn Sie mehr über dieses Thema wissen möchten, kann ich Ihnen unter anderem folgende Bücher empfehlen:

- „Big Five – Sich selbst und andere erkennen" von Thomas Saum-Aldehoff (2012)
- „Führen mit dem Big-Five-Persönlichkeitsmodell – Handelsblatt: Das Instrument für optimale Zusammenarbeit (Handelsblatt – Erfolgreich führen)" von Pierce J. Howard und Jane Mitchell Howard (2008)

Tab. 4.1 Das Big-Five-Modell

	Stark ausgeprägt	Schwach ausgeprägt
Neurotizismus	Ängstlich, unsicher, nervös, deprimiert, verlegen, emotional, leicht erregbar, empfindsam, verletzlich	Ausgeglichen, emotional stabil, robust, selbstsicher, unempfindlich, ruhig
Extraversion	Gesellig, gesprächig, aktiv, impulsiv, mitteilsam, lebhaft, kontaktfreudig, offen	Introvertiert, reserviert, ernst, schüchtern, distanziert, still, ruhig, zurückhaltend
Offenheit für Erfahrungen	Einfallsreich, aufgeschlossen, neugierig, geistreich, breit interessiert, wissbegierig	Sachlich, praktisch, nüchtern, pragmatisch
Verträglichkeit	Höflich, versöhnlich, hilfsbereit, konfliktscheu, entgegenkommend	Kompetitiv, konfrontativ
Gewissenhaftigkeit	Verlässlich, sorgfältig, verantwortungsbewusst, organisiert, zuverlässig, systematisch, selbstdiszipliniert	Nachlässig, unsystematisch, sprunghaft, unbesonnen, chaotisch

Wenn ich in diesem Kapitel trotzdem Anregungen für den Umgang mit verschiedenen Mitarbeitergenerationen gebe, geschieht das in dem vollen Bewusstsein, dass sich Menschen nicht in Schubladen stecken lassen, dass es zu jedem Beispiel auch Gegenbeispiele gibt. Die Anregungen sind deshalb nie als allein gültige Handlungsanweisungen zu verstehen, sondern eher als Denkanstoß. Deshalb verzichte ich auch bewusst darauf, die drei Mitarbeitergenerationen nach Geburtsjahren einzugrenzen. Statt der Bezeichnungen „Silver Worker", „Babyboomer", „Generation Golf", „Generation X", „Generation Y" oder „Generation Z" verwende ich die Bezeichnungen „ältere Mitarbeitergeneration", „mittlere Mitarbeitergeneration" und „jüngere Mitarbeitergeneration" – in dem Wissen, dass die einzelnen Merkmale einer Generation ineinander übergehen und jede Generation durchaus heterogen ist.

Was wäre gewesen, wenn wir eine andere Erziehung genossen oder in einem anderen Umfeld gelebt hätten? Unser Leben wäre bestimmt ganz anders verlaufen, unsere Einstellungen und unsere Verhaltensmuster würden sich sicher stark von dem Gegebenen unterscheiden, wenn wir in einer anderen Zeit aufgewachsen wären.

Dieses Bewusstsein kann hilfreich sein, um Interesse an verschiedenen Menschen zu entwickeln, die durch eine andere Zeit geprägt wurden. In diesem Verständnis für den anderen kann auch Verständnis für sich selbst und die eigene Generation (Selbstverantwortung) entstehen. Dabei kann sich dann auch die Mitverantwortung für die Zusammenführung der Mitarbeitergenerationen entfalten.

Damit wären wir wieder bei Diversity. Es geht in dieser Haltung nicht mehr um das Urteilen und Werten, sondern um Offenheit, Interesse und Verständnis für den anderen. Das Zusammensein der Generationen ist eine Chance. Wir können voneinander lernen, uns weiterentwickeln und unsere Einstellung überdenken. Dazu müssen wir bereit sein, uns auf andere und anderes einzulassen. Diese Offenheit ist bislang nicht immer gegeben.

Die vorgestellten Übungen sind zunächst recht aufwendig. Langfristig gesehen können sie für die Mitarbeiter als Einzelpersonen sowie für das Team als Ganzes im Hinblick auf Gesundheit, Kompetenz und Motivation förderlich sein. So können die Qualität der Arbeit und die intergenerationelle Zusammenarbeit insgesamt verbessert werden.

Denkanstoß

Jede junge Generation ist durch historisch einmalige Lebensumstände geprägt, woraus sich Impulse für gesellschaftliche Veränderungen ergeben. Hinzu kommt die individuelle Prägung. Überlegen Sie, welche Erfahrungen Sie im Hinblick auf die folgenden Punkte gemacht haben. Was hat Sie persönlich geprägt? Was hat viele Menschen Ihrer Generation gemeinsam geprägt?

- Familienform
- Schule
- Natur
- Religion
- Besitz
- Arbeit
- Politik
- Sexualität
- Geschlechterrollen
- Liebe
- Werte

Negative Altersbilder und die Notwendigkeit der Generationensolidarität

Es ist schade, wenn Menschen aufgrund ihres Alters in eine Schublade gesteckt werden.

Die Vorurteile gegenüber älteren Menschen sind in Deutschland ausgeprägter als in vielen anderen Ländern (vgl. Kunze 2018). In vielen Organisationen herrschen negative Altersstereotype vor, gerade bei jüngeren Menschen. Ein Beispiel: Viele Menschen glauben, dass ältere Arbeitnehmer öfter krank seien als jüngere (vgl. Steinlein 2012). Krankenkassendaten belegen, dass das nicht stimmt. Wenn ältere Arbeitnehmer krank werden, fallen sie zwar länger aus als jüngere Kollegen mit der gleichen Krankheit, aber sie sind insgesamt seltener krank als jüngere (Abschn. 4.1.1, 4.1.3; BAuA 2017, S. 7; Steinlein 2012).

Weit verbreitet ist auch das sogenannte Defizitmodell: Danach sind ältere Menschen weniger leistungsfähig als jüngere. In einer Umfrage von ZEIT ONLINE (Kunze 2018) stimmten beispielsweise nur rund 20 % der Unter-20-jährigen der Aussage zu, dass das alternde Deutschland auch Potenziale habe. Bei den Über-60-jährigen waren es mehr als 60 %. Doch das Vorurteil hält wissenschaftlichen Studien nicht stand. Ein älterer Mensch leistet nicht zwangsläufig weniger als ein jüngerer.

Umso wichtiger ist es, gegen die Vorurteile vorzugehen. Denn gerade, wenn in Zukunft wenige erwerbstätige Jüngere für die Alterssicherung vieler Älterer aufkommen müssen, kann ein Konflikt der Generationen entstehen. Das kann nicht im Sinne der Politik und unserer Gesellschaft sein. Und auch in Organisationen beeinträchtigt ein Generationenkonflikt das Arbeitsklima – und letztlich die Arbeitsergebnisse.

Denkanstoß

Haben Sie im Berufsalltag Situationen erlebt, in denen ältere Mitarbeiter nicht die erwünschten Ergebnisse erzielt haben? Lag das tatsächlich an deren Alter, oder waren erschwerte Rahmenbedingungen oder psychosoziale Umstände entscheidend?

Und auf der anderen Seite:

Wann und wo haben Sie in ihrem Leben schon einmal die verschiedenen Fähigkeiten von Jüngeren und Älteren zusammenwirken sehen und dabei eine besondere Kraft und Dynamik oder ein besonderes Ergebnis beobachten können?

Versuchen Sie, das kraftvolle Zusammenwirken der Generationen in Ihrem Lebens- und Arbeitsalltag zu finden.

Umso wichtiger ist es, dass sich alle Beteiligten darum bemühen, aufeinander zuzugehen und einander Verständnis entgegenzubringen. So entsteht eine Generationensolidarität (Abschn. 4.2.4). Je mehr die verschiedenen Generationen übereinander wissen, desto besser lassen sich die verschiedenen Potenziale konstruktiv zusammenführen. Hier setzt das intergenerative Lernen an (vgl. Abschn. 4.1.3, 4.2).

▶ Ältere Beschäftigte verfügen über viel Berufs- und Lebenserfahrung. Das über Jahrzehnte erworbene Erfahrungswissen ist es oft, das beruflichen Erfolg ausmacht (vgl. Moskaliuk et al. 2016, S. 148). Umso wichtiger ist es, dass die ältere Generation ihr Wissen weitergibt und jüngere Kollegen dieses Wissen erwerben wollen.

4.1 Die drei Mitarbeitergenerationen

Wer sind nun die Mitarbeitergenerationen? Wer sind die Jüngern oder die Älteren? Und worauf sollten Sie achten?

Die Vertreter der drei Mitarbeitergenerationen befinden sich in unterschiedlichen Phasen ihres Berufs- und Privatlebens, sind in verschiedenen gesellschaftlichen und politischen Umgebungen aufgewachsen und haben vielfach unterschiedliche Leitthemen, die sie in ihrer jetzigen Situation umtreiben.

Das bedeutet nicht, dass alle Menschen einer Generation gleich sind. Die folgenden Ausführungen sollen lediglich als Näherungswerte angesehen werden, die Ihr Verständnis für Ihre Mitarbeiter verbessern können.

Bevor wir ins Detail gehen, finden Sie in Tab. 4.2 einen Überblick darüber, wie sich bestimmte arbeitsrelevante Merkmale im Laufe des Lebens verändern. Die Angaben basieren auf wissenschaftlichen Übersichtsstudien, trotzdem sollten die Ergebnisse mit Vorsicht betrachtet werden: Manche Entwicklungen hängen eng mit dem jeweiligen Arbeitskontext zusammen und nicht mit dem biologischen Alter: zum Beispiel nachlassende Muskelkraft bei jahrzehntelanger harter körperlicher Arbeit (vgl. BAuA 2017, S. 9). Außerdem gibt es selbstverständlich auch zahlreiche Menschen, auf die das nicht zutrifft.

▶ **Tipp**

Betrachten Sie die vielen positiven Aspekte, die mit dem Alter eher zunehmen. Vergleichen Sie sie dann mit denen, die eher abnehmen. Sie werden erkennen, dass Erstere überwiegen und damit in vielerlei Hinsicht dabei helfen können, nachlassende Fähigkeiten, Motive und Einstellungen auszugleichen bzw. zu kompensieren.

Wenn Sie Ihre Mitarbeiter fördern möchten, sollten Sie zunächst immer die Lebenssituation des Einzelnen betrachten. Gleichzeitig sollten Sie immer seine aktuelle Arbeitsfähigkeit (Kap. 3) betrachten. Reichen seine Gesundheit, Kompetenz und Motivation aus, damit er eine anstehende Aufgabe bewältigen kann? Selbstverständlich werden Sie nie auf alle Befindlichkeiten eingehen können. Das wird besonders dann schwierig, je mehr Beschäftigte Sie führen (Abschn. 2.2).

Dennoch sollten Sie Ihre Mitarbeiter immer wieder hinsichtlich der genannten Aspekte in den Blick nehmen. Je intensiver Ihr Kontakt zu den Teammitgliedern ist, desto eher werden sie sich auch trauen, in besonderen Situation aktiv auf Sie zuzukommen und zu erklären, warum sie eine bestimmte Aufgabe nicht erfüllen können oder was ihnen dazu fehlt.

Tab. 4.2 Altersabhängige Veränderungen berufsbezogener Merkmale. (Nach BAuA 2017, S. 7, ergänzt um Angaben aus Rump und Eilers 2015)

	Nimmt im Alter eher zu	Nimmt im Alter eher ab
Fähigkeiten	• Kristalline Intelligenz (Erfahrungswissen, Fachwissen) • Selbstmanagement-Kompetenz (z. B. Regulation von Emotionen, positive Emotionsverarbeitung) • Soziale Kompetenzen • Sorgfalt und Genauigkeit • Urteilsvermögen • Kritisches Denken • Selbstständigkeit • Kenntnis der Zusammenhänge innerhalb des Unternehmens • Allgemeinwissen • Sprachliches Ausdrucksvermögen	• Fluide Intelligenz (selektive Aufmerksamkeit, Lösen neuer Problemstellungen, schnelle Informationsverarbeitung) • Sensorische Fähigkeiten • Muskuläre Fähigkeiten (z. B. Muskelkraft, Muskelmasse, Balance) • Physiologische Grundfunktionen (z. B. längere Erholungszeiten nach Belastungen, Lungenkapazität, geringere Ausdauerleistung) • Motorische Fähigkeiten (z. B. Beweglichkeit, Bewegungsschnelligkeit und -abläufe) • Geistige Wendigkeit • Fähigkeit zu kombinieren • Geschwindigkeit, mit der Signale aufgenommen werden • Informationsaufnahme und -verarbeitung bei sehr komplexen Aufgaben • Lerngeschwindigkeit, wenn sich Lerninhalte stark von Bestehendem unterscheiden • Abstraktionsfähigkeit • Kurzzeitgedächtnis
Gesundheit	• Falldauer bei Fehlzeiten • Körperliche Beschwerden und chronische Erkrankungen (Herz-Kreislauf- und Muskel-Skelett-Erkrankungen, Blutdruck)	• Fallhäufigkeit bei Fehlzeiten • (wahrgenommene) Gesundheit • Arbeitsfähigkeit • Organfunktionen • Hör- und Sehvermögen • Muskelkraft

(Fortsetzung)

Tab. 4.2 (Fortsetzung)

	Nimmt im Alter eher zu	Nimmt im Alter eher ab
Arbeitsbezogene Motive und Qualitäten	• Intrinsische Motivation (Arbeitsinhalte und Selbstverwirklichung betreffend) • Emotional wichtige Ziele (z. B. Generativität) • Bedürfnis nach Autonomie • Sicherheitsbewusstsein/Arbeitssicherheit • Zuverlässigkeit • Ausgeglichenheit • Berufserfahrung • Verantwortungsbewusstsein • Betriebstreue • Konfliktfähigkeit • Fähigkeit zur Übernahme von Führungsverantwortung	• Extrinsische Motivation und Wachstumsmotive (z. B. die eigene Karriere betreffend) • Offenheit für Veränderungen • Risikobereitschaft • Aufstiegsorientierung
Verhalten, Einstellungen und Persönlichkeit	• Zufriedenheit mit der Tätigkeit • Stellenwert der Arbeit • Fokus auf positive Erfahrungen • Bindung an das Unternehmen • Sicherheitsverhalten • Qualitätsbewusstsein • Zuverlässigkeit und Loyalität • Gewissenhaftigkeit • Verträglichkeit	• Emotionale Erschöpfung • Emotionale Labilität • Widerstandsfähigkeit bei langfristiger hoher Belastung (psychisch und physisch)

(Fortsetzung)

Tab. 4.2 (Fortsetzung)

<table>
<tr><th></th><th>Nimmt im Alter eher zu</th><th>Nimmt im Alter eher ab</th></tr>
<tr><td>Unverändert</td><td colspan="2">• Allgemeine Leistung (objektive Beurteilung und durch Vorgesetzte)
• Allgemeine mentale Gesundheit
• Kreativität und objektive Innovationsfähigkeit
• Problemlösungsfähigkeiten in realen Settings und ohne Zeitdruck
• Allgemeines Faktenwissen, prozedurales Gedächtnis
• Ungesunde Ernährung, Alkoholkonsum
• Bewegungsgewohnheiten
• Aufmerksamkeit
• Konzentrationsfähigkeit
• Langzeitgedächtnis
• Planvolles, zielorientiertes Handeln
• Kooperationsfähigkeit
• Physische Ausdauer/Durchhaltevermögen
• Lernfähigkeit (sofern entsprechende didaktische Voraussetzungen gegeben sind)
• Fähigkeit zur Informationsaufnahme
• Leistungsorientierung
• Entscheidungsfähigkeit
• Verhalten am Arbeitsplatz</td></tr>
</table>

Gerade Mitarbeiter, die sich stark einsetzen, ihr Bestes geben möchten, möglicherweise auch unter einem (inneren) Leistungsdruck arbeiten, brauchen Ihren sensiblen Blick als Führungskraft, damit Sie an Tagen, an denen ihre Arbeitsfähigkeit nicht im gewöhnlichen Maß gegeben ist, eingreifen, die Aufgaben anders verteilen oder in irgendeiner anderen Weise Unterstützung geben.

4.1.1 Jüngere Mitarbeitergeneration

Jugendlichkeit gilt als erstrebenswertes Ideal. Zugleich haben ältere Generationen schon immer über die Jugend geschimpft. Wer sind heute die Menschen hinter diesen Generationenklischees?

Da infolge des demografischen Wandels immer weniger Junge nachkommen, wird in Zukunft in vielen Branchen ein „War for Talents" – ein Kampf um die besten Köpfe – entbrennen. Umso wichtiger ist es für Unternehmen, die Bedürfnisse junger Fachkräfte einschätzen zu können und darauf einzugehen. Dazu benötigen sie Wissen über diese Generation.

Wichtig
Es gibt nicht *die* jüngere Mitarbeitergeneration, es gibt nur Menschen gleichen Alters mit unterschiedlichen Werten, Bedürfnissen, Belastungen etc.

Trotzdem lassen sich Tendenzen ausmachen, was Generationen prägt. Die folgenden Ausführungen stützen sich zwar auf Studien, sind aber dennoch nur als Näherungswerte zu verstehen. Das liegt zum einen an der großen Vielfalt der Persönlichkeiten, die unsere Gesellschaft ausmacht, zum anderen daran, dass Studienergebnisse auch von dem Studiendesign (Art der Fragestellung, Auswahl der Teilnehmer, Offenheitsgrad der Antwortmöglichkeiten etc.) abhängen können.

Die Vertreter dieser Mitarbeitergeneration haben vielfach schon im Kindesalter oder in der frühen Jugend Erfahrungen mit dem Internet gemacht, sie sind die Digitalisierung gewohnt und haben sie in ihren Lebensalltag eingebaut. Ihnen fällt der Umgang mit neuen Technologien daher oft leichter als älteren Menschen, die nicht mit dem Internet aufgewachsen sind. Man bezeichnet die Vertreter der jüngeren Mitarbeitergeneration oft auch als Digital Natives. Je jünger sie sind, umso eher trifft das zu.

Im Vergleich zu den vorangehenden Generationen zeichnen sich zahlreiche jüngere Beschäftigte durch ein sehr hohes Bildungsniveau sowie hohe Ansprüche an Bildung aus. Das mag ein Ausdruck des Wunsches nach lebenslanger „Employability" sein (vgl. Klös et al. 2016, S. 9, 21, 32; Rump und Eilers 2011). Für eine große Anzahl jüngerer Beschäftigter gehört lebenslanges Lernen selbstverständlich zum (Berufs-)Leben dazu.

Durch Referate in der Schule und Gruppenarbeiten wurden die meisten jüngeren Menschen frühzeitig darin geschult, sich auszudrücken. Daher verfügen einige von ihnen über ausgeprägtes Kommunikationstalent.

Welche Werte sind der jüngeren Mitarbeitergeneration im Leben besonders wichtig? Diese Frage hat eine Kienbaum-Absolventenstudie (Kienbaum 2017) zu beantworten versucht. Die Studienteilnehmer – 270 Hochschulabsolventen[2] von durchschnittlich 26 Jahren – benannten Familie, Freunde und Beziehungen als die wichtigsten Werte in ihrem Leben. Deutlich abgeschlagen liegen Erfolg und Gesundheit auf dem zweiten und dritten Platz. Mut, Genuss und Konsum spielen für die Befragten dagegen nur eine untergeordnete Rolle.

Jobsicherheit und Karriere

Die Karriereleiter erklimmen? Ja, gerne! Ein nicht zu vernachlässigender Prozentsatz der jungen Menschen möchte Karriere machen und erfolgreich sein. Doch nicht (allein) Geld, Macht und Prestige locken. Vielfach treibt sie auch der Wunsch an, eigene berufliche Vorstellungen zu verwirklichen (vgl. Opaschowski 2008, S. 133 f.).

20 oder mehr Jahre im gleichen Beruf beim gleichen Arbeitgeber zu arbeiten ist heutzutage weitaus weniger verbreitet als früher. Dessen ist sich die jüngere Generation weitgehend bewusst – und zwar stärker als die mittlere oder ältere Mitarbeitergeneration (vgl. Klös et al. 2016, S. 20). Das verwundert nicht allzu sehr, denn Befristung und Jobwechsel haben viele von ihnen selbst bereits erlebt. Es ist Teil ihrer Sozialisation.

Trotzdem – oder vielleicht gerade deshalb – nennen überdurchschnittlich viele junge Menschen Arbeitsplatzsicherheit als wichtiges Kriterium bei der Berufswahl (Vgl. u. a. Fuchs 2008, S. 19; Klös et al. 2016, S. 20; Mörstedt o. J., S. 7, 14 f.; Shell 2015). Zugleich zeigen Befragungen auch, dass zahlreiche Vertreter dieser Generation der eigenen Zukunft gelassen entgegenblicken (vgl. Shell 2015).

„Career Security" scheint für einige junge Menschen weitaus wichtiger als „Job Security". Es geht also eher darum, ein Leben lang beschäftigungsfähig zu

---

[2]Hier zeigt bereits die Auswahl der Befragten, dass die Ergebnisse nicht verallgemeinerbar sind. Nicht-Akademiker werden in dieser Studie nicht berücksichtigt.

sein und zu bleiben, als um eine lebenslange Anstellung in einem Unternehmen (vgl. Klös et al. 2016, S. 21).

Karrieren lassen sich heutzutage weniger gut planen, als das früher der Fall war. Das ist der jüngeren Generation (die nichts anderes kennt) bewusst. Daher planen einige jüngere Menschen ihren Werdegang sehr individuell und strategisch. Für manche steht dabei die Frage im Vordergrund: Was bringt mich als Person jetzt und in Zukunft voran? Daher sollten Unternehmen, die jüngere Mitarbeiter anziehen und halten wollen, weniger auf ausdifferenzierte Karrierewege setzen, sondern vielmehr auf individuelle Aufstiegsmöglichkeiten, die zu den Bedürfnissen und Werten der jeweiligen Persönlichkeiten passen (vgl. Klös et al. 2016, S. 22).

Gelegentlich wird der Generation Y (die dieser Mitarbeitergeneration zuzuordnen ist) vorgeworfen, sie sei an einer Weiterentwicklung nicht interessiert. Diese Vorwürfe greifen eindeutig zu kurz. Denn die Vorstellungen davon, was Karriere ist, unterscheiden sich innerhalb der jüngeren Mitarbeitergeneration sehr stark. Hier ist eine größere Offenheit für die Vielfalt innerhalb der Generation geboten: Seitwärtsgerichtete Entwicklungsschritte sollten ebenso gefördert werden wie aufwärtsgerichtete (vgl. Klös et al. 2016, S. 30).

Denkanstoß

Stellen Sie ebenfalls fest, dass Ihre jüngeren Mitarbeiter nach beruflichem Erfolg in Verbindung mit Selbstverwirklichung streben? Wie steht es um die entsprechenden Aufstiegschancen in Ihrem Unternehmen? Wie können Sie Ihre jüngeren Mitarbeiter gegebenenfalls trotz mangelnder Karriereperspektive motivieren? Hilft es möglicherweise, über die Werte der Arbeit (Abschn. 3.1.2.4; Abschn. 3.3) zu sprechen und Sinn im Kleinen zu suchen? Was ist wirklich wichtig? Kann Erfüllung und Zufriedenheit erlebt werden, auch wenn (vorerst) kein Aufstieg möglich ist?

Loyalität und Arbeitgeberbindung

Jüngeren Menschen wird gelegentlich vorgeworfen, (zu) wenig Loyalität gegenüber dem Arbeitgeber zu zeigen, weil viele von ihnen regelmäßig den Arbeitsplatz wechseln. Hier muss man jedoch differenzieren:

Erhebungen zu Thema Treue zeigen, dass Loyalität einigen Vertretern der jüngeren Generation durchaus wichtig ist. Allerdings bedeutet das nicht, dass sie ihr Leben lang in einem Unternehmen arbeiten, nur weil ihr Arbeitsvertrag unbefristet ist.[3] Solange die berufliche Tätigkeit sie erfüllt und der Arbeitgeber

[3]In Anbetracht der zahlreichen befristeten Arbeitsverträge (gerade zu Beginn des Berufslebens) ist mancher Wechsel auch schlichtweg notwendig, weil ein Vertrag ausläuft.

seinen Teil zum Gelingen des Beschäftigungsverhältnisses beiträgt, sind sie bereit, sich treu und engagiert für das Unternehmen einzusetzen. Ist diese Win-win-Situation nicht mehr gegeben, orientieren sie sich möglicherweise um. Eine Rückkehr zu einem späteren Zeitpunkt ist aber nicht ausgeschlossen, wenn die Bedingungen dann besser passen (vgl. Klös et al. 2016, S. 26). Manche Vertreter dieser Mitarbeitergeneration reagieren auch mit einem Arbeitgeberwechsel, wenn die Versprechungen des Arbeitgebers nicht eingehalten werden (z. B. hinsichtlich der Vereinbarkeit von Beruf und Privatleben) oder wenn sie sich nicht wertgeschätzt fühlen (z. B., weil sie kein positives Feedback erhalten oder weil sie schlechtere Arbeitsbedingungen als ältere, geringer qualifizierte Kollegen haben).

Wünsche an den Arbeitgeber und den Arbeitsplatz
„Wir Millennials sind verwöhnt, faul und unfähig. Alle!“ – so lautet der Titel eines Kommentars, der 2017 im Online-Magazin ICONIST veröffentlicht wurde (vgl. Hackober 2017). Eine polemische Reaktion auf die Vorurteile, die immer wieder gegenüber jungen Menschen geäußert werden.

Denn: Bei manchen Unternehmern hat diese Generation den Ruf, verwöhnt und spaßorientiert zu sein. Das trifft (wie alle Vorurteile) nur bedingt zu: Studien zufolge stellen viele jüngere Beschäftigte zwar hohe Ansprüche an ihre Arbeitgeber (vgl. Klös et al. 2016, S. 8). Sie sind allerdings in der Regel auch bereit, sich dafür stark beruflich zu engagieren.

Selbstverwirklichung und Sinn Zahlreiche junge Menschen wünschen sich, dass sie sich im Beruf selbst verwirklichen, individuelle Bedürfnisse ausleben und die eigene Persönlichkeit entfalten können. Ein Job soll ihnen ein auskömmliches Leben ermöglichen und sicher sein. Vor allem aber soll er ausreichende Handlungsspielräume enthalten, sinnvoll, herausfordernd, selbstbestimmt und abwechslungsreich sein. Das zeigen viele verschiedene Studien (vgl. Fuchs 2008, S. 8; Hergert 2012; Kienbaum 2015[4]; Klös et al. 2016, S. 8 f.; Shell 2015[5]). Ihre Toleranz für uninteressante Tätigkeiten ist daher tendenziell weniger ausgeprägt als bei anderen Generationen. Auch die Möglichkeit, sich weiterzuentwickeln ist für viele jüngere Beschäftigte ein zentraler Faktor bei der Arbeitsplatzwahl (vgl. Klös et al. 2016, S. 22; Opaschowski 2008). Einige von ihnen wünschen sich eine

[4]Die Ausführungen der Kienbaum-MultiGEN-2020-Studie (Kienbaum 2015) beziehen sich auf die Generation Y, die man als Teil der jüngeren Mitarbeitergeneration auffassen kann.

[5]Dabei wurden 2558 Jugendliche zwischen 12 und 25 Jahren befragt. Die Teilnehmer waren also durchschnittlich sehr jung.

klare Trennung zwischen ihrem Berufsleben und ihrem Privatleben, andere legen Wert darauf, auch am Arbeitsplatz Privates erledigen zu können; dafür sind sie bereit, sich auch in ihrer Freizeit beruflich zu engagieren (vgl. Jung 2017, S. 857; Klös et al. 2016, S. 25; Abschn. 3.3.2).

Gutes Arbeitsklima und Feedback Eine kollegiale Atmosphäre und Wertschätzung ihrer Leistungen in Form von Feedback sind für einen Großteil der jungen Erwachsenen und der Jugendlichen bei der Arbeitsplatzwahl sehr wichtig (vgl. Fuchs 2008, S. 8; Hergert 2012; Kienbaum 2015; Klös et al. 2016, S. 22).

Viele jüngere Menschen geben in Befragungen an, dass ihnen soziale Kontakte und regelmäßiger Austausch sehr wichtig sind – privat wie im Berufsleben (vgl. Kienbaum 2017; Klös et al. 2016, S. 23). Die Jüngeren vernetzen sich oft online und außerhalb der offiziellen Unternehmensstrukturen, um schnell Gleichgesinnte kennenzulernen und sich über ihre neuen Erfahrungen im Arbeitsleben auszutauschen. Verschiedene (Online-)Netzwerke können mehr oder weniger starre Organisations- und Teamstrukturen ergänzen. Sie werden möglicherweise zunehmend wertschöpfende Funktionen erlangen und zur Zufriedenheit und Bindung von qualifizierten und engagierten Mitarbeitern beitragen. Das sollten Führungskräfte im Hinterkopf behalten, wenn es um die Schaffung eines professionellen Netzwerks geht.

Einige jüngere Beschäftigte wünschen sich Kollegen, die ihre Schwächen ausgleichen und sie beruflich weiterbringen (vgl. Kienbaum 2015). Gerade ältere, erfahrene Mitarbeiter können das leisten.

Denkanstoß

Was wünschen sich Ihre jungen Mitarbeiter von ihren Kollegen? Haben Sie Ideen, wie Sie diesen Wünschen durch geschickte Gruppenzusammenstellung oder Teamaufgaben entgegenkommen könnten? Was ist realistisch machbar? Wie können Sie Jung und Alt zusammenbringen? Wer Ihrer jüngeren Mitarbeiter kann Ihre älteren mit digitaler Offenheit und Neugier anstecken?

Erwartungen an Führungskräfte Hinsichtlich des Führungsstils wünschen sich zahlreiche jüngere Beschäftigte weniger Kontrolle und Vorgaben, dafür mehr Vertrauen, Handlungsspielraum und die Möglichkeit, sich selbst einzubringen. Sie bevorzugen empathische Führungskräfte. Viele junge Beschäftigte respektieren Autoritäten und Hierarchien, doch sie neigen – oft aufgrund einer offenen und freien Erziehung – mehr als ihre Vorgängergenerationen dazu, sie auch infrage zu stellen (vgl. Klös et al. 2016, S. 23).

Denkanstoß

Wenn junge Mitarbeiter Autoritäten und Hierarchien infrage stellen, kann das die Abteilung bereichern und verkrustete Strukturen aufbrechen, aber es kann auch anstrengend sein. Welche Vorstellungen haben Ihre jungen Mitarbeiter? Welches Verhalten legen sie gegenüber Vorgesetzten aller Hierarchiestufen an den Tag? Wie können und möchten Sie dem begegnen?

Finanzielle Entlohnung Geld ist nicht alles! Dieser Aussage können die meisten Menschen zustimmen.

Auch wenn Geld nicht der wichtigste Anreiz für sie ist: Einige Vertreter der jüngeren Mitarbeitergeneration legen bereits beim Berufseinstieg Wert auf eine gute Entlohnung. Sie wollen sich nicht „unter Wert verkaufen". Darin unterscheiden sie sich – überspitzt formuliert – von ihren Vorgängergenerationen, die oft erst bei längerer Betriebszugehörigkeit Gehaltserhöhungen erwarteten. In Anbetracht des demografischen Wandels und einer zunehmend unsicheren Altersvorsorge wird das Thema Geld für diese Generation möglicherweise an Bedeutung gewinnen. Unternehmen sollten auch dies im Blick behalten und sich für ein faires Entlohnungssystem einsetzen.

Work-Life-Balance Viele junge Leute definieren sich heute eher über die Familie als über ihren Beruf. In praktisch allen Studien, in denen junge Erwachsene und Jugendliche danach gefragt werden, was ihnen bei der Wahl des Arbeitgebers wichtig ist, rangieren Work-Life-Balance und Vereinbarkeit von Beruf und Familie auf den ersten Plätzen (vgl. u. a. Kienbaum 2017; Klös et al. 2016, S. 23; Shell 2015).

Hinsichtlich der Aufteilung von Beruflichem und Privatem gibt es eine große Vielfalt innerhalb dieser Mitarbeitergeneration: Manche möchten Berufs- und Privatleben ganz trennen; andere legen zwar großen Wert auf privaten Freiraum, vermischen aber beide Sphären miteinander, indem sie am Arbeitsplatz auch Privates klären und sich dafür auch über die Arbeitszeit hinaus beruflich engagieren (vgl. Jung 2017, S. 857; Klös et al. 2016, S. 25).

Gerade in der sogenannten Rush Hour des Lebens gibt es oft einen „Lebensstau", wenn besonders viele Entscheidungen hinsichtlich des Berufslebens und des Privatlebens getroffen werden (müssen): Wie soll ich mich beruflich (um) orientieren? Welche Aufstiegschancen habe ich? Möchte ich Familie? Wenn ja, wie und wo wollen wir leben? Wie verbinde ich berufliche und familiäre Anforderungen? Zahlreiche Vertreter der jüngeren Mitarbeitergeneration wünschen sich hier Unterstützung vom Arbeitgeber, um den Lebensstau zu entzerren (vgl. Rump et al. 2017, S. 37 f.).

Dass der Wunsch nach Work-Life-Balance so offen geäußert wird, ist möglicherweise auch dem demografischen Wandel und dem Fachkräftemangel zuzuschreiben: Heutzutage können es sich vor allem Höherqualifizierte leisten, eine bessere Vereinbarkeit von Familien- und Arbeitsleben vom Arbeitgeber zu fordern, denn in vielen Branchen ist der Arbeitsmarkt ein Bewerbermarkt. Ein solches Anspruchsdenken war in Zeiten eines Arbeitgebermarkts schlichtweg nicht möglich, auch wenn sich sicher viele Menschen eine gute Vereinbarkeit gewünscht haben (vgl. McCrindle und Wolfinger 2009, S. 141).

Denkanstoß

Wie steht es um den Wunsch nach Work-Life-Balance bei Ihren jüngeren Mitarbeitern? Ist der Wunsch nach einem ausgewogenen Verhältnis zwischen Berufs- und Privatleben vielleicht auch ein sinnvoller präventiver Schutz vor psychischer Überforderung? Gibt es in Ihrem Team Mitarbeiter, die sich mit der Vereinbarkeit von Beruf und Familie schwertun? Setzen sie vielleicht auch falsche Prioritäten oder haben unrealistische Ansprüche gegenüber sich selbst?

Gerade in einer Zeit, in der psychische Überforderungen bei der Arbeit zunehmen, ist es nur sinnvoll, wenn die Jüngeren gut auf sich achten und entsprechende Werte haben. Für Sie als Führungskraft kann das anstrengend sein, weil hier und da ein privates Ziel vor dem Arbeitsziel stehen kann. Auf der anderen Seite werden Mitarbeiter, die gut auf sich achten, aber auch weniger Ausfälle wegen Überforderung haben und zudem motiviert bleiben.

Denkanstoß

Welche der genannten Aspekte treiben Ihre jüngeren Mitarbeiter um? Kreuzen Sie an. Ergänzen Sie die Liste gegebenenfalls um weitere Punkte

- Selbstverwirklichung
- Erleben von Sinn in der Arbeit
- Abwechslungsreichtum
- Handlungsspielraum im Beruf
- Möglichkeit, sich weiterzuentwickeln
- Kollegialität/positives Arbeitsklima
- Wertschätzung durch andere in Form von Feedback
- Vereinbarkeit von Familie und Beruf
- …

Woran machen Sie das fest? Wenn jüngere Beschäftigte diese Wünsche äußern, bedeutet das für Sie, dass Sie die Arbeitsverteilung und -organisation entsprechend anpassen müssen. Hierfür benötigen Sie Zeit und Muße. Beides ist wahrscheinlich nicht immer gegeben. Können Sie darüber mit Ihren Mitarbeitern sprechen? Haben Sie selbst auch einen oder mehrere Vorgesetzte? Können und wollen Sie das Thema Führung der jüngeren Belegschaft gegenüber Ihren Führungskräften ansprechen?

Das Kienbaum-Institut rät Arbeitgebern, die für die Generation Y (die Teil der jüngeren Mitarbeitergeneration ist) besonders attraktiv sein wollen, dazu, flexible Arbeitsformen einzuführen, eine Kinder- und Familienbetreuung sicherzustellen, Weiterbildungen anzubieten, auf betriebliche Alters- und Gesundheitsvorsorge zu setzen und das Zusammengehörigkeitsgefühl durch gemeinsame Veranstaltungen zu stärken. Da diese Generation sehr heterogen ist, sollten Unternehmen zudem darauf achten, dass sie ihre verschiedenen Zielgruppen auch mit ihren Werten, Zielen und Lebensstilen da abholt, wo sie stehen. (Vgl. Kienbaum 2017, S. 23)

Wie stehen Sie dazu? Haben Sie in Ihrem Unternehmen die Möglichkeit den o. g. Empfehlungen nachzukommen? Wie gehen Sie auf die Jüngeren zu? Welche positiven Erfahrungen haben Sie hinsichtlich der Motivation dieser Altersgruppe gemacht?

Belastungen

Sind die Jüngeren von heute wirklich nicht mehr so belastbar wie die Jüngeren von früher? Auch wenn das junge Erwachsenenalter eine überdurchschnittlich gesunde Lebensphase ist, nehmen psychische Störungen in dieser Altersgruppe seit Jahren stark zu – ein Trend, der sich in Zukunft voraussichtlich noch verstärken wird. (Vgl. BARMER 2018)

Woran mag das liegen?

In meinen Seminaren berichten jüngere Teilnehmer oft von der Doppelbelastung aus Kinderbetreuung und Berufsleben, die sie überfordert. Manche junge Beschäftigte möchten möglichst schnell Karriere machen oder rasch mehr Geld verdienen, um beispielsweise einen Baukredit abzuzahlen. Auch das kann zu einer Überlastung führen. Manchmal kann es aber auch der Wunsch sein, beruflich und privat möglichst viel zu erreichen, was oft gar nicht so leicht ist. Gerade die Jüngeren haben oft befristete Arbeitsverträge. Das kann dann zu Verunsicherung, Druck und Überlastung führen.

Hier ist es wichtig, rechtzeitig einzugreifen, denn in diesem Alter werden oft die Weichen für die Zukunft gestellt: Wer sich in jungen Jahren regelmäßig überlastet und nicht ausreichend regeneriert, gefährdet langfristig die eigene Gesundheit (Vgl. Klös et al. 2016, S. 31). Und wenn bei einer psychischen Erkrankung zu spät Hilfe gesucht wird, wird die Erkrankung möglicherweise chronisch. Umso wichtiger sind Präventionsangebote (Vgl. BARMER 2018, S. 3). Auch eine behutsame, mitverantwortliche Führung kann dabei helfen, eine Überlastung in jungen Jahren zu vermeiden bzw. abzumildern.

Denkanstoß

Gibt es in Ihrer Abteilung junge Mitarbeiter, die eine psychische Gefährdung erkennen lassen? Woran machen Sie das fest? Wie könnten Sie als Führungskraft Ihre Unterstützung anbieten, ohne Grenzen zu verletzen? (Abschn. 3.1.2.2)

Gibt es innerhalb der Organisation ein Bewusstsein für dieses Thema? Welche Maßnahmen werden in Ihrem Unternehmen im Rahmen des betrieblichen Gesundheitsmanagements angeboten, um die Gefahr einer Überlastung oder eines Burn-outs zu vermindern?

Wenn Sie keine interne Sozialberatung in Ihrem Unternehmen haben, informieren Sie sich doch einmal über externe Angebote. Mitarbeiter sind ihren Vorgesetzten und dem Arbeitgeber oft für solche kostenlosen Unterstützungen sehr dankbar. Das wirkt sich auf Motivation und Loyalität aus.

An welchen Stellschrauben in Arbeitsorganisation und -umgebung könnte gedreht werden?

Abschlussbetrachtung

Ziehen Sie Bilanz: An welcher Stelle haben Sie Ihre eigenen jungen Mitarbeiter in diesen Beschreibungen wiedererkannt? Wo gibt es große Unterschiede zwischen Ihren Erfahrungen und den Ausführungen in diesem Abschnitt? Wissen Sie, wie Ihre jüngeren Teammitglieder über die genannten Aspekte denken? Oder haben Sie vielleicht bemerkt, dass Sie sich mit Ihren jungen Beschäftigten noch intensiver über bestimmte Themen austauschen möchten?

Welche Potenziale haben Sie bei Ihren Mitarbeitern der jüngeren Generation ausgemacht? Welche Ideen haben Sie, um diese effektiv zu nutzen? Welche der Potenziale können Sie möglicherweise durch die Fähigkeiten anderer Altersgruppen konstruktiv ergänzen? Welche Schwächen erweisen sich in einem anderen Zusammenhang eventuell als Stärken?

Im Umgang mit den Jüngeren sollten alle Beteiligten gut hinhören, flexibel und offen bleiben. Auch wenn sie hier und da gewisse Probleme aufgrund mangelnder Erfahrung noch nicht vollumfänglich einschätzen können, haben sie durchaus etwas zu sagen. Man kann von den Jüngeren einiges lernen. Das ist übrigens gerade auch für die Älteren von Bedeutung. Denn hierdurch können sie ihre Offenheit schulen, die besonders wichtig für das gute Älterwerden ist.

Denkanstoß

Stellen Sie sich selbst, aber auch Ihren älteren Mitarbeitern die folgenden Fragen. So können Sie die Sensibilität für die Jüngeren im Team fördern:

- Was benötigen die Jüngeren, damit ein guter Austausch stattfindet?
- Wird ihnen ausreichend zugehört (Abschn. 3.1.2.3)?
- Wird ihnen gegenüber Interesse gezeigt, werden gute Fragen gestellt?
- Erhalten sie Tipps, wenn sie um Rat fragen? Werden Ratschläge ohne erhobenen Zeigefinger und „Früher war alles besser!" gegeben?
- Wird die Meinung der Jüngeren nicht nur hinsichtlich der eigenen Werte hinterfragt, sondern gibt es eine Bereitschaft, diese im Hinblick auf die sich verändernde (Arbeits-)Welt anzuschauen?

4.1.2 Mittlere Mitarbeitergeneration

Mittendrin! Das ist die mittlere Mitarbeitergeneration …

Gerade an dieser Mitarbeitergeneration zeigen sich viele Überschneidungen mit der jüngeren oder älteren Generation. Hier zeigt sich ganz deutlich, dass keine eindeutige Trennung beziehungsweise Definition der Generationen möglich ist. Wie man die mittlere Mitarbeitergeneration einschätzt, hängt auch damit zusammen, wie die jeweils anderen Generationen definiert werden: Ist ein 33-Jähriger noch der jüngeren oder schon der mittleren Generation zuzuordnen? Wie sieht es mit einer 47-Jährigen aus, die bereits seit 25 Jahren im Berufsleben steht, also bereits die zweite Hälfte des Berufslebens erreicht hat?

Auch deshalb finden Sie hier in Abschn. 4.1.2 teilweise Wiederholungen dessen, was in Abschn. 4.1.1 und in Abschn. 4.1.3 gesagt wird.

▶ Für Sie bedeutet das: Jeder Mitarbeiter einer Generation muss in seiner persönlichen Lebenssituation, mit seinen persönlichen Bedürfnissen, Stärken und Schwächen gesehen werden. Denn nur so können Sie als Führungskraft entscheiden, was Sie für ihn tun können, wo Sie fördern, fordern oder Rücksicht nehmen sollten.

Viele Vertreter dieser Generation hat die Wirtschaftskrise in den 1970er-Jahren geprägt. Daher sagt man dieser Generation nach, dass ihr das berufliche Weiterkommen besonders wichtig sei. In Befragungen geben viele Vertreter der mittleren Mitarbeitergeneration an, nach beruflichem Erfolg zu streben. Sie verfügen häufig über spezialisiertes oder breites theoretisches Wissen sowie über vertiefte und detaillierte Kenntnisse (Expertenwissen) und die Fähigkeit, diese praktisch umzusetzen. Die mittlere Mitarbeitergeneration ist meist in der Lage, Probleme zu durchdringen und selbstständig zu lösen. Sie ist einerseits das Handlungs- und Energiezentrum im Betrieb, andererseits aber auch die am meisten belastete und beanspruchte Gruppe (vgl. Schröder-Kunz 2015b, S. 202).

Studien zeigen, dass sich bei Teilen dieser Mitarbeitergeneration traditionelle Werte wie Leistungsorientierung, Pflichtbewusstsein, Sicherheitsdenken etc. teilweise auflösen. Das kann allerdings zu einem Zwiespalt führen: Einerseits sind viele Vertreter dieser Generation traditionell geprägt, zugleich orientieren sie sich an modernen oder postmodernen Werten (vgl. Rump und Eilers 2015).

Wünsche an den Arbeitgeber und den Arbeitsplatz

Sind Sie zufrieden mit Ihrem Job – und wenn ja, warum? Philips North America und Braun Research Inc. befragten im Jahr 2013 1000 Arbeitnehmer der Generationen X und Y in den USA dazu, was Mitarbeiterzufriedenheit ausmacht. Da Erstere relativ eindeutig und Teile der Letzteren unter Umständen (je nach Definition) der mittleren Mitarbeitergeneration zuzuordnen sind, sollten die wichtigsten Ergebnisse hier kurz festgehalten werden (vgl. Philips 2013).[6]

Selbstverwirklichung und Sinn Fast alle Befragten (96 %) gaben an, dass es ihnen sehr wichtig sei, persönliche Interessen im Beruf auszuleben. Auf Platz 2 rangierten Leidenschaft und Begeisterung für das, was man tut. Auch der Sinngehalt spielt für viele Befragte eine Rolle. Nicht einmal zehn Prozent der Studienteilnehmer, die der mittleren Generation zuzuordnen sind, stimmten der Aussage zu, dass sie auch ohne persönliches Interesse an ihrem Arbeitsplatz zufrieden sein könnten (vgl. Philips 2013).

[6]Da andere Studien die Befunde der „Philips Work/Life Survey“ bestätigen, kann man hier darüber hinwegsehen, dass die Studie in den USA durchgeführt wurde. Grundsätzlich ist jedoch immer Vorsicht geboten: Es kann durchaus länderspezifische Unterschiede geben.

Andere Umfragen kommen zu ähnlichen Ergebnissen: Danach ist es für viele Vertreter dieser Mitarbeitergeneration sehr wichtig, dass sie im Beruf ihre eigenen Ideen einbringen können, eine abwechslungsreiche Tätigkeit und Entscheidungsspielraum haben (vgl. Fuchs 2008, S. 8; Kienbaum 2015). (Vgl. Abschn. 3.3.2)

Arbeitsklima und Kollegen Wir alle wünschen uns nette Kollegen, mit denen wir gerne zusammenarbeiten. Wie wichtig der Faktor positives Arbeitsklima für die mittlere Mitarbeitergeneration ist, lässt sich allerdings nicht eindeutig feststellen: Eine INQA-Studie kommt zu dem Ergebnis, dass gute Arbeitsbeziehungen die mittlere Mitarbeitergeneration besonders stark motivieren (vgl. Fuchs 2008, S. 8). Dagegen stellt die gute Arbeitsatmosphäre laut Kienbaum-Studie (2015) nur ein nachgeordnetes Kriterium für Arbeitszufriedenheit dar. Möglicherweise sind hier einfach die Erwartungen nicht so hoch. Pauschalaussagen können nicht getroffen werden. Gehen Sie in Ihrer Führungsfunktion jedoch davon aus: Jeder Mensch wünscht sich ein gutes Betriebsklima, und dafür zu arbeiten lohnt sich immer.

Viele Vertreter der mittleren Mitarbeitergeneration wünschen sich solche Kollegen, die die eigenen Schwächen ausgleichen können. Allerdings ist die mittlere Mitarbeitergeneration tendenziell eher auf die eigenen Stärken fokussiert als die jüngere (vgl. Kienbaum 2015).

Denkanstoß

Sind die oben aufgeführten Faktoren auch für Ihre Mitarbeiter, die der mittleren Mitarbeitergeneration angehören, besonders wichtig? Welche weiteren Aspekte sind für Ihre Mitarbeiter notwendig, um Arbeitszufriedenheit zu empfinden? Kommen Sie hierzu ins Gespräch.

Haben Sie als Führungskraft Gestaltungsspielräume, um Ihren Mitarbeitern die Möglichkeit einzuräumen, sich selbst in ihrer Beschäftigung zu entfalten und Sinn darin zu finden? Inwiefern können Sie als Vorbild dienen?

Wenn Sie selbst Vorgesetzte haben: Möchten Sie mit ihnen darüber sprechen?

Belastungen

Zukunftsängste und „Sinnkrisen“ Wie eine Umfrage des Instituts für Demoskopie Allensbach aus dem Jahr 2016 nahelegt,[7] sind viele Vertreter dieser Mit-

[7]Dabei wurde die mittlere Generation relativ weit gefasst: Befragt wurden Personen zwischen 30 und 59 Jahren.

arbeitergeneration (oft trotz aktuellen materiellen Wohlstandes) besorgt um ihre Zukunft. 60 % der 1100 Befragten nannten die Befürchtung, dass sie ihren Lebensstandard im Alter nicht halten könnten, 44 % sorgten sich, dass ihr Einkommen bereits in den nächsten Jahren nicht ausreichen werde (Vgl. GDV 2016). Daher gaben drei von vier Befragten an, ihre finanzielle Zukunft gar nicht oder nur in geringem Maße zu planen.

Wenn es auch unter Ihren Mitarbeitern der mittleren Mitarbeitergeneration derartige (finanzielle) Zukunftssorgen gibt, können Sie sich als Gesprächspartner anbieten, denn diese Sorge kann dazu führen, dass sich Mitarbeiter im Job überlasten.

Beruflich geraten die Angehörigen der mittleren Generation manchmal in eine Krise, in der sie sich fragen, ob sie den eingeschlagenen Weg so weitergehen oder neue Ziele anstreben wollen. Das kann für den Einzelnen eine große Belastung darstellen.

Zukunftsangst kann in einer Zeit des Wandels übrigens alle Generationen umtreiben. Hier kann es helfen, durch teaminterne Gespräche Optimismus zu wecken. Oft vergessen wir, wie viel wir haben, wofür wir dankbar sein sollten: einen festen Arbeitsplatz, Familie, Freunde, Gesundheit etc. Möchten Sie mit Ihren Beschäftigten über das Thema Dankbarkeit (Abschn. 3.2.2) ins Gespräch kommen?

Welche weiteren Belastungen Vertreter dieser Mitarbeitergeneration umtreiben, hängt maßgeblich von der Lebenssituation jedes Einzelnen ab:

- Haben die Beschäftigten junge Kinder, um deren Erziehung sie sich kümmern?
- Erleben sie finanzielle Belastungen, z. B. durch einen Kredit, den sie langfristig abbezahlen müssen?
- Haben sie hochbetagte, eventuell pflegebedürftige Angehörige?

Sorgenfaktor Diversity Schwache Ältere, weniger engagierte Jüngere oder mehr Zuwanderer? Einige Vertreter der Sandwichgeneration haben nicht nur aus finanziellen Gründen Zukunftsängste …

Laut einer Umfrage des Instituts für Demoskopie Allensbach (vgl. GDV 2016) hat sich die Einstellung der mittleren Generation zur Zuwanderung verändert. Während die Mehrheit von ihnen bis 2014 offen gegenüber Migranten war, überwiegt nun die Skepsis (67 %) hinsichtlich der Integration und der Chancen von Migranten und Flüchtlingen. Zunehmende Skepsis macht sich auch in anderen Altersgruppen breit. Hier gilt differenzierte Aufklärung als wichtiger Schlüsselfaktor.

Sollten Sie ein Team mit großen ethnischen und kulturellen Unterschieden haben und gewisse Vorbehalte spüren oder auch präventiv arbeiten wollen, lohnt es sich möglicherweise, mit dem gesamten Team oder einzelnen Mitarbeitern darüber ins Gespräch zu kommen.

Achten Sie in Ihrer Umgebung oder in der Tageszeitung auf Positivbeispiele zur gelungenen Integration, die Sie immer wieder einfließen lassen können. Wenn möglich, beschäftigen Sie sich auch mit den Ursachen misslungener Integration. Achten Sie darauf, dass es sich um seriöse Schriften handelt. In welcher Lebenssituation sind die Menschen, und welche Rahmenbedingungen sind erforderlich, damit die Integration gelingen kann? In größeren Firmen kann die Sozial- und Mitarbeiterberatung behilflich sein. Auch externe Beratungen sowie Workshops zum interkulturellen Austausch können dabei helfen (vgl. Abschn. 3.2.2).

Das Thema Diversity kann aber auch in Bezug auf Generationen wichtig sein. Als typische Sandwichgeneration, die sich häufig in der Verantwortung für Jüngere und Ältere sieht, kann bei Überforderung auch mal ein „Generationenfrust" entstehen.

Wie ist hier die Situation in Ihrer Abteilung? Ziehen und zerren sowohl Jüngere als auch Ältere an der mittleren Generation? Beobachten Sie Ihre Mitarbeiter und unterstützen Sie im Sinne von Kap. 3.

Denkanstoß

Gibt es in Ihrer Abteilung Mitarbeiter der mittleren Generation, die sich in dem typischen Spannungsfeld von Geld-verdienen-Müssen und dem Wunsch nach persönlicher Entfaltung und Sinn bei der Arbeit wiederfinden?

Halten sie die Arbeitsverdichtung oder steigenden Druck hauptsächlich aus finanziellen Gründen aus? Wie ist die Konstitution dieser Mitarbeiter? Halten Sie sie für ausreichend belastbar, um dieser Situation auf Dauer standhalten zu können? Versuchen Sie, präventive Angebote zu schaffen. Sprechen Sie mit allen Mitarbeitern über Pausen, die gerade bei erhöhten Belastungen notwendig sind. Versuchen Sie, Freude und Teamgeist in Ihre Mitarbeiterschaft zu bringen.

Welche weiteren Belastungen treiben Ihre Mitarbeiter der mittleren Mitarbeitergeneration um? Wie könnten Sie sie mitverantwortlich unterstützen? Gibt es Anregungen aus Kap. 3, die Sie umsetzen möchten?

Abschlussbetrachtung

Ziehen Sie Bilanz: An welcher Stelle haben Sie Ihre eigenen Mitarbeiter der mittleren Mitarbeitergeneration in diesen Beschreibungen wiedererkannt? Wo gibt es große Unterschiede zwischen Ihren Erfahrungen und den Ausführungen in diesem Abschnitt? Wissen Sie, wie Ihre Teammitglieder mittleren Alters über die genannten Aspekte denken? Oder haben Sie vielleicht bemerkt, dass Sie sich mit ihnen noch intensiver über bestimmte Themen austauschen möchten?

Welche Potenziale haben Sie bei Ihren Mitarbeitern der mittleren Generation ausgemacht? Welche Ideen haben Sie, um diese effektiv zu nutzen? Welche der Potenziale können Sie möglicherweise durch die Fähigkeiten anderer Altersgruppen konstruktiv ergänzen? Welche Schwächen erweisen sich in einem anderen Zusammenhang eventuell als Stärken?

4.1.3 Ältere Mitarbeitergeneration

Die Alten, die Reifen, die Zähen, die Schwächerwerdenden, die, die viel zu erzählen haben… Die ältere Generation ist so vielfältig wie kaum eine andere – es lohnt sich, mehr über sie zu erfahren!

Wie bereits zu Beginn dieses Kapitels angekündigt, wird dieser Abschnitt besonders ausführlich sein: zum einen, weil die Anzahl der älteren Arbeitnehmer immer mehr zunimmt und in Zukunft weiter ansteigen wird; zum anderen, weil nach wie vor das sogenannte Defizitmodell noch immer stark in den Köpfen der Menschen verankert ist. Diesem Modell zufolge können ältere Menschen weniger leisten als jüngere. Doch dieses Vorurteil hält wissenschaftlichen Untersuchungen nicht stand (vgl. u. a. Fuchs 2008, S. 19; Rump et al. 2017; Sonntag und Seiferling 2016, S. 498 f.). Altersbedingte Einschränkungen können vielmehr durch individuelle Ressourcen, persönliche Kompetenzen und durch gute Rahmenbedingungen ausgeglichen werden (vgl. Sonntag und Seiferling 2016, S. 498). Es gibt allerdings, wie in allen Mitarbeitergenerationen, große Unterschiede zwischen einzelnen Personen.

Denkanstoß

Die spätere Lebensphase in den Blick zu nehmen ist auch für die Jüngeren interessant, denn auch sie werden einmal alt bzw. zu den älteren Kollegen gehören. Wie möchten sie dann, dass mit ihnen umgegangen wird? Welche Wünsche haben sie hinsichtlich der Weitergabe ihrer Erfahrungen?

Vielleicht möchten Sie zu Beginn der nächsten Teamsitzung ein „Wunschspiel der Generationen" machen. Verteilen Sie weiße Blätter an Ihre Mitarbeiter und geben Sie ihnen 15 min Zeit, um den folgenden Satz zu vervollständigen: „Als jüngerer (mittlerer, älterer) Kollege möchte ich gerne von meinen Kollegen so behandelt werden, dass …"

Notieren Sie auf einem Flipchart ein paar Beispiele als Anregung, wie z. B.

„… ich meine Erfahrungen weitergeben kann."

„… ich mein Wissen aus der Ausbildung einbringen kann."

„… man Rücksicht nimmt, wenn ich etwas (noch) nicht kann."

Besprechen Sie im Anschluss die verschiedenen Wunschbilder der Generationen im Plenum. Überlegen Sie gemeinsam, worauf Sie in Zukunft achten möchten. Sorgen Sie für eine konstruktive, nicht wertende Kommunikation (vgl. Abschn. 3.1.2.3).

Es ist äußerst wichtig, sich bewusst zu machen, dass das Defizitmodell nicht stimmt – gerade, wenn ältere Arbeitnehmer angesichts des demografischen Wandels und des (drohenden) Fachkräftemangels aufgefordert sind, länger zu arbeiten. Oder wenn es gilt, auch älteren Mitarbeitern eine neue Stelle anzubieten. Denn das kann eine gute Wahl sein. Sie als Führungskraft können den Älteren durchaus etwas zutrauen. Dazu müssen Sie aber auch wissen, welche Rahmenbedingungen erforderlich sind, damit Ihre erfahrenen Mitarbeiter lange gesund, kompetent und motiviert arbeiten.

Was gute Führung aus der Sicht älterer Arbeitnehmer ausmacht, ist laut Bundesanstalt für Arbeitsschutz und Arbeitsmedizin vor allem (vgl. BAuA 2013, S. 17):

- eine positive Einstellung gegenüber dem Alter
- die Bereitschaft zur Zusammenarbeit
- (ausgeprägte) Kommunikationsfähigkeit und -bereitschaft
- die Einrichtung von Handlungsspielräumen zur individuellen Arbeitsplanung
- die Schaffung von Rahmenbedingungen, die ein Miteinander von Jung und Alt statt ein Gegeneinander zulassen

Zu all diesen Punkten finden Sie in diesem Buch Tipps und Denkanstöße. Damit ist die Basis für gute alter(n)sgerechte Führung gelegt.

Alter ist eine relative Größe

Wie Sie bereits in Kap. 3 gesehen haben, gibt es keine allgemeingültige Antwort auf die Frage: Wann ist man alt? Das biologische Alter wird in hohem Maße von unseren Genen, Zellveränderungen und Umwelteinflüssen bestimmt. Wissenschaftlich ausgedrückt: „Das chronologische Alter wird dem facettenreichen und dynamischen Alternsgeschehen nur unzureichend gerecht" (Dutt und Wahl 2018, S. 130).

Laut EU-Kommission gilt jemand als älterer Arbeitnehmer, der älter als 55 Jahre ist. Die OECD (Organisation for Economic Co-operation and Development) definiert ältere Arbeitnehmer als Menschen, die in der zweiten Hälfte ihres Berufslebens stehen, noch nicht pensioniert und gesund sind.

Die Frage, wann jemand ein älterer Arbeitnehmer ist, kann man aber auch je nach Berufszweig unterschiedlich beantworten: Zählen beispielsweise in der Wissenschaft 65-Jährige nicht zwangsläufig zu den Alten, können in der IT-Branche bereits 40-Jährige den Arbeitnehmern im fortgeschrittenen Alter zugerechnet werden. Im Spitzensport wiederum liegt die Altersgrenze noch deutlich tiefer.

Ob wir uns alt oder jung vorkommen, hängt auch vom Kontext ab. Wie alt sind wir im Vergleich zu den Kollegen? Wie jugendlich oder erwachsen fühlen wir uns in einer bestimmten Situation? Wie betriebserfahren sind wir? (vgl. BAuA 2017, S. 8) Das zeigt: Die Bezeichnung „ältere Mitarbeitergeneration" ist wiederum ein Sammelbegriff für sehr unterschiedliche Gruppen und Menschen (vgl. BAuA 2015, S. 4).

Wie wir das Altern subjektiv erleben, hat großen Einfluss darauf, wie wir unsere Identität sehen (vgl. Dutt und Wahl 2018, S. 131). Achten Sie auf die innere Haltung zum Alter und Älterwerden (Abschn. 3.1.2.5).

Weil Altern eine individuelle Frage ist – und weil wir im Laufe unseres Lebens viele verschiedene Dinge erleben, die uns persönlich prägen – nimmt die Individualität mit dem Alter zu. Gerade für den Umgang mit älteren Beschäftigten gibt es daher keine Patentrezepte für den Führungsalltag.

Eine besondere Beschäftigtengruppe: Frauen 50+

Frauen, ein brandaktuelles Thema in der Arbeitswelt! Aber auch die älteren?

Weibliche Fachkräfte ab 50 sind noch immer eine eher vernachlässigte Beschäftigtengruppe. Viele von ihnen haben eine längere Berufspause eingelegt, um Kinder zu erziehen. Wenn ihnen dann eine Rückkehr ins Berufsleben gelang, nahmen sie Untersuchungen zufolge seltener als andere an Weiterbildungsmaßnahmen teil (vgl. Debler 2016).

Wenn Unternehmen alle Mitarbeiter altersgerecht führen wollen, müssen sie dementsprechend auch die weiblichen Fachkräfte in höherem Alter in den Blick nehmen. Vorreiter sind hier die Industriegewerkschaft Bergbau, Chemie, Energie (IG BCE) und der Bundesarbeitgeberverband Chemie (BAVC), die das Projekt „Karriere 50plus – Mit Erfahrungen punkten!“ ins Leben gerufen haben. Das Ziel des Projekts besteht darin, Frauen ab 50 die gleichen Chancen im Arbeitsleben zu bieten wie anderen Beschäftigtengruppen und langfristig die Karrierewege so zu flexibilisieren, dass alle Alters- und Personengruppen ihren Potenzialen und Bedürfnissen entsprechend arbeiten können.

Denkanstoß

Haben Sie unter Ihren Mitarbeitern Frauen im Alter von 50+? Glauben Sie, dass die Chancengleichheit von Frauen in Ihrem Unternehmen ausreichend gefördert wird? Wie können deren fachliche Ressourcen gesichert und die erfahrenen und gut ausgebildeten weiblichen Potenziale weiterentwickelt werden?

Wie können die Kompetenzen in die Praxis transportiert werden? Welche Karrierewege gibt es für Frauen und Männer ab 50, die die Lebensphase dieser Altersgruppe berücksichtigen? Welche Empfehlungen haben Sie? Stärken Sie durch diese Fragen Ihr Bewusstsein für das Thema. Kommen Sie mit anderen Führungskräften ins Gespräch.

Werte der Arbeit

Arbeit ist mehr als nur etwas, womit wir unser Geld verdienen. Sie kann auch identitätsstiftend sein, uns Freude bereiten und unser Leben mit Sinn erfüllen – sofern unsere inneren Werte mit denen der Arbeit übereinstimmen.

Wenn wir vom Wandel des Arbeitslebens sprechen, impliziert das, dass früher anders gearbeitet wurde. Und dieses Andere haben die Älteren im Berufsleben erfahren. Das hat Spuren hinterlassen. So wurde beispielsweise das Thema Fleiß von den Kriegsenkeln (vgl. Radebold et al. 2009) als etwas Wesentliches betrachtet. Zahlreiche Mitarbeiter dieser Generation waren in jungen Jahren sehr karriereorientiert, und viele von ihnen konnten schnell in Führungspositionen aufsteigen. Gerade unter den männlichen Mitarbeitern hatte Arbeit häufig einen sehr hohen Stellenwert im Leben. Bis heute haben viele ältere Beschäftigte einen strukturierten Arbeitsstil; sie pflegen den regelmäßigen Austausch im Team, legen Wert auf Beziehungen und (alte) Netzwerke.

Heute, am Ende des Berufslebens, ist einigen Älteren zunehmend das persönliche Wachstum wichtig (vgl. Mörstedt o. J.). In meinen Seminaren und Schulungen berichten mir ältere Teilnehmer auch oft, dass Entschleunigung für sie eine neue Bedeutung gewinnt. Das mag daran liegen, dass der Ruhestand für sie immer näher rückt und viele von ihnen in ihrem Leben großen beruflichen Einsatz gezeigt haben. In Anbetracht des gesellschaftlichen Wertewandels (Abschn. 2.1) möchten sie nun die Früchte ihrer Arbeit ernten. Das ist im Wandel nicht immer leicht. Manchem scheint es möglicherweise sogar, als wären die Früchte verdorrt.

In ihrem frühen Berufsleben haben sie meist erfahren, dass eine Führungskraft für ihre Mitarbeiter da ist. Es wurden Anweisungen gegeben, die befolgt werden mussten, der Ton war auch mal rauer. Doch gleichzeitig wusste der Chef in der Regel viel über die persönlichen Belange *seiner* Mitarbeiter. Zum Geburtstag wurde persönlich gratuliert und häufig in aller Form ein kleines Geschenk überreicht. Ein Chef war eine Respektsperson, und der Begriff der flachen Hierarchien war nicht bekannt. Gearbeitet wurde auch gerne länger als nötig – man wollte schließlich beruflichen Erfolg und Anerkennung vom Chef. Und zu Hause wartete die Frau mit einem leckeren Abendessen.

Betrachtet man dieses Bild des früheren Arbeitslebens und hierarchischen Führens, zeigt sich, welchen umfassenden Wertewandel viele der älteren Beschäftigten erlebt haben. Umso erfreulicher ist es, dass die meisten von ihnen die Veränderung positiv mitgetragen und häufig auch selbst bewirkt haben. Verständlich scheint deshalb auch, dass die Veränderungsbereitschaft innerhalb der älteren Generation teilweise geringer ist als bei den Jungen. Und: Die alten Werte waren nicht alle schlecht. Gerade die persönlichen Kontakte waren für viele Menschen eine Bereicherung. Hier ist auch einiges verloren gegangen. In diesem Spannungsfeld von Bereicherung und Verlust bewegen sich gerade die Älteren.

Alle Menschen wollen ernst genommen und respektiert werden. Gerade bei Älteren ist dieser Wunsch oft sehr stark ausgeprägt. Viele wünschen sich Wertschätzung und Anerkennung durch Kollegen und Vorgesetzte (vgl. Hertel 2012). Diese erhalten sie aber nicht immer: Sie werden gelegentlich als „vorgestrig und altmodisch“ belächelt oder – infolge der negativen Altersstereotype – als „schwächlich“ oder „wenig leistungsfähig“ abgewertet. Hier besteht nach wie vor großer Handlungsbedarf (Abschn. 4.2.4).

Erfahrungswissen – Quelle der Selbstverantwortung und wirtschaftlicher Erfolgsfaktor

Wenn man viel Erfahrung und Wissen hat, dann ist es etwas Wertvolles, dieses Erfahrungswissen weiterzugeben. Denn so kann man nicht nur etwas Gutes zum (Arbeits-)Leben beitragen, sondern auch Spuren hinterlassen.

Viele Studien zeigen, dass mit zunehmendem Alter die Generativität – also der Wunsch, etwas für die Nachfolgenden zu hinterlassen – zunimmt. Auch in meinen Seminaren berichten mir viele ältere Beschäftigte, dass das, was sie über Jahrzehnte erlernt haben, nicht verloren gehen solle. Denn sie identifizieren sich mit ihrer Arbeit oder ihrem Produkt. Es ist ein Teil von ihnen.

Wenn sie ihr Erfahrungswissen weitergeben, ist das für sie daher auch eine Antwort auf die Fragen der Selbstverantwortung: „Wer bin ich? Was macht mich (rückblickend) aus?" Nehmen Jüngere dieses Wissen nicht an, oder sind sie nicht bereit, den Älteren zuzuhören, können diese das als eine äußerst verletzende Zurückweisung empfinden. Hier zeigt sich, welch große Rolle Mitverantwortung im Arbeitsleben spielt: die Mitverantwortung der jüngeren Beschäftigten gegenüber den Älteren wie auch die Mitverantwortung der Älteren gegenüber jüngeren Kollegen und dem Unternehmen.

Denkanstoß

Haben Sie Ihre älteren Mitarbeiter einmal gefragt, wie sie früher gearbeitet haben? Welche Hierarchien haben sie erlebt? Was war wertvoll? Was wurde im Wandel des Arbeitslebens gewonnen und was verloren? Was sollte erhalten bleiben? Wie kann man das im Arbeitsalltag (noch besser) umsetzen?

Das Erfahrungswissen älterer Erwerbstätiger kann zugleich eine wichtige Ressource für den Erfolg und die Innovationsfähigkeit eines Unternehmens sein. Eine Studie des Bundesministeriums für Arbeit und Soziales [BMAS] belegt, dass die Produktivität eines Betriebes sogar steigt, wenn Ältere einen größeren Anteil der Belegschaft ausmachen. Für diesen Effekt spielt es dabei keine Rolle, in welcher Branche die Beschäftigten arbeiten. Zu einem ähnlichen Ergebnis kommt eine Fallstudie aus der Fahrzeugindustrie. Offenbar ist das vor allem auf die größere Berufserfahrung älterer Arbeitnehmer zurückzuführen, die ihnen bei der Vermeidung von Fehlern hilft (vgl. BMAS 2012, Bundesministerium für Familie, Senioren, Frauen und Jugend [BMFSFJ] 2008, S. 76).

Die Erkenntnis, dass ältere Beschäftigte eine große Bereicherung darstellen können, ist in der Praxis immerhin zum Teil angekommen: Bei einer Umfrage aus dem Jahr 2015 wurden Betriebe in Deutschland gefragt, ob sich auf die letzte ausgeschriebene Stelle auch Personen ab 50 Jahren beworben haben und ob sie dann auch die Stelle erhalten haben. Wenn stattdessen ein jüngerer Mensch die

Stelle erhielt, wurde nach den Gründen gefragt. Das Ergebnis: Drei Viertel der Betriebe gaben an, dass es keine Bewerbungen von Über-50-jährigen gegeben habe. Wenn sich ältere Bewerber auf eine Stelle beworben hatten, haben sie in mehr als der Hälfte der Fälle auch eine Zusage erhalten. Wenn ihnen abgesagt wurde, dann meist wegen der falschen Qualifikation (61 %). 28 % der Absagen wurden dadurch begründet, dass die Persönlichkeit des älteren Bewerbers nicht zum Unternehmen gepasst habe, je 20 % durch eine zu geringe Belastbarkeit und zu hohe Gehaltsvorstellungen (vgl. Demowanda o. J.).

Arbeitstugenden und Kompetenzen

Kontinuität und Stabilität – dafür stehen häufig die Älteren im Unternehmen. Sie sind lange dabei, sie können viele Geschichten von früher erzählen, sie kennen die Prozesse, sie wissen um die Arbeitsgeheimnisse, sie sind mit einschlägigen Prozessen und Aufgaben vertraut und sie wissen, wo sie relevante Informationen erhalten. Während einige jüngere und/oder unerfahrenere Mitarbeiter mehr Zeit darauf verwenden, über die Herangehensweise an eine Aufgabe nachzusinnen, können ältere Beschäftigte deutlich zeitökonomischer handeln.

Wie bereits in Tab. 4.2 deutlich wurde, gibt es einige Kompetenzen und Fähigkeiten, die im Alter tendenziell zunehmen. Wenn es im Arbeitsleben etwas gibt, das die Älteren für wichtig erachten – und das kann auch eine Veränderung sein –, sind sie hoch motiviert. Dann zeigt sich ihre ausgeprägte Leistungsbereitschaft, und sie tragen häufig dazu bei, das Altbewährte mit dem Neuen konstruktiv zusammenzufügen. Dabei können sie ausdauernd und begeistert sein, sodass sie die anderen mitnehmen und ebenfalls motivieren.

Sie zeichnen sich oft durch Loyalität aus – gerade, wenn sie einem Unternehmen schon lange angehören und dort mit ihrer Situation zufrieden sind. Die soziale Kompetenz vieler erfahrener Mitarbeiter ist stark ausgeprägt, und sie kennen ihre eigenen Leistungsmöglichkeiten und -grenzen relativ genau. Ältere stellen oft entschiedener die Frage nach dem Nutzen und behalten eher das große Ganze im Blick als ihre jüngeren Kollegen (vgl. Schröder-Kunz 2015a, S. 203) Gene D. Cohen, Professor für Gesundheitswissenschaften und Psychiatrie, erklärt, warum das so ist:

> Das Gehirn passt sich im Laufe des Älterwerdens an. Es entwickelt sich weiter, es wird immer komplexer und in sich geschlossener. Zugleich wächst unsere Psyche. Einsichtsfähigkeit, emotionale Stabilität, Wissen, Kreativität und die Fähigkeit des Selbstausdrucks entwickeln sich mit den Jahren weiter (Cohen 2009).

In meinen Schulungen und Seminaren erlebe ich immer wieder, dass ältere Arbeitnehmer die mit zunehmendem Alter individuell auftretenden Leistungseinschränkungen (z. B. bei der Schnelligkeit der Informationsverarbeitung) durch ihre praktische Intelligenz, ihre Expertise, ihre Zuverlässigkeit und ihre Arbeitsökonomie kompensieren. Viele berichten von einer größeren inneren Freiheit, die sich im Laufe des Älterwerdens entwickelt hat: Die Familienphase liegt hinter ihnen und sie müssen sich nicht mehr beweisen. Das macht sie unabhängiger. Umfragen zeigen zudem, dass einige ältere Erwerbstätige weniger als ihre jüngeren Kollegen bereit sind, sich unter Druck setzen zu lassen (vgl. Hertel 2012).

Denkanstoß

Welche der folgenden Kompetenzen können Sie bei Ihren älteren Mitarbeitern ausmachen? Kreuzen Sie an und ergänzen Sie gegebenenfalls weitere Potenziale Ihrer älteren Teammitglieder (vgl. Schröder-Kunz 2015a, S. 204 f.).

- sicherer Umgang mit komplexen (vertrauten) Situationen
- Erkennen von Ursachen und Gesetzmäßigkeiten
- kluge Entwicklung von Handlungsstrategien
- Verbindung unterschiedlicher Arbeitsbereiche
- konzeptuelles Denken
- effektive Problemlösungsstrategien
- Entscheidungs-/Handlungsökonomie durch optimale Zeit- und Zielplanungen
- Wissen über Netzwerke
- Kontrollfähigkeit im Hinblick auf Arbeitsabläufe
- Kontrollfähigkeit im Hinblick auf Gruppenprozesse
- hohe Motivation bei einer Tätigkeit, die als wichtig erachtet wird
- ausgeprägte Loyalität gegenüber dem Arbeitgeber
- Begeisterung für Produkte oder Arbeitsbereiche, an oder in denen die Betreffenden lange gearbeitet haben
- soziale Kompetenz bei der Motivation von Kollegen
- soziale Kompetenz bei Kooperation und Teamarbeit
- soziale Kompetenz im Umgang mit Kunden
- Selbstbewusstsein in der Arbeit und daraus folgende Motivation
- Vorbildfunktion für andere durch das eigene Verhalten und die fachliche und soziale Kompetenz
- Vorbildfunktion für andere durch die Arbeitsbiografie und den Lebensweg
- Erkennen eigener Leistungsmöglichkeiten und Leistungsgrenzen
- zeitliche Verfügbarkeit (häufig weniger familiär eingebunden)
- treffende Einschätzung der Lage des Unternehmens
- …

Wie macht sich das jeweils bemerkbar? Welche positiven Effekte sind dadurch gegeben?

- Qualitätsverbesserungen
- Vermeidung von Fehlern
- Optimierung von Prozessen
- Optimierung von Entwicklungszeiten
- adäquate Ansprache und Beratung der Kunden
- Erfolge bei Akquisition und Vertrieb
- …

Ob diese Fähigkeiten ausgelebt und eingesetzt werden, hängt sowohl vom Einzelnen als auch vom Unternehmen ab. Es bedarf häufig der Begleitung, der Übung oder auch des Bewusstmachens. So ist es zum Beispiel entscheidend, wie das Wissen weitergegeben wird. Neigt ein erfahrener älterer Beschäftigter beispielsweise zur Selbsterhöhung und zum „erhobenen Zeigefinger", können sich die Kollegen möglicherweise von ihm distanzieren und stattdessen andere um Rat fragen.

Arbeitsmotivation

Wer jeden Tag viele Stunden am Arbeitsplatz verbringt, sollte Freude an seiner Tätigkeit empfinden.

Es gibt verschiedene Theorien, die nahelegen, dass sich Motivation im Laufe des Lebens verändert. Das heißt nicht, dass ältere Beschäftigte weniger motiviert sind als jüngere. Lebenserfahrene und junge Menschen unterscheiden sich lediglich (teilweise) darin, was sie anspornt.

Für viele Vertreter der älteren Mitarbeitergeneration ist es bei der Arbeit besonders wichtig, dass sie auf der Grundlage ihrer Erfahrungen eigene Ideen einbringen können. Darin unterscheiden sie sich nur unwesentlich von den anderen Mitarbeitergenerationen. Auch eine gute Arbeitsatmosphäre und abwechslungsreiche Aufgaben sind für sie oft zentrale Faktoren der Arbeitszufriedenheit (vgl. Fuchs 2008, S. 8; Kienbaum 2015).

Während finanzielle Entlohnung im Alter eher unwichtiger wird, steigt oft das Bedürfnis nach Autonomie, Generativität und guten sozialen Kontakten. Für viele Ältere ist es entscheidend, selbstständig bestimmen zu können, wann sie welche Aufgabe bearbeiten. So können sie ihre Kompetenzen zielgerichtet einsetzen; außerdem zeigt sich daran das Vertrauen der Vorgesetzten in ihre Fähigkeiten. Diesen Aspekt sollte man nicht unterschätzen, denn vielen Älteren sind Wertschätzung und Respekt überaus wichtig (vgl. Roßnagel 2008, S. 57 ff.; Sonntag und Seiferling 2016, S. 527). In einer Kienbaum-Befragung aus dem Jahr 2015 (vgl. Kienbaum 2015) gaben ältere Befragte beispielsweise mehrheitlich an, dass sie in ihrem Fachwissen, ihren Organisationsfähigkeiten und in ihrer Kommunikationsstärke nicht übertrumpft werden wollen. Wenn allerdings das Betriebsklima schlecht ist und/oder die älteren Beschäftigten das Gefühl haben, zu wenig wertgeschätzt zu werden, sinkt ihre Motivation oft drastisch. Gerade wenn sie das Gefühl haben, dass andere ihnen nicht viel zutrauen, kann es passieren, dass sie sich mit dem Negativbild identifizieren und geringeren Einsatz zeigen (vgl. BMFSFJ 2010; Peters 2015).

Denkanstoß

Beobachten Sie eine Veränderung der Arbeitsmotivation bei Ihren langjährigen Mitarbeitern? Wie haben sie beispielsweise früher auf einen Bonus reagiert und wie heute?

Empfinden die Älteren ihre Arbeit heute noch so spannend wie vor 20 oder 30 Jahren? Was müsste geschehen, dass die Begeisterung wieder geweckt wird? Überlegen Sie, inwieweit Gespräche oder eine Änderung der Arbeitsgestaltung (z. B. ein Mix aus Routineaufgaben und kreativen Tätigkeiten) hierbei helfen können.

Der Vergleich der eigenen Leistung mit dem von Kollegen ist ganz natürlich. Im Laufe des Arbeitslebens haben sich Ihre älteren Mitarbeiter Know-how angeeignet. Möglicherweise war dies über Jahre hinweg sehr geschätzt. Durch die rasante (technische) Veränderung der Arbeitswelt werden altbewährte Arbeitsweisen häufig infrage gestellt, völlig neue Herangehensweisen sind die Folge. Damit geht Ihren älteren Mitarbeitern nicht nur das Altbewährte verloren, sondern auch der Status als Erfahrene, Ratgeber, Gefragte und Gebrauchte. Was könnte ihnen helfen?

Ein Aspekt der Wertschätzung: Erarbeiten Sie nicht nur mit Ihren jüngeren, sondern gerade auch mit Ihren erfahrenen Mitarbeitern immer wieder die beruflichen Perspektiven. Ausgangspunkt muss dabei die Bilanzierung der erworbenen fachlichen, organisatorischen und lebensweltlichen Kompetenzen sein.

Kognitive Leistungsfähigkeit und lebenslanges Lernen

Was Hänschen nicht lernt, lernt Hans nimmermehr? Von wegen!

Hinsichtlich der geistigen Fähigkeiten Älterer gibt es große interindividuelle Unterschiede: Die kognitive Leistungsfähigkeit der Menschen hängt unter anderem von den Genen, der Ausbildung, den sozialen Kontakten und dem Lebensstil ab. Aber auch die Arbeitsbedingungen spielen eine Rolle: Ist die Tätigkeit abwechslungsreich und komplex, fördert das die kognitiven Fähigkeiten. Schichtarbeit und eintönige Aufgaben beeinträchtigen sie dagegen (vgl. BMAS 2012, S. 17).

Umso wichtiger ist es, sich immer wieder geistig zu fordern und lebenslang zu lernen. Das lebenslange Lernen hat gleich mehrere Vorteile: Der Geist und die Persönlichkeit reifen. Das bestehende Nervenzellgewebe bleibt länger erhalten, auch neues Nervenzellgewebe entwickelt sich (vgl. Schröder-Kunz 2015a, S. 83 f.). Voraussetzung: Das zu Lernende muss mit dem Erfahrungswissen verknüpft werden können.

Ältere Menschen können durchaus im Alter neue Dinge lernen. Verglichen mit Jugendlichen benötigen betagte Menschen zwar mehr Zeit, um bislang unbekannte Inhalte zu lernen, doch dafür verinnerlichen sie diese Informationen umso besser; denn sie verbinden das neue Wissen mit Wissenssystemen, die sie im Laufe ihres Lebens erworben haben. Das belegen Untersuchungen aus der Hirnforschung. (Vgl. Schröder-Kunz 2015a, S. 83 f.)

Wenn Beschäftigte im höheren Alter an Qualifizierungs- und Weiterbildungsmaßnahmen teilnehmen, lohnt sich das Studien zufolge nicht nur für die Mitarbeiter, sondern auch für das Unternehmen: Die Leistungsfähigkeit der Teilnehmer kann dadurch gesteigert und die Wettbewerbsfähigkeit des Unternehmens erhöht werden (vgl. Frerichs 2009, S. 67).

Die kognitiven Fähigkeiten Älterer können durch gezieltes Training gestärkt werden. Auch abwechslungsreiche Aufgabengestaltung regt die grauen Zellen an. Wie Sie bereits in Kap. 3 erfahren haben, beeinflusst auch körperliche Fitness die geistige Leistungsfähigkeit. Unternehmen können hier unterstützen, indem sie Arbeitsplätze altersgerecht gestalten (vgl. BMAS 2012, S. 17).

Die Motivation für Weiterbildung ist bei Älteren allerdings oft eine andere als bei Jüngeren: Viele von ihnen erhoffen sich von einer Weiterbildung eine höhere Qualität des Arbeitsplatzes, einen Verbleib im Unternehmen und/oder bessere Beziehungen zu den Kollegen. Jüngere streben dagegen eher nach Arbeitsplatzsicherheit, Karriere und einem höheren Einkommen (vgl. BMAS 2014, S. 32).

Wie bereits erwähnt, verfügen ältere Menschen über mehr Erfahrung sowie Faktenwissen als Jüngere. Das hat oft zur Folge, dass sich ältere Beschäftigte Lernformen und -inhalte wünschen, die einen klaren Bezug zu ihrer Tätigkeit haben (vgl. BMAS 2014, S. 33; Richter et al. 2017, S. 49).

Zugleich neigen ältere Menschen eher dazu, Misserfolgserlebnisse durch nicht erfolgreiches Lernen zu vermeiden (vgl. Roßnagel 2008, S. 72). Das heißt: Wenn sie fürchten, dass sie Neues nicht verinnerlichen können (z. B., weil die Rahmenbedingungen des Lernens nicht optimal sind), verzichten sie eher auf die Teilnahme an Weiterbildungen, Seminaren etc. Hier können Sie als Führungskraft durch gezielte positive Rückmeldungen (Abschn. 3.1.2.3) aktiv gegensteuern.

Unternehmen sind wiederum gefordert, möglichst altersgerechte Lernformen und -umgebungen bereitzustellen.[8]

Denkanstoß

Sind die Weiterbildungsangebote in Ihrem Unternehmen auch auf die Bedürfnisse Älterer abgestimmt? Konkret ausgedrückt (vgl. Frerichs 2009, S. 67 f.):

- Inwiefern können die Beschäftigten ihr Lerntempo selbst bestimmen, Wiederholungen und Vertiefungen individuell festlegen?
- Wie viel Raum gibt es zum eigenständigen Üben?
- Wird ausreichend an Erfahrungswissen angeknüpft? Werden die praktische Relevanz der Lerninhalte verdeutlicht und der individuelle Gewinn durch das neu erworbene Wissen demonstriert?
- Wie eng sind Beruf und Lerninhalte miteinander verknüpft? Sind die Inhalte tatsächlich relevant für die Tätigkeit?
- Wie individuell ist die Weiterbildungsmaßnahme gestaltet? Wird auf den jeweiligen Kenntnisstand der Teilnehmer eingegangen? Werden persönliche Lernvorlieben berücksichtigt?
- Werden auch die individuellen Voraussetzungen jedes Teilnehmers in den Blick genommen (z. B. hinsichtlich Gesundheitszustand, Bildungsstand etc.)?

Mehr zum Thema Lernen finden Sie in Abschn. 3.2.

Die ältere Mitarbeitergeneration im Wandel der Arbeitswelt

„Irgendwie hat sich alles verändert!" Diesen Eindruck mögen gerade ältere Beschäftigte gewinnen, die seit langer Zeit erwerbstätig sind.

Insgesamt bewältigen die meisten älteren Arbeitnehmer den Wandel der Arbeitswelt gut. Sie haben keine größeren Probleme damit als die Jüngeren. Das zeigt die hohe Flexibilität und Lernbereitschaft dieser Generation, denn schließlich sind sie von früher ganz anderes gewöhnt. Trotzdem fühlen sich manche in der „neuen Arbeitswelt" nicht mehr heimisch. Das, was sie erleben, entspricht nicht ihren Erfahrungen und Werten im ihrem jungen Erwerbsleben. „Ja, damals!" heißt es dann oft, und die „gute alte Zeit" wird im Nachhinein idealisiert. Manche sehen

[8]Dem widersprechen allerdings die Umfrageergebnisse des Bundesinstituts für Berufsbildung (BiBB) und der Bundesanstalt für Arbeitsschutz und Arbeitsmedizin (BAuA) aus dem Jahr 2012: Dabei gaben 56,4 % der befragten 45- bis 65-Jährigen an, dass sie altersgemischte Teams in altersspezifischen Weiterbildungsangeboten vorziehen.

die ständigen Veränderungen als zunehmende Belastung, aber auch als unsinnig an. Ein neues Computersystem kann an sich sinnvoll sein, wenn jedoch ständig Störungen auftreten und die eigene Arbeit behindert wird, wünscht sich so mancher die analoge Zeit zurück.

Auf der anderen Seite sind viele ältere Beschäftigte bereit, sich auf die Digitalisierung einzulassen. Doch die meisten glauben, gegenüber jüngeren Kollegen im Nachteil zu sein (vgl. Das Demographie Netzwerk [ddn] 2017). Dabei verfügen viele Vertreter der älteren Mitarbeitergeneration über die geeigneten Ressourcen, um in der sich stetig ändernden (Arbeits-)Welt zu bestehen. Sie haben den organisatorischen Wandel persönlich erlebt und mit eingeleitet. Daher verfügen sie über enormes Wissen. Sie kennen die alten und neuen Prozesse, die Rahmenbedingungen etc. Dadurch können sie Neues mit Altem verknüpfen. Viele erkennen die Vorteile – wie z. B. der neuen (flacheren) Hierarchien in der Führung. Außerdem verfügen sie in ihren Fachgebieten über ein ausgeprägtes Erfahrungswissen. Nicht zuletzt haben viele ältere Menschen den Wunsch und die Kompetenz, ihr Wissen weiterzugeben (vgl. Schröder-Kunz 2016, S. 34).

Um der Unsicherheit der Älteren zu begegnen, sollten Sie als Führungskraft als gutes Beispiel vorangehen: Trauen Sie Ihren älteren Mitarbeiter zu, mit der Digitalisierung klarzukommen. Investieren Sie in die digitale Weiterbildung dieser Mitarbeitergeneration, oder sensibilisieren Sie Ihre Unternehmensführung für dieses Thema. Bislang wird in vielen Unternehmen noch zu wenig in die Weiterbildungen für Ältere investiert. Doch das ist kurzsichtig und demotivierend für erfahrene Beschäftigte. Es geht darum, beispielsweise kreative Ideen hinsichtlich der Lernbegleitung beim Einführen neuer Computersysteme zu entwickeln. Häufig ist ein persönliches An-die-Hand-Nehmen gerade für die Älteren sinnvoll, etwa durch jüngere Kollegen. Haben diese nicht nur IT-Kenntnisse, sondern auch intergenerative pädagogische Kompetenz, stehen wertschätzend zur Seite und sind schnell greifbar, wenn eine Veränderung ansteht oder es mal wieder ein Problem gibt, können Ältere motiviert und kompetent neue Systeme im Arbeitsalltag einsetzen. Für Unternehmen könnte sich das lohnen, weil Störungen in Arbeitsabläufen so schneller behoben werden und zudem besonders erfahrene Mitarbeiter längerfristig motiviert im Unternehmen gehalten werden (vgl. ddn 2017).

Denkanstoß

Wie viel Aufwand ist erforderlich, damit Ihre Mitarbeiter ein neues technisches System erlernen? Und ist dieses Lernen auf Ihre älteren Mitarbeiter abgestimmt? Was ist zu ändern? Was ist unveränderbar und muss (jetzt) akzeptiert werden? Welcher Ausgleich ist möglich, wenn die technische Veränderung belastet? Was könnte dem Mitarbeiter guttun? Haben Sie Ideen, die Sie – soweit Sie selbst Vorgesetzte haben – an die Unternehmensleitung weitergeben möchten?

Wenn einzelne Teammitglieder eine sehr kritische Haltung gegenüber Neuerungen einnehmen, sind Sie besonders gefordert. Wenn ein Mitarbeiter langfristig in diesem Negativkreislauf verharrt, kann das möglicherweise an einem Zusammenspiel aus Persönlichkeitsmarkmalen (Kap. 4, Big-Five-Modell) und nicht passenden Rahmenbedingungen liegen.

Welche personelle Unterstützung (z. B. durch jüngere Kollegen) ist denkbar? Wer könnte dafür geeignet sein?

Überlegen Sie mit Ihrem Mitarbeiter, wie er aus seiner Frustschleife herauskommen kann. Hier sind regelmäßige Gespräche und gute Beobachtung des Mitarbeiters notwendig. Behalten Sie auch im Blick, wie es um die „Ansteckungsgefahr" der anderen Beschäftigten steht. Dabei sind Sie besonders als Motivator (Abschn. 3.3) gefordert.

Der Wunsch nach Reduktion der Arbeitszeit

„Ach, wäre es schön, wenn ich etwas mehr Zeit für mich hätte!" – ein Wunsch, den viele Menschen haben. Auch die Älteren, die noch mitten im Berufsleben stecken.

Wie Umfragen zeigen, würde eine Mehrheit der Beschäftigten ihre Arbeitszeit vor der Pensionierung gerne reduzieren, wenn das keine übermäßigen finanziellen Einbußen zur Folge hätte (vgl. Sczesny et al. 2007). Was steckt möglicherweise dahinter? Gründe können sowohl im Berufs- als auch Privatleben liegen:

Menschen die seit vielen Jahren schon an der gleichen Stelle, am gleichen Produkt, mit den gleichen Menschen, den gleichen Kunden, an den gleichen Vorgängen arbeiten, empfinden diese Routine unter Umständen als eintönig. Dann entsteht oft der Wunsch, etwas Neues, Aufregendes, Interessantes zu entdecken, zu erleben, zu erarbeiten. In meinen Schulungen und Seminaren erzählen mir viele ältere Teilnehmer, dass sie der Wunsch nach Neuem im privaten Bereich stark umtreibt. Das betrifft z. B. lange gehegte, noch nicht erfüllte Wünsche, die durch das neue Bewusstsein des Älterwerdens und der endlichen Zeit stärker in den Vordergrund rücken. Sie haben den Wunsch, das Leben noch mal von einer anderen Seite zu entdecken (vgl. Cohen 2009). Dementsprechend möchten sie weniger Zeit mit der Arbeit verbringen und stattdessen (neuen) privaten Interessen oder Hobbys nachgehen.

Im Alter werden „Wohlfühlbeziehungen" immer wichtiger, also solche Beziehungen, die emotional positiv sind. Kontakte, die negativ aufgeladen und voller Spannungen sind, werden dagegen eher aufgegeben. Oft besteht der Wunsch, verstärkt in private Kontakte zu investieren, die den älteren Mitarbeitern besonders am Herzen liegen. Das wirkt sich auch auf das Arbeitsleben und den

Wunsch nach mehr freier Zeit aus. Denn: Je mehr Zeit Mitarbeiter bei der Arbeit verbringen (im schlimmsten Fall zuzüglich langer Pendelzeiten), desto weniger bleibt für Privates.

Möglicherweise gibt es familiäre Gründe, die den Wunsch wecken, die Arbeitszeit zu reduzieren: Das kann das Bedürfnis sein, mehr Zeit für die Enkelkinder zu haben (und damit auch deren Eltern zu entlasten), aber auch der Wunsch, sich um die eigenen hochbetagten (pflegebedürftigen) Eltern zu kümmern.

Auch der rasante Wandel der Arbeitswelt kann dafür verantwortlich sein, dass sich manche älteren Arbeitnehmer innerlich vom Unternehmen abwenden und weniger Stunden arbeiten möchten. Gerade, wenn sie sich „nicht mitgenommen“ fühlen, oder wenn sie den Eindruck gewinnen, dass ihre Talente und ihre Erfahrungen nicht mehr zählen. Wenn sie vor der Herausforderung stehen, viele neue Dinge zu lernen, die ihnen schwerfallen oder mit denen jüngere Kollegen viel besser zurechtkommen. Wenn sie das Gefühl bekommen: „Das ist nicht mehr mein Unternehmen.“ Da ein Wechsel oder Bewerbung bei einer anderen Firma mit zunehmendem Alter unwahrscheinlicher wird, neigen sie dann möglicherweise dazu zu resignieren, nach dem Motto: „Ich zähle die Tage bis zum Ruhestand. Ich muss nur noch ein bisschen aushalten.“ Diese innere Kündigung ist schade und gefährlich: für das Unternehmen, das Team, aber auch für den Mitarbeiter selbst.

Das menschliche Ruhebedürfnis steigt mit dem Alter. Auch das kann ein Grund dafür sein, dass erfahrene Mitarbeiter weniger arbeiten möchten. Sie spüren: Einen Achtstundentag stecke ich nicht mehr so einfach weg (Abschn. 3.1.2.2).

Denkanstoß

Wie ist es um Ihr Ruhebedürfnis bestellt? Und wie steht es um das Ruhebedürfnis Ihrer Mitarbeiter? Machen Sie sich und Ihren Mitarbeitern bewusst, dass nicht jede frei werdende Zeiteinheit sogleich mit einer neuen Tätigkeit gefüllt werden muss. Die Fähigkeit des Innehaltens kann sehr wertvoll sein.

Was steckt eigentlich dahinter, wenn wir immer in Aktivität sind? Die Sorge, etwas Entscheidendes zu verpassen? Und was ist das Entscheidende? Dabei handelt es sich um mehr oder weniger philosophische Fragen. Fragen, mit denen wir uns in einer Zeit, in der viel über Schnelllebigkeit, Arbeitsverdichtung, Komplexität, Burn-out etc. geschrieben und geredet wird, neu auseinandersetzen müssen. Das können Sie bei Ihren Mitarbeitern fördern. Gerade ältere Mitarbeiter können hierzu häufig interessante Sichtweisen und Tipps haben und mit Jüngeren über den Wert der Langsamkeit und des Nichtstuns ins Gespräch kommen. Fördern Sie den Austausch mit und unter den Mitarbeitern der verschiedenen Altersgruppen!

Belastungen und Verletzlichkeit

Man erinnert sich noch an die eigene Vitalität in der Jugend, fühlt sich selbst immer noch irgendwie alterslos – und doch: Morgens beim Aufstehen tun die Knochen weh, so schnell wie früher ist man auch nicht mehr, die hochbetagten Eltern sind schon länger nicht mehr Ratgeber, sondern benötigen selbst Hilfe, die Kinder sind groß und aus dem Haus.

Keine Studien belegen, dass die Arbeitsfähigkeit der Älteren durch zunehmende Belastungen geringer ist als die der Jüngeren. Dennoch sollten Sie sich mit dem Thema der veränderten Verletzlichkeit im Hinblick auf Ihre reiferen Mitarbeiter auseinandersetzen.

Das Bewusstsein für die Verletzlichkeit im Leben kann übrigens auch für die Jüngeren (die zunehmend unter psychischer Belastung leiden, Abschn. 4.1.1) ein wichtiges Themenfeld sein.

Was verändert sich möglicherweise im Laufe des Lebens – zunächst ganz unabhängig vom Arbeitsleben?

- Erkrankungen, Unterstützungs- oder Pflegebedarf der hochbetagten Eltern[9]
- körperliche Einschränkungen, die das Bewusstsein „ich werde älter" erstmals hautnah vor Augen führen und die es unter Umständen erforderlich machen, dass lieb gewonnene Sportarten aufgegeben werden müssen
- Tabuisierung oder defizitorientierte Sicht auf das (eigene) Alter und die Endlichkeit des Lebens
- Angst, mit Jüngeren nicht mehr mithalten zu können und damit verbundener Rollenverlust als leistungsstarke, gefragte Person
- damit verbundene Befürchtung, nicht verstanden oder ausgegrenzt zu werden
- Verlust nahestehender Personen (z. B. Eltern, Geschwister, Freunde)
- Herausforderung, neue Lebensziele und Sinn zu finden, wenn bereits vieles erreicht wurde

Denkanstoß

Erkennen Sie auch bei Ihren älteren Mitarbeitern entsprechende Belastungen? Wie können Sie sie mitverantwortlich unterstützen? Möchten Sie beispielsweise die aktive Auseinandersetzung mit Bewältigungsstrategien fördern? (Abschn. 3.1.2.2) Möchten Sie im Gespräch die Potenziale und Gewinne des Alters den Verlusten gegenüberstellen und so die differenzierte Sicht Ihrer älteren Mitarbeiter fördern? (Abschn. 3.1.2.5)

[9]Allein im Jahr 2015 waren in Deutschland 2860.293 Menschen pflegebedürftig, Tendenz stark steigend. In knapp der Hälfte aller Fälle versorgen nur die Angehörigen die Pflegebedürftigen, in rund 25 % der Fälle teilen sich ein ambulanter Pflegedienst und die Angehörigen die Pflege (vgl. Statistisches Bundesamt 2015).

Belastung im Arbeitsleben Geht es in Umfragen um die Belastungen von Arbeitnehmern, zeigen sich in der Regel keine großen Unterschiede zwischen den verschiedenen Altersgruppen. Die Art der Beschwerden unterscheiden sich zwar – Jüngere leiden eher unter vorzeitiger Müdigkeit und Kopfschmerzen, während Ältere eher von Schlafstörungen geplagt werden – aber die Häufigkeit und Verbreitung sind etwa gleich. Allerdings muss man hierbei den sogenannten Selektionseffekt berücksichtigen: Besonders belastete Ältere scheiden oft vorzeitig aus dem Berufsleben aus und sind in den Umfragen und Studien dementsprechend nicht vertreten (vgl. Fuchs 2008, S. 19 f.). Das ist trotzdem kein Zeichen für die „Schwäche des Alters", sondern eher dafür, dass die jeweiligen Jobs (z. B. in der Baubranche) langfristig (körperliche) Beeinträchtigungen zur Folge haben können. Denn in manchen Berufen häufen sich die Fehlbelastungen im Laufe des Arbeitslebens so, dass sie zu gesundheitlichen Einschränkungen und letztlich in die Erwerbsunfähigkeit führen (vgl. Fuchs 2008, S. 22). Hier sollten Unternehmen ein präventives Bewusstsein entwickeln und nach Lösungen suchen, wie langfristige Fehlbeanspruchung vermieden werden kann (vgl. Adamy et al. 2017, S. 51).

Denkanstoß

Verrichten Ihre Mitarbeiter schwere oder einseitige körperliche Arbeit? Welche Maßnahmen zur Entlastung gibt es? Welche wären denkbar? Wie geht das betriebliche Gesundheitsmanagement darauf ein? Kommen Sie hierzu mit den Beschäftigten und mit anderen Führungskräften ins Gespräch.

Tendenziell brauchen Ältere nach *körperlich anstrengenden Tätigkeiten* länger, um sich zu regenerieren. Allerdings kann man nicht pauschal sagen, dass Ältere grundsätzlich längere Pausen benötigen als Jüngere. Denn: Wie erholsam Pausen für die Beschäftigten sind, hängt auch von der individuellen Erholungsfähigkeit jedes Einzelnen und von den Anforderungen der Tätigkeit ab (vgl. BAuA 2017, S. 29).

Denkanstoß

In Abschn. 3.1.2.2 haben Sie sich mit dem Thema Pausen beschäftigt. Welche Anregungen möchten Sie im Arbeitsalltag umsetzen? Wie lassen sich hierbei die individuellen und altersbedingten Unterschiede zwischen den Teammitgliedern berücksichtigen?

Älteren Menschen, die in wechselnden *Schichten* arbeiten, fällt die Umstellung zwischen den Schichten oft schwerer als ihren jüngeren Kollegen. Das äußert sich Studien zufolge in Schlafbeschwerden sowie einer eingeschränkten Leistungsfähigkeit.

Gleiches gilt, wenn ältere Mitarbeiter in Nachtschichten arbeiten (vgl. Adan et al. 2012; BAuA 2017, S. 30). Da sich Nachtarbeit generell negativ auf die Gesundheit auswirkt, sollten Nachtschichten so weit wie möglich wegfallen – und zwar für alle Beschäftigten. In meinen Seminaren berichten die in Schicht Arbeitenden häufig von sehr unterschiedlichen Bedürfnissen. Ob Schichtarbeit als besondere Belastung empfunden wird, hängt auch von der inneren Haltung und Motivation ab. Das zeigt, dass man sie in die Planung miteinbeziehen sollte.

Belastung im Privatleben „Es ist schön, wenn man nach getaner Arbeit zu Hause die Füße hochlegen kann. Ich genieße das mehr als früher." Viele ältere Berufstätige kennen dieses Gefühl und dazu noch die Freiheit, die sie jetzt durch weniger Verpflichtungen haben. Aber auf immer mehr Ältere kommen im Privatleben neue Belastungen zu.

Die gelernten Bewältigungsstrategien gewinnen im Alter an Bedeutung, denn in der späteren Lebensphase wird der Mensch mit neuen Anforderungen konfrontiert. Hierzu zählen insbesondere körperliche Einschränkungen, die Sorge um oder der Verlust von nahestehenden Menschen und das Bewusstwerden der eigenen Endlichkeit. Letzteres zeigt sich an Fragen wie beispielsweise: Wie war mein Leben bisher? Was habe ich erreicht? Was kann ich noch tun? Welche Ziele habe ich noch?

Im höheren Alter werden Menschen immer wieder mit Abschieden konfrontiert: sei es ein kleiner Abschied von dem geliebten Sport, der aus gesundheitlichen Gründen nicht mehr möglich ist, oder ein großer Abschied von einem geliebten Menschen. Selbstverantwortung im Älterwerden betont daher immer mehr die zwei Handlungsfelder „Achtsamkeit" und „Verzicht (im Sinne von Loslassen)". Was können wir weiterhin *wie* tun? Was müssen wir loslassen? Erforderlich ist eine selbstverantwortliche innere Haltung (Abschn. 3.1.2.5). Viele Ältere besitzen diese innere Haltung und haben zudem im Laufe ihres Lebens eine erstaunliche Resilienz (Widerstandsfähigkeit) entwickelt.

Sind Ihre älteren Mitarbeiter durch die Sorge oder Pflege ihrer hochbetagten Eltern gefordert, werden sie sich auch hier immer wieder hinsichtlich ihrer Selbst- und Mitverantwortung hinterfragen müssen: An welcher Stelle kann ich trotz gegebener Abhängigkeit die Selbstständigkeit meiner hochbetagten Eltern fördern (vgl. Abschn. 2.3, Handlungsfeld 14)? Wie kann ich für mich selbst Unterstützung und Hilfe erhalten?

Auch das Älterwerden an sich kann für Ihre älteren Mitarbeiter eine Belastung sein. Gehen Sie davon aus, dass sich Menschen zu Beginn der zweiten Lebenshälfte – und spätestens dann, wenn die Kinder aus dem Haus gehen oder die Eltern sterben – bewusst oder unbewusst mit dem Alter beschäftigen. Da die

Lebensphase der älteren Arbeitnehmer von Bedeutung ist, um die Aufgabe Alter als natürliche Lebensphase anzunehmen, spielen auch Sie als Führungskraft eine wichtige Rolle. Zudem kann die Angst vor dem eigenen Altern auch den Arbeitsalltag beeinflussen. Krisen können Einfluss auf die Gesundheit, Kompetenz und Motivation Ihrer Mitarbeiter haben.

Das Ziel sollte sein, dass die Beschäftigten (aber auch Sie selbst) den Wandel des Älterwerdens als etwas natürlich Gegebenes annehmen, ihn mental gestalten und förderliche Rahmenbedingungen (vgl. Abschn. 4.2) gegeben sind. In der Selbstverantwortung muss die werteorientierte Vorstellung über das „richtige" Leben überprüft werden. Die Erfahrung einer Krise im Sinne von Veränderung und Neuanfang wird so als Teil des Lebens akzeptiert und angenommen[10]. Dies ist in unserer leistungsorientierten Gesellschaft nur durch intensive Selbstreflexion (vgl. Abschn. 2.3 Handlungsfeld 2) und aktives Hinterfragen möglich.

Wird Alter oder Älterwerden in der Gegenwart verdrängt und werden produktivitätsorientierte Altersbilder als einzig erstrebenswertes Ziel gesehen, kann das hochbetagte Alter, in dem Verluste gegeben sind, nur noch als Scheitern und Verzweiflung erlebt werden. Ziel sollte ein differenziertes Bild von Alter sein, in dem der Mensch im Alter auf Hilfe angewiesen sein darf und dennoch Teil der Gesellschaft ist, Selbstbestimmung lebt und Lebensqualität erfahren kann. In einer Gesellschaft des langen Lebens sind alle aufgefordert, daran zu arbeiten (vgl. Dutt und Wahl 2018; Graefe 2018).

Denkanstoß

Wie könnten Sie Ihre reifen Mitarbeiter in ihrer Selbstverantwortung unterstützen? Haben Sie Ideen? Möchten Sie mit den Beschäftigten dazu ins Gespräch kommen?

Übergang in den Ruhestand

Auch wenn der bevorstehende Ruhestand für die meisten ein Grund zur Freude ist, kann er als Belastung empfunden werden, als Ende einer Ära, als „Anfang vom Ende". Für manche Menschen ist dies ein schmerzlicher Verlust. Das „Leiden" am Verlust der Arbeit (das immer subjektiv ist) wird tabuisiert, da der Ruhestand in unserer Gesellschaft gemeinhin als positives Ereignis betrachtet wird.

Wie geht es Ihren Mitarbeitern mit dem Übergang in den Ruhestand? Tauschen Sie sich mit Ihren Mitarbeitern aus. Unabhängig von den jeweiligen

[10]Das entspricht den Handlungsfeldern 4, 12, 13 und 14, in denen Antworten auf die Frage „Was soll ich tun?" gefunden werden können (Abschn. 2.3).

Zielvorstellungen für die letzte Phase des Berufslebens ist auch das eine wichtige Aufgabe für Sie als Führungsperson in Ihrer Mitverantwortung.

Was können Sie tun? Unterstützen Sie die Mitarbeiter dabei, sich Gewinne und Verluste bewusst zu machen, die immer beide mit der Pensionierung einhergehen:

- Auf der einen Seite haben Rentner mehr Zeit, die sie nach eigenem Belieben füllen können.
- Auf der anderen Seite bedeutet der Eintritt in den Ruhestand auch, dass Aufgaben, Kontakte etc. verloren gehen und die Lebenszeit nur noch begrenzt ist.

Diese Ambivalenz kann dazu führen, dass man neue Freiheiten nutzt, um sie zu gestalten oder etwas nachzuholen, was man bisher nicht tun konnte. Sie kann aber auch dazu führen, dass man sich gewaltsam gegen das Altern stemmt und sich in hektischen Aktionismus stürzt, um die Auseinandersetzung mit dieser Lebensphase zu vermeiden.

Ermuntern Sie Ihre Beschäftigten beispielsweise dazu, eine Gewinn-und-Verlust-Bilanz aufzustellen sowie Ideen und Wünsche für den Ruhestand zu sammeln. Wenn die Mitarbeiter den Zeitpunkt des Renteneintritts selbst wählen dürfen (z. B. Angebot zur Altersteilzeit) kann die Reflexion ihnen bei der Entscheidung helfen. Möglicherweise ist das Nachdenken über Gewinne und Verluste auch für Ihre ganze Abteilung, also für Jüngere und Ältere, bereichernd. Auch wenn es für die Jüngeren noch lange hin ist bis zum Ruhestand, kann der Blick hilfreich sein, um sich die eigene Selbstverantwortung für die späte Lebensphase bewusst zu machen. Gleichzeitig kann dadurch Verständnis für die älteren Kollegen entwickelt werden, die den Ruhestand direkt vor Augen haben.

Teilweise geht es dabei um ein Bewusstmachen und innerliches Lösen, teilweise um konkrete Handlungen. Dazu zählt beispielsweise, bestimmte Aufgaben aus der Hand zu geben oder sich darauf einzustellen, dass ein langjähriges Projekt nicht zu Ende geführt werden kann.

Die Nachfolgeregelung ist vor allem für langjährige Mitarbeiter ein zentraler Aspekt. Das Gefühl, dass die eigene Arbeit fortgeführt wird und beispielsweise Kunden weiter gut betreut werden oder ein Produkt mit entsprechender Qualität produziert wird, kann die Ausscheidenden durchaus umtreiben und schließlich auch noch im Ruhestand beschäftigen. Hören Sie Ihrem Mitarbeiter, der das Unternehmen bald verlassen wird, zu. Was wünscht er sich? Was sind seine Befürchtungen? Welche konkreten Vorschläge hat er für die Zukunft seines Aufgabenbereiches?

Denkanstoß

Gehen einige Ihrer Mitarbeiter demnächst in den sogenannten aktiven Ruhestand? Dann werden sie viel Freizeit haben. Fördern Sie den abteilungsinternen Austausch darüber: Wie kann man die Freizeit selbst- und mitverantwortlich gestalten? Welche Gedanken und Ideen haben die Jüngeren und Älteren hierzu?

Vorbereitung auf den Ruhestand Manche wollen lieber heute als morgen in Rente gehen, andere arbeiten freiwillig länger. Wie gelingt der Ausstieg?

Wenn ältere Mitarbeiter in den Ruhestand gehen, ist das etwas, das auch Sie als Führungskraft angeht. Zum einen verlieren Sie einen Mitarbeiter, der in der Regel viel Erfahrungswissen für die Abteilung bereithält. Zum anderen geht es um einen Menschen, der sich jahrelang für das Unternehmen oder die Abteilung einsetzte und nun einen neuen Lebensabschnitt vor sich hat.

Sie als verantwortliche Führungskraft sollten sich fragen, was der Mitarbeiter hinterlässt, welche Aspekte seines wichtigen Wissens in den letzten Jahren und Monaten noch weitergegeben werden sollen, aber auch, inwiefern Sie den Menschen im Hinblick auf seine persönliche Situation ein Stück weit begleiten können.

Zum Wissenstransfer möchte ich Ihnen die Broschüre „Fachkräfte sichern – Wissens- und Erfahrungstransfer" des Bundesministeriums für Wirtschaft und Technologie (BMWi) empfehlen, die Sie kostenlos online abrufen können (vgl. BMWi 2012). Doch da es je nach Arbeitsbereich große Unterschiede gibt, sind allgemeingültige Empfehlungen für den gelungenen Wissenstransfer nicht möglich.

Im Hinblick auf die Begleitung des Menschen sollten jedoch ein paar wichtige Aspekte berücksichtigt werden. Ob es Menschen gelingt, einen guten Übergang zu finden, ist laut Jürgen Wolf, Professor an der Hochschule Magdeburg-Stendal, von verschiedenen Aspekten abhängig: Als wichtigste Faktoren für einen negativen oder positiven Verlauf des Übergangs in den Ruhestand nennt er den Gesundheitszustand, das Einkommen, die Freiwilligkeit der Berufsaufgabe sowie private Lebensumstände. Bei Letzteren spielen beispielsweise die sozialen Kontakte, neue Aufgaben, Erwartungen, aber auch die Vorbereitung auf den Ruhestand eine große Rolle. (Vgl. Wolf 2006)

Als Führungskraft haben Sie Einfluss auf die Gestaltung der letzten Jahre und Monate Ihrer Teammitglieder. Sprechen Sie schon etwa zehn Jahre vor deren voraussichtlichem Austritt aus dem Berufsleben mit Ihren Mitarbeitern darüber, welche Ziele sie in den letzten Jahren des Arbeitslebens haben.

Wann ein Mitarbeiter in den Ruhestand geht, sollte nicht nur von finanziellen Aspekten abhängen, sondern auch von seinen Bedürfnissen und Fähigkeiten – also von seiner selbstverantwortlichen Sicht auf seine Person und seinen persönlichen Perspektiven. Auch seine Mitverantwortung, zum Beispiel in Bezug auf seine Familie oder Freiwilligenengagement, kann und sollte dabei betrachtet werden. In der heute verlängerten Zeit des aktiven Ruhestands benötigt der Mensch eine Aufgabe. Das hat auch mit dem wichtigen Gefühl des Gebrauchtwerdens zu tun. Es gibt in unserer Gesellschaft viele Aufgaben für die Älteren, bei denen sie ihre neue Freiheit aktiv und verantwortlich nutzen können.

Wenn in Ihrer Organisation Bedarf besteht, können Sie ältere Mitarbeiter auch frühzeitig ansprechen, ob es Aspekte gibt, die sie zu einem längeren Verbleib im Erwerbsleben motivieren. Nehmen Sie die Arbeitsfähigkeit des Mitarbeiters hinsichtlich Gesundheit, Kompetenz und Motivation als Basis für diesen Austausch in den Blick: Welche Unterstützung benötigt er noch? Ist er an Fortbildungen interessiert? Was benötigt er, um gesund, kompetent und motiviert zu bleiben und dementsprechend weiter – und sei es nur stundenweise – für das Unternehmen zu arbeiten?

Gestaltung des Abschieds Wir alle wünschen uns, Spuren zu hinterlassen …

Wenn der Abschied bevorsteht, sollten Sie darauf achten, welches Wissen der Mitarbeiter weitergeben muss und kann. Ist sein fachliches Wissen nicht mehr aktuell, gilt es, ganz besonders auf das „soziale" Erfahrungswissen zu schauen. Wo konnte der Mitarbeiter zum Beispiel besonders gut auf andere eingehen? Wann und wie hat er dem Team Gelassenheit in hektischen Situationen vermittelt?

Berücksichtigen Sie diese Aspekte auch in Ihrer Rede bei einer Abschiedsfeier. Überlegen Sie, was den Mitarbeiter als Menschen ausgemacht hat. In meinen Seminaren zum Übergang in den Ruhestand höre ich immer wieder, dass Mitarbeiter weniger die Lobeshymnen schätzen, dafür aber ehrliche Worte oder schöne Anekdoten in Bezug auf die frühere Zusammenarbeit.

Der Abschied selbst ist für Ihre Mitarbeiter wichtig, da er einen guten Rückblick ermöglicht, in dem er das Berufsleben noch einmal sortieren kann. Das kann dann ein Stück weit zur Biografiearbeit werden. Er markiert auch das Ende eines wichtigen Lebensabschnitts. In der Erinnerung bleibt viel zurück. Das Berufsleben hat den Mitarbeiter über viele Jahre geprägt. Es ist Teil seiner Identität. Beides – der sortierende Rückblick und das Benennen des Endes – ist wichtig, damit sich ausscheidende Mitarbeiter den Neuanfang bewusst machen, sich darauf einlassen und ihn aktiv gestalten.

Auch Ihre verbleibenden Mitarbeiter werden davon profitieren. Denn durch die Worte, die Sie zu dem ausscheidenden Mitarbeiter sagen, können sie selbst noch einmal reflektieren und sich bewusst machen, dass einer aus ihrer Mitte geht. Ist über die Jahre im Team ein Wir-Gefühl entstanden, bedeutet das, dass etwas genommen wird. Eine Lücke entsteht.

Jeder Mensch hinterlässt etwas. Das, was im Arbeitsleben hinterlassen wird, ist die Basis für das, woran heute (weiter)gearbeitet wird. Insofern kann auch eine Dankbarkeitsdynamik (vgl. Haubl 2018) zwischen Vorgänger und Nachfolger bestehen: Der ausscheidende Mitarbeiter (Vorgänger) ist dankbar, dass seine Arbeit weitergeführt wird – auch wenn das vielleicht auf eine andere Art und Weise erfolgt. Der Nachfolger ist dankbar, dass die Grundlagen für seine heutige Arbeit von jemand anderem gelegt wurden und er daran weiterarbeiten kann. Diese gegenseitige Dankbarkeit muss nicht im Hinblick auf große Werke gesehen werden, sondern kann auch im Kleinen gesucht werden. Sie benötigt eine gewisse (mentale) Reife der Beteiligten. Hierfür können Sie als Führungskraft einiges tun und Ihre Mitarbeiter auf diesem Weg zur gegenseitigen Dankbarkeit unterstützen und begleiten.

Denkanstoß

Fragen Sie sich selbst, aber auch Ihre Mitarbeiter, die den Ausscheidenden gut kennen, was ihn als Mensch ausgemacht hat. Welche schönen, wertvollen, produktiven, lustigen Begebenheiten fallen ihnen ein? Welcher Satz, welche guten Worte werden in Erinnerung bleiben? Welche Arbeit hat er besonders gerne gemacht? Wo und wie war er hilfsbereit? Welche Gewohnheiten hatte er, welche Rituale, die nun fehlen werden? Was wird man vermissen? Was kann man versuchen zu übernehmen? Inwieweit wird sein „Geist" in der Abteilung weiter mitarbeiten und mitleben? Was bleibt?

Abschlussbetrachtung

Ziehen Sie Bilanz: An welcher Stelle haben Sie Ihre älteren Mitarbeiter in diesen Beschreibungen wiedererkannt? Wo gibt es große Unterschiede zwischen Ihren Erfahrungen und den Ausführungen in diesem Abschnitt? Wissen Sie, wie Ihre älteren Teammitglieder über die genannten Aspekte denken? Oder haben Sie vielleicht bemerkt, dass Sie sich mit ihnen noch intensiver über bestimmte Themen austauschen möchten?

Welche Potenziale haben Sie bei Ihren älteren Mitarbeitern ausgemacht? Welche Ideen haben Sie, um diese effektiv zu nutzen? Welche der Potenziale können Sie möglicherweise durch die Fähigkeiten anderer Altersgruppen konstruktiv ergänzen? Welche Schwächen erweisen sich in einem anderen Zusammenhang eventuell als Stärken?

Intergeneratives Lernen

Voneinander lernen, wollen wir das nicht alle?

Unter intergenerationellem oder intergenerativem Lernen versteht man das Lernen der einzelnen Generationen miteinander, voneinander oder über einander. Es sollte – gerade in Zeiten des demografischen Wandels – in Organisationen immer mehr an Bedeutung gewinnen; denn dadurch entwickeln die einzelnen Mitarbeiter ein Bewusstsein für ihre eigene Identität, die unter anderem durch die Zeit beeinflusst wird, in der sie aufgewachsen sind und in der sie heute leben und arbeiten. Letztlich wird dadurch auch die soziale Kompetenz gefördert; denn wenn wir erkennen, was uns selbst prägt, können wir auch eher annehmen, dass Ältere oder Jüngere anders sind.

Wie lässt sich intergeneratives Lernen in Organisationen umsetzen? Eine Möglichkeit besteht darin, einen Workshop von externen Anbietern zu besuchen,[11] aber auch Sie als Führungskraft können Übungen in den Arbeitsalltag einbauen, die das intergenerationelle Lernen fördern. Eine gute Methode besteht darin, Generationentandems zu bilden. Die Mitarbeiter finden sich dabei in Zweierteams zusammen, die aus Vertretern unterschiedlicher Mitarbeitergenerationen bestehen. Ziel ist es, ein Verständnis für den anderen zu entwickeln. Es wird ein anderes Leben und damit eine andere Perspektive entdeckt, die auch für das eigene Leben und Arbeiten bereichernd sein kann.

Übung 1 – Generationeninterview Arbeitswerte und Arbeitszufriedenheit
Die beiden Tandempartner stellen einander die folgenden Fragen zu den Werten der Arbeit und zur Arbeitsfreude. Ziel ist, dass ein interessantes Gespräch stattfindet, das beide Seiten bereichert.

- Was bedeutet Arbeit für Sie?
- Was haben Sie im Hinblick auf Arbeit in Ihrer Kindheit erfahren?
- Was hat Sie in Ihrer Entwicklung/in Ihrer Persönlichkeit besonders geprägt?
- Was haben Ihnen Ihre Eltern hinsichtlich der Arbeit vorgelebt?
- Was bedeutet Arbeit heute für Sie?
- Was fällt Ihnen leicht, und was machen Sie besonders gerne? (Tipp: Begrenzen Sie die Antwortmöglichkeiten auf fünf bis sieben Punkte!)
- Was macht nicht so viel Spaß, was ärgert Sie? (Tipp: Begrenzen Sie die Antwortmöglichkeiten auf fünf bis sieben Punkte!)

Möglicherweise können die Generationentandems dann jeweils in der Gruppe vortragen, welche Erkenntnisse sie in den Interviews gewonnen haben.

[11] Ich biete diverse Seminare und Vorträge zur alter(n)sgerechten Arbeitsgestaltung an, auch zur intergenerativen Zusammenarbeit. Sprechen Sie mich gerne an.

Übung 2 – Entwicklung einer Arbeitsutopie
Die Mitarbeiter erhalten die Aufgabe, ihrem Tandempartner ihre Utopie von der Arbeit vorzustellen. Das heißt: Sie sollen schildern, wie der Tagesablauf, die Inhalte, die Zusammenarbeit und die Arbeitsumgebung aussähen, wenn sie Arbeit so gestalten dürften, wie es ihnen am meisten Freude bereitet. Es geht dabei wohlgemerkt nur um den Wunschtraum, nicht um die Wirklichkeit.

In einem nächsten Schritt, wenn die gesamte Gruppe wieder zusammengekommen ist, könnten Sie die Ergebnisse gemeinsam auf einem Flipchart festhalten und überlegen, was davon in der Abteilung umgesetzt werden könnte oder worauf gezielter geachtet werden sollte, um den Träumen der Mitarbeiter doch ein bisschen näher zu kommen.

Übung 3 – Dimensionen der Arbeitsqualität
Um das Bewusstsein in der Abteilung zu schärfen, was Arbeitsqualität für die Beschäftigten ausmacht, könnten die Generationentandems auch gemeinsam darüber diskutieren, wie die folgenden Aspekte (vgl. Fuchs 2008, S. 15) gestaltet sein müssten, damit ihrer Meinung nach eine gute Arbeitsqualität gegeben ist:

- Arbeitszeit
- Arbeitsumgebung (Räumlichkeiten etc.)
- Arbeitsorganisation (Aufgabenverteilung etc.)
- Arbeitsmenge und -intensität
- Sinn der Arbeit
- körperliche Anforderungen während der Arbeit
- emotionale Anforderungen durch die Arbeit
- Einflussmöglichkeiten
- Raum für Kreativität/Gestaltungsmöglichkeit
- Verantwortung
- Zusammenarbeit innerhalb der Abteilung
- Möglichkeit der Weiterqualifizierung/Entwicklung
- Sicherheit des Arbeitsplatzes
- Führungsstil

Möglicherweise möchten Sie die Ergebnisse anschließend in einer Gruppenphase auf Pinnwänden oder Postern festhalten oder einzelne Punkte in Ihr Teamleitbild (Abschn. 3.1.2.3) aufnehmen? Welche Aspekte werden von der ganzen Gruppe hervorgehoben? Was können die Teammitglieder zu deren Realisierung beitragen? An welcher Stelle müssten sich die Rahmenbedingungen ändern? Inwiefern können Sie selbst als Führungskraft Einfluss nehmen?

4.2 Gestaltungsfelder für alle Mitarbeitergenerationen

Der demografische Wandel wird sich auf alle Organisationen auswirken. Wie stark Ihr Unternehmen oder Ihre Institution davon betroffen sein wird, können Sie bereits frühzeitig mithilfe einer Altersstrukturanalyse abschätzen. Mehr Informationen finden Sie unter: https://www.inqa.de/DE/Angebote/Handlungshilfen/Chancengleichheit-und-Diversity/Uebersicht-Instrumente-Altersstrukturanalysen.html. Es ist ratsam, sich frühzeitig Gedanken über die Arbeitsgestaltung und -prozesse der Zukunft zu machen, um auf den demografischen Wandel eingehen zu können (vgl. INQA 2016, S. 33).

Nachdem Sie sich nun mit den Mitarbeitergenerationen vertraut gemacht haben, möchte ich Ihnen Gestaltungsfelder vorstellen, wie Arbeitsplätze alters- und alternsgerecht gestaltet werden können. Denn nur so können Beschäftigte aller Altersgruppen leistungsfähig, gesund und motiviert arbeiten.

Ihnen als Führungskraft kommt zwar eine bedeutende Rolle bei der alters- und alternsgerechten Mitarbeiterführung zu, doch die Maßnahmen wirken noch gezielter und umfassender, wenn sie in betriebliche Strukturen eingebettet sind.

Je nachdem, wie Ihr Unternehmen oder Ihre Organisation aufgestellt ist, kann das Thema der alternden Belegschaft in unterschiedlichen Verantwortungsbereichen angesiedelt sein, in jedem Fall ist es sinnvoll, dass das Vorgehen untereinander abgestimmt ist.

Denkanstoß

Falls Sie selbst Vorgesetzte haben, sollten Sie mit ihnen über die folgenden Punkte (vgl. BAuA 2017, S. 64 ff.) ins Gespräch kommen. Falls Sie selbst der obersten Führungsebene angehören, beantworten Sie die folgenden Fragen und leiten Sie gegebenenfalls Verbesserungsmaßnahmen ab.

- Gibt es klar geregelte Zuständigkeiten, wer sich mit dem Thema altersgerechter Arbeitsgestaltung beschäftigt? Wie weitreichend sind die Entscheidungsbefugnisse der betreffenden Person(en)? Verfügt derjenige bzw. verfügen diejenigen über ausreichende Qualifikation und über genug Zeit und Kapazitäten für diese Aufgabe?
- Gibt es ausreichende finanzielle Ressourcen für entsprechende Maßnahmen?
- Sind Strukturen und Prozesse in diesem Themenbereich klar geregelt?
- Zielen die alter(n)sgerechten Maßnahmen eher auf die jetzigen Älteren ab, oder sind sie auch präventiv ausgerichtet? Werden alle Beschäftigtengruppen in den Blick genommen?

- Wie werden die Maßnahmen kommuniziert und angenommen? Wie stark sind die Beschäftigten in die Planung und Umsetzung eingebunden?
- Wie langfristig sind die Maßnahmen ausgelegt?
- Wird der Erfolg der Maßnahmen überprüft?
- Wie erfolgreich sind die Maßnahmen? Und woran machen Sie das fest: erhöhte Teilnahmequote an Weiterbildungs- oder Gesundheitsmaßnahmen, Zunahme der Arbeitszufriedenheit, Abnahme von Frühverrentungen, Zunahme der Anzahl wieder eingegliederter Personen etc.?

Das Ziel ist es, im Unternehmen ein Bewusstsein dafür zu schaffen, dass alter(n)sgerechte Arbeitsplatzgestaltung die Leistungsfähigkeit der Mitarbeiter fördert bzw. erhält, die wiederum Grundlage unternehmerischen Erfolgs ist.

> Der erste Schritt sollte darin bestehen, die Altersbilder, die im Unternehmen vorherrschen, zu hinterfragen. Zahlreiche Anregungen und interessante Hintergrundinformationen bietet die Broschüre „Alle in eine Schublade? Altersstereotype erkennen und überwinden" der Initiative Neue Qualität der Arbeit (INQA 2017), die unter https://www.inqa.de/DE/Angebote/Publikationen/altersstereotype-erkennen.html abgerufen werden kann.

Selbstverständlich sind die Anregungen[12], die Sie in Abschn. 4.2.1 bis 4.2.7 finden, nicht in allen Unternehmen gleichermaßen umsetzbar oder relevant. Hier gilt es, gemeinsam mit den Beschäftigten und der Unternehmensleitung passende Lösungen für die eigene betriebliche Situation zu finden. Im Idealfall greifen verhältnisorientierte und verhaltensorientierte Maßnahmen ineinander: Erstere zielen auf die Umstände der Arbeit ab, Letztere auf das Verhalten der Beschäftigten (vgl. BAuA 2017, S. 63).

Dass es hier oft noch Handlungsbedarf gibt, zeigt beispielsweise die Studie „Wertewelten Arbeiten 4.0" des Bundesministeriums für Arbeit und Soziales (BMAS 2016, S. 4), bei der 1200 Personen über ihre Vorstellungen zur Arbeit befragt wurden: Lediglich 20 % der Befragten gaben an, dass ihr Arbeitsalltag

---

[12]Ich orientiere mich in Abschn. 4.2 an dem empfehlenswerten Leitfaden „Alterns- und altersgerechte Arbeitsgestaltung" der Bundesanstalt für Arbeitsschutz und Arbeitsmedizin (BAuA), den Sie unter https://www.baua.de/DE/Angebote/Publikationen/Praxis/Arbeitsgestaltung.pdf?__blob=publicationFile&v=4 kostenfrei herunterladen können. Dort finden Sie weitere Literaturbelege.

dem persönlichen Wunschbild nahekommt. Knapp 50 % meinten dagegen, dass ihre berufliche Situation weit entfernt sei von dem persönlichen Arbeitsideal. Umso wichtiger ist es, dass die Beschäftigten aktiv in die Arbeitsplatzgestaltung miteinbezogen werden.

Denkanstoß

Was macht Ihrer Meinung nach eine alter(n)sgerechte Arbeitskultur aus? Lesen Sie sich die folgenden Aussagen aus der Praxis (vgl. MiaA o. J., S. 10) durch und ergänzen Sie eigene Punkte.

Für mich gehört zu einer altersgerechten Unternehmenskultur, …

- dass hinsichtlich der Arbeitsbelastung und des Zeitdrucks auf die Bedürfnisse Älterer Rücksicht genommen wird.
- dass es unabhängig vom Alter flexible Arbeitszeiten gibt.
- dass Mitarbeiter aller Generationen die Chance auf Weiterbildung haben.
- dass die Potenziale aller Altersgruppen anerkannt und gefördert werden.
- dass alle Altersklassen respektiert, wertgeschätzt und ernst genommen werden.
- dass Berufserfahrung als wertvoll anerkannt wird.
- dass auf Wünsche und Bedürfnisse der älteren Mitarbeiter mehr eingegangen wird.
- dass mit den Stärken und Schwächen älterer Arbeitnehmer fair umgegangen wird.
- dass …

Weitere Aspekte, die bei einer alternsgerechten Unternehmenskultur eine Rolle spielen können, sind beispielsweise (vgl. BAuA 2017, S. 75 f.):

- ein hoher Stellenwert der Mitarbeitergesundheit und -arbeitsfähigkeit, z. B. durch regelmäßige Gefährdungsbeurteilungen oder BGM-Maßnahmen
- die Stärkung der Selbstverantwortung der Mitarbeiter im Hinblick auf ihre Gesundheit (Abschn. 3.1)
- Mitspracherechte der Beschäftigten und Transparenz hinsichtlich Veränderungen
- Förderung des intergenerationellen Austauschs
- Sensibilisierung der Beschäftigten im Hinblick darauf, wie sich der demografische Wandel auf das Unternehmen auswirken wird und wie die Arbeitsgestaltung dahin gehend angepasst werden kann

Überlegen Sie, wo es bei den genannten Punkten in Ihrem Unternehmen noch Verbesserungsbedarf gibt und wie eine Verbesserung erreicht werden könnte.

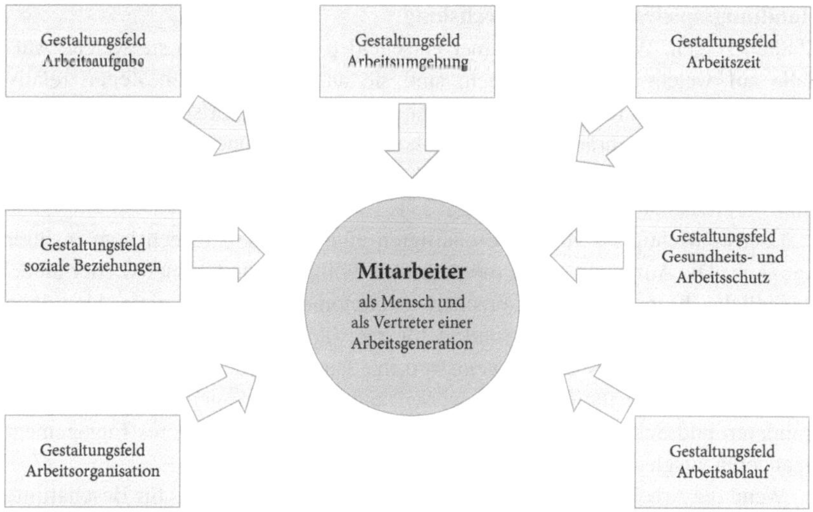

Abb. 4.1 Die sieben Gestaltungsfelder für alle Mitarbeitergenerationen im Überblick. (Eigene Darstellung)

Die folgenden sieben Gestaltungsfelder für alle Generationen (Abb. 4.1) fließen ineinander und beeinflussen sich gegenseitig.

4.2.1 Gestaltungsfeld Arbeitsaufgabe

„Arbeit ist das halbe Leben" – so lautet ein bekanntes Sprichwort. Dementsprechend wichtig ist es, dass die beruflichen Aufgaben ansprechend gestaltet sind. Denn wer möchte sich schon 50 % seines Lebens langweilen?

Die Vertreter der drei Mitarbeitergenerationen unterscheiden sich in ihren Wünschen und Erwartungen an die Arbeit nicht nennenswert voneinander: Aufgaben sollten abwechslungsreich und sinnvoll sein und den eigenen Interessen entsprechen. (Vgl. u. a. BAuA 2017; INQA 2016, S. 31; Kienbaum 2015; Philips 2013) Auch ein gewisses Maß an Entscheidungsspielraum ist den allermeisten Menschen wichtig. Hier können Sie als Führungskraft Ihre Teammitglieder mitverantwortlich unterstützen. Behalten Sie dabei die individuellen Unterschiede zwischen Ihren Mitarbeitern im Blick.

Handlungsspielraum und Abwechslung

Studien zeigen: Wenn Arbeitnehmer entscheiden können, wann sie welche Aufgabe auf welche Weise erledigen, sind sie auch in stressigen Zeiten relativ motiviert. Das gilt für Ältere noch mehr als für Jüngere, da sie auf diese Weise altersbedingte Einschränkungen besser kompensieren können. So werden Selbstwirksamkeit und Selbstvertrauen gestärkt. Dadurch können sie ihre Tätigkeit als sinnvoll erleben. (Vgl. BAuA 2017, S. 17)

Ebenso wichtig ist vielen Beschäftigten eine gewisse Abwechslung in ihrer Tätigkeit: Die Aufgaben sollen möglichst vielfältig sein und immer wieder unterschiedliche Kompetenzen ansprechen. Monotonie empfinden viele Menschen als demotivierend. Das gilt besonders für eher jüngere Beschäftigte. Ältere profitieren aber besonders davon, wenn verschiedene Anforderungen an sie gestellt werden, sodass sie ihr Erfahrungswissen anwenden, ihre geistigen Fähigkeiten trainieren und Schwächen in manchen Bereichen durch besonderes Engagement in anderen ausgleichen können (vgl. BAuA 2017, S. 18 ff.).

Wenn die Arbeitsaufgaben lernförderlich gestaltet sind, ist das für Beschäftigte aller (Arbeits-)Generationen nützlich. Denn wer von seiner Tätigkeit angeregt wird, bleibt nicht nur geistig fit, sondern auch motiviert und gesund (vgl. BAuA 2017, S. 23).

Wie groß das Bedürfnis jedes Einzelnen nach Abwechslung ist, hängt in hohem Maße von seiner Persönlichkeit ab. Menschen, die eher extravertiert und offen für Neues sind (siehe Big-Five-Modell am Anfang des Kapitels), legen häufig größeren Wert darauf als introvertierte Menschen, die oft Routine schätzen.

Denkanstoß

Gibt es in Ihrem Unternehmen ein Gespür für dieses Thema? Oder möchten Sie dazu mit den Mitarbeitern und – falls Sie selbst nicht Geschäftsführer sind – Ihren Vorgesetzten ins Gespräch kommen? Prüfen Sie, inwieweit Sie Ihren Teammitgliedern Wahlmöglichkeiten einräumen und für Abwechslung sorgen können (vgl. BAuA 2017, S. 18; INQA 2016, S. 31):

Handlungsspielraum Haben Ihre Mitarbeiter die Möglichkeit, die folgenden Aspekte mitzubestimmen?

- Wahl der Arbeitsmittel
- Bearbeitungswege
- Pausengestaltung (Anzahl, Dauer, Gestaltung)
- Arbeitszeit
- Arbeitstempo
- Aufgabenplanung

Wenn das bislang nicht oder nur eingeschränkt der Fall ist, können Sie hieran etwas ändern? Könnten Sie sich beispielsweise vorstellen, die Mitarbeiter aktiv in die Erstellung von Dienstplänen miteinzubeziehen? Gibt es in Ihrer Abteilung regelmäßige Besprechungen, bei denen die Beschäftigten aktiv Ideen und Verbesserungsvorschläge einbringen können?

Abwechslung Welche Möglichkeiten haben Sie, die Aufgaben- und Anforderungsvielfalt zu unterstützen?

- Könnten Sie sich vorstellen, besonders abwechslungsfreudigen Mitarbeitern neue Aufgaben zu geben, die über das Bestehende hinausgehen?
- Jobrotation kann der Monotonie entgegenwirken. Ist dieses Prinzip in Ihrem Unternehmen bereits verankert? Wenn nicht, ließe es sich einrichten?
- Werden im Joballtag verschiedene Fähigkeiten der Mitarbeiter angesprochen (z. B. Organisationstalent, Kommunikationsgeschick, analytische Fähigkeiten, Fingerfertigkeit etc.)
- Könnten Sie Routineaufgaben und kreative Aufgaben so verteilen, dass sie zu den Bedürfnissen der Mitarbeiter passen?
- Existieren intergenerative Mentoringprogramme oder andere Austauschformate, bei denen Mitarbeiter voneinander lernen können und zugleich ihre eigenen Kompetenzen einbringen können?

Komplexität der Arbeitsaufgabe

Wer rastet, der rostet. Das gilt nicht nur im Hinblick auf körperliche Fitness, sondern auch bezüglich geistiger Fähigkeiten. Wer nicht ausreichend gefordert wird, langweilt sich schnell oder fühlt sich unterfordert. Allzu leicht entsteht dann ein Bore-out, das ebenso gefährlich sein kann wie ein Burn-out. (Abschn. 3.1.2.2)

Dementsprechend wünschen sich viele Menschen, dass sie von ihren beruflichen Aufgaben gefordert werden (Leistungsmotiv, Abschn. 3.3). Ein gewisses Maß an Komplexität regt an. Wir erleben Selbstwirksamkeit und empfinden unsere Tätigkeit eher als befriedigend und sinnvoll. Doch es gibt Grenzen: Wird eine Aufgabe zu komplex, kann sie überfordern – entweder, weil die entsprechende Qualifikation fehlt, die nötig wäre, um die Aufgabe zu lösen, oder weil zu viele Informationen zu schnell verarbeitet werden müssen. Da Überforderung oft zu Misserfolg führt, wirken zu komplexe Aufgaben demotivierend. (Vgl. BAuA 2017, S. 21)

Zudem ist nicht jede Form der Komplexität für jeden anregend: Vertreter der älteren Mitarbeitergeneration berichten hin und wieder in meinen Seminaren, dass sie manche Anforderungen als Belastung empfinden. Dazu zählen unter anderem Multitasking oder der Anspruch, längere Zeit sehr konzentriert zu arbeiten (vgl. auch Fuchs 2008, S. 39 f.). Auf der anderen Seite erfordern komplexe Aufgaben meist reiches Erfahrungswissen, über das vor allem ältere Beschäftigte verfügen. Viele ältere Mitarbeiter motiviert es, wenn sie ihr Fachwissen gezielt einsetzen und weitergeben können. (Vgl. Zacher und Frese 2011) Dass Ältere bei Unterforderung auch gesundheitlich ein geringeres Wohlbefinden haben (vgl. BAuA 2017, S. 21) steht möglicherweise im Zusammenhang mit der veränderten Zeitperspektive.

Denkanstoß

Denken Sie an Ihre älteren Mitarbeiter: Wie lange werden sie im Beruf noch Gelegenheit haben, ihr Erfahrungswissen weiterzugeben? Was können sie weitergeben? Machen Sie sich bewusst, dass der Beruf die Identität Ihrer Mitarbeiter wesentlich mitbestimmt. Sie als Führungskraft können viel tun, um Ihre Mitarbeiter in der späten beruflichen Lebensphase zu unterstützen, und Gestaltungsspielraum schaffen, damit sie ihre Potenziale (nochmals) verwirklichen können.

Tendenziell gilt:

Bei Tätigkeiten, die viel Praxiswissen erfordern und unvollständige Informationen aufweisen, können erfahrene Mitarbeiter besonders gut ihre Talente einsetzen. Gleiches gilt, wenn die Aufgaben uneindeutige Anforderungen haben oder ein hohes Maß an emotionaler Souveränität erfordern.

Aufgaben, bei denen viele (komplexe) Informationen schnell verarbeitet werden müssen, eigenen sich dagegen eher für jüngere Mitarbeiter (Vgl. BAuA 2017, S. 21).

Behalten Sie jedoch die individuellen Bedürfnisse der Beschäftigten im Blick, die von dieser eher allgemeinen Empfehlung abweichen können. Welches Maß an Komplexität regt sie an, motiviert sie und fördert ihre Selbstwirksamkeit? Wann führt die Komplexität zu Überforderung und wirkt demotivierend?

Denkanstoß

Die folgenden Fragen können Ihnen dabei helfen, das richtige Maß an Komplexität zu ermitteln (vgl. BAuA 2017, S. 22):

- Woran erkennen Sie, welches Maß an Komplexität ein Mitarbeiter als angenehm empfindet? Haben Sie darüber schon einmal gesprochen?
- Achten Sie auf Warnsignale für Stress oder Überlastung bei Ihren Mitarbeitern? Woran machen Sie fest, dass jemand überlastet ist? (Vgl. Abschn. 3.1.2.2)

- Welche Unterschiede nehmen Sie zwischen Ihren Mitarbeitern hinsichtlich des Bedürfnisses nach Komplexität wahr? Wie lässt sich die Aufgabenverteilung darauf abstimmen?
- Wie können Informationen gezielter dosiert und klarer aufbereitet werden?
- Wenn Mitarbeiter neue Tätigkeiten ausführen: Werden sie ausreichend eingewiesen, eingearbeitet und gegebenenfalls weitergebildet?
- Gibt es kompetente Ansprechpartner für besonders komplexe Maschinen oder Software?
- Können die Beschäftigten auf technische Arbeitshilfen oder schriftliche Anweisungen zurückgreifen, die ihnen bei der Bearbeitung herausfordernder Aufgaben helfen?

Emotionale Belastung durch den Beruf

In vielen Berufen gehört der intensive Kunden-, Klienten- oder Patientenkontakt bzw. ein reger sozialer Austausch zum Alltag. Das ist nicht immer einfach. Manche Berufsgruppen haben es mit Menschen zu tun, die sich in schwierigen Situationen befinden, zum Beispiel Pflegepersonal, Feuerwehrleute, Sozialarbeiter oder Suchtberater. Andere wiederum haben mit vielen verschiedenen Menschen und dementsprechend unterschiedlichen Bedürfnissen und Ansprüchen zu tun, zum Beispiel Verkaufspersonal, Kundenbetreuer oder Lehrer.

Und jeder hat in seinem beruflichen Umfeld Menschen, mit denen er (mehr oder minder gern) zusammenarbeitet: Kollegen, Vorgesetzte, Klienten, Auftraggeber, Investoren, Patienten, Lieferanten etc. Hier gilt es, auch in schwierigen Situationen freundlich und gelassen zu bleiben. Das ist anstrengend. Je mehr Kontakt zum Berufsalltag gehört, umso mehr sind ausgeprägte soziale Fähigkeiten und emotionaler Ausgleich (Abschn. 2.3, Handlungsfeld 3) gefragt. Weil gerade emotionale Belastungen uns auch über die Arbeitszeit hinaus beschäftigen, ist das Risiko, deshalb die Arbeitsmotivation zu verlieren oder gar an Burn-out zu erkranken relativ hoch. (Vgl. BAuA 2017, S. 25)

Zur alters- und alternsgerechten Aufgabengestaltung gehört dementsprechend auch, den Beschäftigten die Regulation ihrer Gefühle zu ermöglichen. Da ältere Beschäftigte tendenziell besser mit emotionaler Inanspruchnahme umgehen können als jüngere, sollten Maßnahmen zur Emotionsarbeit vor allem bei jüngeren Mitarbeitern ansetzen. (Vgl. BAuA 2017, S. 25)

Denkanstoß

Inwiefern spielt in Ihrer Abteilung die emotionale Belastung durch Kontakte mit Menschen eine Rolle (z. B. schwierige Kunden, Pflege, Rettungsdienst)? Haben Sie auf besonders belastete Mitarbeiter ein Auge? Reflektieren Sie die Situation, indem Sie sich die folgenden Fragen stellen (vgl. BAuA 2017, S. 25):

- Gibt es in Ihrem Unternehmen bereits Maßnahmen zur emotionalen Regulation? Können die Beschäftigten z. B. bei Bedarf einen externen Coach oder Berater konsultieren?
- Sind Ihren Mitarbeitern diese Maßnahmen ausreichend bekannt?
- Welche (weiteren) Maßnahmen sind denkbar? Könnten beispielsweise Weiterbildungen zu Bewältigungsstrategien angeboten werden oder der Umgang mit emotional belastenden Situationen trainiert werden?
- Inwiefern könnte der Austausch mit Kollegen dabei helfen, belastende Emotionen abzubauen?
- Unterstützen Sie Ihre Mitarbeiter ausreichend durch positive Rückmeldungen und Anerkennung?
- Signalisieren Sie Gesprächsbereitschaft für belastete Mitarbeiter?

4.2.2 Gestaltungsfeld Arbeitszeit

Lange Arbeitszeiten, Überstunden, unvorhersehbare Arbeitszeiten, Schicht- und Nachtarbeit können die Gesundheit und die Leistungsfähigkeit von Beschäftigten beeinträchtigen (vgl. BAuA 2017, S. 26; Fuchs 2008, S. 36).

Das betrifft alle Mitarbeitergenerationen gleichermaßen, doch leiden ältere Arbeitnehmer aufgrund von Vorbelastungen eher mehr darunter als jüngere (vgl. BAuA 2017, S. 27; Fuchs 2008, S. 38). Allerdings gibt es hier individuell große Unterschiede, die Sie als Führungskraft beachten sollten. Das Erholungsbedürfnis ist bei jedem Beschäftigten unterschiedlich ausgeprägt. Hierauf sollten Sie ein Auge haben, damit jeder genug Zeit zur Regeneration hat, um Überstunden, wechselnde Schicht- und Nachtdienste möglichst gut wegzustecken.

Der Ausgleich sollte möglichst direkt an die Belastung (Überstunden, Nachtdienst etc.) anschließen. So können sich die Beschäftigten am besten regenerieren (vgl. BAuA 2017, S. 26). Nur wenn im Arbeitsalltag genug Pausen vorgesehen sind (und eingehalten werden!), die physischen und psychischen Belastungen möglichst gering, die Umgebungsbedingungen (Abschn. 4.2.5) sehr beschäftigtenfreundlich sind und die Tätigkeit risikoarm ist, sind lange Arbeitszeiten kurzfristig akzeptabel (vgl. BAuA 2017, S. 28).

Denkanstoß

Welche Maßnahmen (vgl. BAuA 2017, S. 28) werden bereits oder könnten in Ihrem Unternehmen bzw. in Ihrer Abteilung umgesetzt werden? Werden die folgenden Aspekte berücksichtigt?

- mitverantwortliche Arbeitsplanung, sodass regelmäßige Überstunden und lange Arbeitszeiten möglichst vermieden werden
- Arbeitszeitkonten, die einen Ausgleich nach längerer Belastung zulassen
- Pausengestaltung, die eine bestmögliche Regeneration zulässt (Anregungen finden Sie in Abschn. 3.1.2.2; mehr zum Thema Pause auch im nächsten Abschnitt)
- Mitbestimmungsmöglichkeit der Beschäftigten bei der Arbeitszeitplanung
- frühzeitige Festlegung von Schichten, damit Arbeitszeit vorhersagbar ist

Beschäftigte höheren Alters geben in meinen Seminaren oft an, dass sie einen normalen Achtstundentag nicht mehr so leicht wegstecken wie früher. Wenn sich auch einer Ihrer älteren Mitarbeiter mit diesem Problem an Sie wendet, betrachten Sie nicht nur seine altersbedingten Belastungen, sondern auch seine Potenziale. Beispielsweise könnten Sie durch Fragen signalisieren, dass Sie Ihren Mitarbeiter ernst nehmen:

- „Wie spüren Sie das?“
- „Was hilft Ihnen am besten, um sich wieder zu erholen?“
- „Könnten Ihnen mehr kurze Pausen zwischendurch helfen?“
- „Wie nutzen Sie Ihre Pausen?“
- „Möchten Sie gerne etwas ändern?“
- „Wo würden Sie als Erstes ansetzen?“

Stülpen Sie Ihrem belasteten Mitarbeiter nichts über, sondern versuchen Sie, ihn durch Fragen zum Nachdenken anzuregen. Es ist gut, wenn er seine eigenen Lösungen findet, die auch wirklich zu ihm passen. Achten Sie darauf, dass eine Entlastung älterer Arbeitnehmer möglichst nicht auf Kosten jüngerer geht. Bleiben Sie mit allen Beteiligten im Gespräch.

Denkanstoß

Haben Sie schon einmal über zusätzliche freie Tage für ältere Beschäftigte nachgedacht? Die Industriegewerkschaft Bergbau, Chemie und Energie (IG BCE) hat beispielsweise besondere „Opa-Tage“ in den entsprechenden Tarifverträgen durchgesetzt. Könnten Sie sich Vergleichbares für Ihre älteren Mitarbeiter vorstellen? Wie könnten Sie sicherstellen, dass Jüngere dadurch nicht zusätzlich belastet werden?

Wechselnde Schichten: eine besondere Belastung

Rund ein Fünftel aller abhängigen Beschäftigten arbeitet in Deutschland in wechselnden Schichten (mit oder ohne Nachtarbeit). Das heißt: Sie müssen gegen ihre eigene biologische Uhr anarbeiten und sich immer wieder umstellen. Viele Menschen, die regelmäßig wechselnde Arbeitszeiten und Nachtschichten haben, haben ein eingeschränktes Sozialleben und unregelmäßige Schlaf- und Essgewohnheiten. Das kann sich langfristig negativ auf die Gesundheit und die Leistungsfähigkeit auswirken (vgl. BAuA 2017, S. 30).

Tendenziell belastet Schicht- und Nachtarbeit ältere Arbeitnehmer mehr als jüngere. Allerdings gibt es hier individuell große Unterschiede. Diese können je nach „innerer Uhr" (Chronotyp) variieren; aber auch die bisherigen Erfahrungen spielen eine Rolle: Wer jahrelang in Nachtschicht gearbeitet hat, mag damit deutlich besser klarkommen als jemand, der nur selten und in großen zeitlichen Abständen einmal eine Nachtschicht arbeitet.

In einem in 2016 von mir durchgeführten Pilotprojekt mit Schichtarbeitenden aller Altersgruppen habe ich die Teilnehmer gefragt, was sie im Hinblick auf ein gutes Leben und Arbeiten am meisten interessiert. 60 % der Befragten kreuzten an „Was ist Gesundheit und was kann ich dafür tun?", 57 % interessierte vor allem die Frage „Was kann ich für einen guten Schlaf tun?". Das zeigt, wie wichtig die Themen Gesundheit und Schlaf für Schichtmitarbeiter sind.

Arbeiten Ihre Mitarbeiter in wechselnden Schichten? Dann kommen Sie mit den Mitarbeitern ins Gespräch und suchen Sie bei Problemen gemeinsam nach individuellen Lösungen. Mehr Tipps finden Sie in der Broschüre „Alterns- und altersgerechte Arbeitsgestaltung" der Bundesanstalt für Arbeitsschutz und Arbeitsmedizin (BAuA 2017, S. 30 ff.) sowie in dem Selbstcheck „Potenzialanalyse ‚Arbeitszeit' der Initiative Neue Qualität der Arbeit" (INQA 2018, S. 14 ff.).

Denkanstoß

Lassen Sie Ihre Mitarbeiter im Schichtdienst mit ihren Problemen, die durch die wechselnde Arbeitszeit entstehen, nicht alleine. Interessieren Sie sich für die subjektiv empfundenen Belastungen. Fördern Sie auch den Austausch unter Ihren Mitarbeitern und lenken Sie die Gespräche in eine konstruktive Richtung. Verteilen Sie z. B. ein Arbeitsblatt mit folgendem Zitat (vgl. Schröder-Kunz 2015b):

Ein siebenundvierzigjähriger Mitarbeiter, der seit vielen Jahren in der Früh- und Spätschicht arbeitet, stellt mit zunehmendem Alter fest: „Ich habe jetzt teilweise Probleme mit dem Schlafen, wenn ich spät nach Hause komme. Grund ist, dass ich schon um 4:00 Uhr aufwache, aber erst um 1:00 Uhr ins Bett gehe. Das ist zu wenig Schlaf, und ich bin ständig müde."

Fragen Sie nun Ihre Mitarbeiter: „Welche Tipps würden Sie dem Kollegen geben?"

Pausengestaltung

Wie bereits erwähnt, sind Pausen extrem wichtig für die Arbeitsfähigkeit. Trotzdem lassen sie rund 25 % aller Beschäftigten ausfallen (vgl. Lohmann-Haislah 2012). Achten Sie in Ihrer Selbst- und Mitverantwortung auf eine gesundheitsförderliche Pausengestaltung. Anregungen erhalten Sie in Abschn. 3.1.2.2.

Flexible Arbeitszeit und lebensphasenorientierte Arbeitszeitmodelle

Sehr viele Beschäftigte wünschen sich flexible Arbeitszeiten. Einige Vertreter der jüngeren Mitarbeitergeneration möchten zum Beispiel etwas später anfangen, damit sie ihre Kinder zur Betreuungsstätte bringen können, oder auch mal früher aufhören, um eine Aufführung des Nachwuchses zu erleben. Dagegen nutzen manche Vertreter der älteren Mitarbeitergeneration die Flexibilität vielleicht, um sich um pflegebedürftige Angehörige zu kümmern.[13] Unabhängig davon, weshalb Beschäftigte sich flexible Arbeitszeiten wünschen, sollten Arbeitgeber – wenn möglich – darauf eingehen.

Verschiedene Lebensphasen sind mit unterschiedlichen Anforderungen verbunden. Wenn es passende Arbeitszeitregelungen gibt, können sie leichter bewältigt werden. Sie als mitverantwortliche Führungskraft sollten dieses Thema daher im Blick behalten. Möglicherweise möchten Sie einen der Denkanstöße oder einzelne Übungen aus Kap. 3 umsetzen.

Wenn es zu Konflikten zwischen Privat- und Berufsleben kommt, reagieren die verschiedenen Mitarbeitergenerationen unterschiedlich darauf: Studien zufolge wirkt sich ein Konflikt zwischen den beiden Sphären umso negativer aus, je jünger die Beschäftigten sind (vgl. BAuA 2017, S. 34). Ältere Arbeitnehmer

[13]Über alle Altersgruppen hinweg zeigt sich ein Anstieg der Kombination von Beruf und Sorgetätigkeit (pflegebedürftige Eltern, Enkel) – und zwar insbesondere bei den 54- bis 65-Jährigen. Dabei sind es immer noch Frauen, die neben ihrem Beruf die Hauptlast der Haushaltsaufgaben und Sorgetätigkeiten tragen (vgl. Deutsches Zentrum für Altersfragen 2016, S. 16).

scheinen Berufliches und Privates besser in Einklang bringen zu können. Möglicherweise liegt das an ihrer größeren Berufs- und Lebenserfahrung oder auch daran, dass sie größere Handlungsspielräume in ihrer Arbeitsorganisation haben.

Unternehmen können einem Konflikt zwischen Privat- und Berufsleben entgegenwirken, indem sie flexible Arbeitszeitmodelle einführen, die sich auch an Lebensphasen orientieren. Wenn Mitarbeiter – gleich welchen Alters – flexible Arbeitszeiten haben, können sie motivierter und zufriedener arbeiten. Unternehmen, die ihren Mitarbeitern maßgeschneiderte Lösungen bieten, werden langfristig erfolgreicher sein.

Auch wenn es keine Pauschallösungen gibt, die für große und kleine Betriebe, staatliche Institutionen und Wirtschaftsunternehmen gleichermaßen passen, gibt es einige Handlungsempfehlungen für lebensphasenorientierte Arbeitszeitmodelle, die in vielen Fällen helfen können (vgl. BAuA 2017, S. 33):

- Dank **Gleitzeitmodellen** können Beschäftigte den Tagesablauf ein Stück weit selbst bestimmen. Das schätzen alle Arbeitnehmer, gleich welchen Alters. Das erlaubt eine Anpassung an den eigenen Chronotyp und an private Gegebenheiten.
- Die Möglichkeit, von zu Hause aus zu arbeiten **(Telearbeit, Homeoffice)** spart Zeit für die Anfahrt und erlaubt es, Berufliches und Privates besser miteinander zu verbinden.
- Sofern es die Rahmenbedingungen zulassen, ist auch **Vertrauensarbeitszeit** ratsam: Wenn es weniger zu tun gibt, können Beschäftigte die Zeit für außerberufliche Aktivitäten nutzen. Allerdings kann die Vertrauensarbeitszeit auch dazu führen, dass sich einzelne Beschäftigte überlasten. Wenn es in Ihrem Team Mitarbeiter gibt, die zur Selbstausbeutung neigen, sollten Sie mit ihnen ins Gespräch kommen und individuelle Lösungen finden. Umgekehrt gibt es auch Einzelfälle, die Vertrauensarbeitszeit ausnutzen, um die Arbeit auf andere abzuwälzen. Auch hier kann ein Gespräch helfen.
- **Langzeitkonten,** auf die Überstunden eingezahlt werden, können die Zufriedenheit der Beschäftigten nachhaltig steigern. Die angesammelte Zeit kann dazu dienen, eine vorübergehende (Familien-)Auszeit einzulegen, in Zeiten körperlicher oder seelischer Belastung zurückzutreten oder früher in Rente zu gehen.
- Auch **temporäre Teilzeitmodelle** oder Stundenreduzierung kann dabei helfen, gesundheitlich eingeschränkten oder seelisch belasteten Mitarbeitern in schweren Zeiten unter die Arme zu greifen und Fehlzeiten zu reduzieren.

Organisationen sollten sich frühzeitig damit auseinandersetzen, wie die jeweilige praktische Umsetzung aussehen kann. Dabei sollten sie die Beschäftigten möglichst umfassend miteinbeziehen, damit die Arbeitszeitmodelle zu den Bedürfnissen der Beschäftigten passen (vgl. BAuA 2017, S. 27). Wenn Sie nicht selbst der Unternehmensleitung angehören, könnten Sie dazu mit Ihren Vorgesetzten ins Gespräch kommen?

Ausstieg aus dem Erwerbsleben

Menschen unterscheiden sich nicht nur in ihrem Gesundheitszustand, ihrer Leistungs- und Arbeitsfähigkeit, sondern auch darin, wie sie sich ihre Pensionierung vorstellen. Während einige möglichst lange arbeiten möchten, wünschen sich andere einen frühzeitigen Austritt aus dem Erwerbsleben.

Wie Umfragen zeigen, würde eine Mehrheit der Beschäftigten ihre Arbeitszeit vor der Pensionierung gerne reduzieren, wenn das keine übermäßigen finanziellen Einbußen zur Folge hätte. Vor allem bei Arbeitnehmern mit körperlich anstrengenden Tätigkeiten ist der Wunsch nach einem schrittweisen Ausstieg groß (vgl. BAuA 2017, S. 34).

Diesen individuellen Wünschen sollten Unternehmen begegnen, indem sie einen flexiblen Ausstieg aus dem Berufsleben ermöglichen. Unternehmen, die ältere Mitarbeiter lange binden möchten, sollten sich Gedanken darüber machen, ob – und wenn ja, welche – Modelle der Altersteilzeit sie einführen könnten. Möglicherweise gibt es neben der Altersteilzeit andere betriebliche Rahmenbedingungen, die die Weiterbeschäftigung fördern, zum Beispiel Jobsharing, flexible Arbeitszeiten und -orte, der Einsatz älterer Mitarbeiter als Berater der Jüngeren etc. (Vgl. BAuA 2017, S. 34)

Denkanstoß

Welche der genannten flexiblen Arbeitszeitregelungen gibt es in Ihrem Unternehmen? Welche weiteren wären denkbar? Was wäre erforderlich, damit eine Einführung flexibler Modelle gelingen könnte? Wenn Sie nicht selbst der Unternehmensleitung angehören: Könnten Sie sich vorstellen, darüber mit Ihren Vorgesetzten ins Gespräch zu kommen?

4.2.3 Gestaltungsfeld Arbeitsablauf

Viele Menschen identifizieren sich sehr stark mit ihrer Arbeit und möchten sie dementsprechend gut machen (vgl. Fuchs 2008, S. 38). Daher empfinden sie Probleme mit der Arbeitsorganisation bzw. dem Arbeitsablauf als Belastung.

Widersprüchliche Anweisungen, regelmäßige Unterbrechungen, monotone Abläufe und mangelhafte Kommunikation stehen dabei an erster Stelle (vgl. BAuA 2017, S. 34). Aber auch Stress, Zeitdruck, Arbeitsverdichtung und die Notwenigkeit, sich immer wieder an neue Technologien oder Prozesse zu gewöhnen, setzen den meisten Beschäftigten zu – und zwar unabhängig davon, wie alt sie sind. Bei gleicher Belastung neigen aber ältere Menschen eher zur Überlastung als jüngere (vgl. INQA 2016, S. 32). Insofern sollten Sie als mitverantwortliche Führungskraft immer einen Blick darauf haben, wie sich Arbeitsabläufe und Arbeitsorganisation so gestalten lassen, dass die Beschäftigten möglichst gut damit zurechtkommen.

Leistungsdruck

Leistungsdruck ist hierzulande ein weitverbreitetes Problem. Denn Deutschland liegt in Umfragen zu Leistungs- und Zeitdruck weit über dem europäischen Durchschnitt. Hier müssen Organisationen dringend gegensteuern, denn es ist belegt, dass Leistungsdruck zu psychischen und physischen Beeinträchtigungen führen kann. Erschöpfung, Muskel-Skelett-Erkrankungen, Depression und Angst können die Folge sein. (Vgl. BAuA 2017, S. 35)

Denkanstoß

Wie könnten Sie den Termin- und Leistungsdruck bzw. die Arbeitsintensität innerhalb der Abteilung reduzieren? Kommen Sie dazu mit den Mitarbeitern, aber auch mit Ihren Vorgesetzten (falls Sie nicht selbst Geschäftsführer sind) ins Gespräch. Nutzen Sie dabei auch folgende Anregungen (vgl. BAuA 2017, S. 36):

Prozesse und Abläufe

- Wie steht es um die Arbeitsabläufe: Wissen alle Teammitglieder, wer welche Aufgaben übernimmt?
- Gibt es an einzelnen Schnittstellen Probleme (wenn ja, woran liegt das und wie könnten sie behoben werden)?
- Wie steht es um die interne Kommunikation innerhalb der Abteilung? Verfügen alle über die Informationen, die für ihre Tätigkeit relevant sind?
- Haben die Mitarbeiter die Möglichkeit, eigene Ideen einzubringen, wie die Arbeitsabläufe verbessert werden könnten? Können sie ihre Arbeitszeit selbst einteilen?
- Lassen sich einzelne Prozesse effizienter gestalten?

Zeit und Leistungsdruck

- Wie ist das Verhältnis von Arbeitsmenge und Personal? Kann eine erhöhte Arbeitsmenge durch flexiblen Personaleinsatz bewältigt werden?
- Kennen Sie die Leistungsfähigkeit Ihrer Mitarbeiter?
- Verfügen alle Mitarbeiter über die erforderlichen Qualifikationen, um ihre beruflichen Anforderungen zu erfüllen?
- Nehmen Sie Ihre Teammitglieder ernst, wenn Sie erkennen, dass sie unter Zeit- und Leistungsdruck stehen? Wie gehen Sie auf sie ein?
- Lassen sich bei Zeitvorgaben Puffer einbauen, um den Termindruck zu verringern?
- Werden Weiterbildungen in den Bereichen Stress- und Zeitmanagement angeboten?

Störungen

Da es heutzutage gang und gäbe ist, jederzeit erreichbar zu sein, nehmen Unterbrechungen (z. B. durch E-Mails oder Anrufe) tendenziell zu. Auch Geräusche – die beispielsweise in Großraumbüros nicht zu vermeiden sind – können als Unterbrechung empfunden werden. Das kann zum Problem werden, denn regelmäßige Unterbrechungen empfinden viele Beschäftigte als Belastung. Das kann sich auf die Arbeitsfähigkeit auswirken. Je nachdem, wie gut Beschäftigte mit Unterbrechungen umgehen können (Abschn. 3.1.2.2) und wie anspruchsvoll eine Tätigkeit ist, können Fehler, Zeitverlust und Leistungseinbußen die Folge sein. Viele Menschen fühlen sich durch Arbeitsunterbrechungen erschöpft und möglicherweise frustriert („eigentlich habe ich nichts geschafft, was ich mir vorgenommen hatte, aber ich fühle mich völlig zerschlagen"). Das ist eine natürliche Reaktion, denn im Kurzzeitgedächtnis fordern die neue Aufgabe (z. B. Anruf) und die unterbrochene Aufgabe gleichermaßen Aufmerksamkeit (vgl. BAuA 2017, S. 37).

Denkanstoß

Welche Maßnahmen sind denkbar, um Störungen und Unterbrechungen in Ihrer Abteilung zu minimieren? Welche Vorschläge haben Ihre Teammitglieder? (Abschn. 3.1.2.2)

Wäre es möglich, störungsfreie Arbeitszeiten einzurichten, beispielsweise durch stundenweise Telefonumleitungen oder separate „Ruheräume", die im Bedarfsfall aufgesucht werden können? Ist eine Beschränkung der Erreichbarkeit vorstellbar?

Wie gut wissen Ihre Mitarbeiter mit Unterbrechungen umzugehen? Haben Sie das erforderliche Hintergrundwissen und verfügen sie über entsprechende Handlungsstrategien? Fördern Sie den aktiven Austausch untereinander.

4.2.4 Gestaltungsfeld soziale Beziehungen

Arbeitszufriedenheit entsteht für viele Menschen erst dann, wenn das Miteinander im Team funktioniert (vgl. ddn 2017; Abschn. 3.1.2.3). Umgekehrt können ein schlechtes Arbeitsklima oder abteilungsinterne Konflikte Beschäftigte nachhaltig belasten und demotivieren. Studien haben ergeben, dass es einen Zusammenhang zwischen sozialer Unterstützung durch Kollegen und Vorgesetzte einerseits und geringeren Fehlzeiten, höherer Arbeitszufriedenheit und besserer Gesundheit andererseits gibt (vgl. BAuA 2017, S. 42).

Viele ältere Beschäftigte wünschen sich Kollegen, denen sie ihr Wissen weitergeben können, während einige jüngere Menschen solche Kollegen bevorzugen, von denen sie lernen können. Hier lassen sich die Bedürfnisse oft gut verbinden.

Es gibt zahlreiche arbeitswissenschaftliche Studien, die belegen: Menschen im fortgeschrittenen Alter leiden mehr unter mangelnder kollegialer Unterstützung als Jüngere; zudem ist der wertschätzende Umgang miteinander für zahlreiche Vertreter der älteren Mitarbeitergeneration ein wichtiger Faktor, um länger arbeiten zu wollen (vgl. BAuA 2017, S. 42).

In meinen Gesprächen mit Arbeitnehmern im Alter von 45 Jahren und älter wird mir immer wieder berichtet, dass man sich gerne auch von Jüngeren helfen lässt und dass das umgekehrt die Jüngeren auch tun. Voraussetzung hierfür wäre Kommunikation, um Hilfe bitten, Hilfe annehmen und Wertschätzung (z. B. Dank). Hier trägt das Handlungsfeld „Verantwortung leben durch Selbstständigkeit und Abhängigkeit (Hilfe annehmen)" zu einem guten Leben und Arbeiten bei (Abschn. 2.3, Handlungsfeld 14).

Sie können hier unterstützend tätig werden, indem Sie den aktiven Austausch fördern. Vielleicht möchten Sie einzelne Anregungen aus Kap. 3 umsetzen, um den Zusammenhalt in Ihrer Abteilung zu fördern, vielleicht haben Sie aber auch eigene Ideen?

Auf die Lebenssituation der Generationen eingehen

Ob alters- und alternsgerechter Arbeitsgestaltung gelingt, hängt auch von Ihnen als Führungskraft ab. Was können Sie für die jungen Eltern unter Ihren Mitarbeitern tun, die oft sehr belastet sind? Was für die ältere Generation, die vielleicht unter dem eigenen Älterwerden genauso leidet wie unter den negativen Zuschreibungen durch andere? Hier gilt in Ihrer Mitverantwortung ein Mix aus Empathie, Zuhören, Verständnis und Reflexion von Gestaltungsmöglichkeiten. In einer Diskussion über Werte (wie wollen wir leben und arbeiten?) richten Sie den Blick auf die Selbstverantwortung Ihres Mitarbeiters.

In einer Studie zur betrieblichen Unterstützung von Mitarbeitern bei kritischen Lebensereignissen gab über die Hälfte der Befragten an, in den letzten fünf Jahren mindestens ein kritisches Lebensereignis gehabt zu haben. Während jüngere Erwerbstätige eher über private Konflikte und finanzielle Probleme berichteten, waren ältere häufiger von schweren Krankheiten oder dem Tod des Partners betroffen. Es zeigte sich ein deutlicher Einfluss auf die körperliche und vor allem seelische Gesundheit sowie eine gravierende Auswirkung auf das Berufsleben. Führungskräfte wurden als wichtige Person hinsichtlich der betrieblichen Unterstützungsleistungen genannt. (Vgl. Waltersbacher et al. 2017)

Machen Sie sich in Ihrer eigenen Selbstverantwortung aber auch bewusst: Sie werden nie allen Mitarbeitern gerecht werden können. Sie werden nie genau wissen, welche privaten Belastungen am höchsten sind, und entsprechend handeln können. Bei aller Fürsorge und Mitverantwortung, die Sie als Führungskraft haben: Sie werden nicht das persönliche Leben Ihrer Mitarbeiter umkrempeln können oder derjenige sein, der alles regelt. Lassen Sie die menschliche Vielfalt mit ihren Sorgen, bei aller Empathie, nicht zu Ihren eigenen Sorgen werden.

Was immer wieder helfen kann, sind allgemeine philosophische Diskussionen und Gedanken zum Thema Sinn. Wenn sich Generationen besser verstehen sollen, kann es sich lohnen, sich auch einmal darüber auszutauschen. Selbstverständlich müssen alle damit einverstanden sein. Die Grundregel sollte lauten: Man *kann,* aber niemand *muss* etwas von sich preisgeben. Die Aufgabe besteht darin, die eigene Lebensphase möglichst kurz darzustellen und die positiven, aber auch die belastenden Aspekte aufzuzeigen. Leitfragen könnten sein: Was lerne ich? Was kann ich heute besser als früher? Was ist immer wieder schwer? Hierdurch wird nicht nur die Selbstreflexion der Mitarbeiter angeregt (Selbstverantwortung), sondern auch das Verständnis für die Lebenssituation der Kollegen (Mitverantwortung).

Und in diesen philosophischen Diskussionen rund um das (Privat)Leben Ihrer Mitarbeiter kann die Frage aufgeworfen werden: Was sind Verpflichtungen? Inwieweit haben sie Einfluss auf unsere Selbstverwirklichung? Und ist nur Selbstverwirklichung Freiheit? Oder entsteht sie nicht auch aus Verantwortung? Ist der damit verbundene Verzicht nur ein Verzicht? Oder auch ein Gewinn? Dabei kann auch das Wort Sinn überdacht werden. So wird der differenzierte Blick Ihrer Mitarbeiter geschärft.

Denkanstoß

Sie werden und haben beim Lesen von Kap. 4 sicher einige Anregungen erhalten, wie Sie die Mitarbeiter aller Altersgruppen emotional und fachlich unterstützen und zusammenführen können. Vielleicht möchten Sie Ihre Ideen einmal zusammenfassend notieren?

Welche Maßnahmen könnten dazu beitragen, das Arbeitsklima innerhalb Ihrer Abteilung (noch stärker als bisher) zu verbessern?

Was benötigen Sie dafür von Ihren Mitarbeitern, was von Ihren Vorgesetzten (falls Sie selbst Vorgesetzte haben)?

Wie könnten Sie die Arbeitsorganisation und die Aufgaben Ihrer Mitarbeiter möglichst alter(n)sgerecht gestalten?

Welche Voraussetzungen müssen dafür gegeben sein?

Die Brücke der Generationen

Bereits Aristoteles, Platon und Walther von der Vogelweide beschwerten sich über „die Jugend von heute" – und umgekehrt wurden ältere Menschen schon in der Antike gelegentlich verspottet (vgl. Weber 2009). Das zeigt: Die Vorurteile gegenüber anderen Generationen sind offenbar so alt wie die Menschheit selbst.

Weil die Älteren den Wunsch nach Wertschätzung und Wissensweitergabe haben, aber sich auch noch gut an ihr eigenes junges Erwachsenenleben erinnern, in denen Loyalität, Fleiß, Qualitätsbewusstsein und Respekt (Hierarchiedenken) gegenüber den Älteren eine große Rolle spielten, kann es zu Konflikten mit Jüngeren kommen, die andere Werte höher schätzen.

Ältere Mitarbeiter neigen gelegentlich dazu, an Bewährtem festzuhalten. Wenn etwas schon seit Jahrzehnten auf eine bestimmte Weise funktioniert, und ein jüngerer Kollege plötzlich mit allerlei Ideen ankommt, wie man diesen Prozess verbessern könnte, blocken sie dann auch mal ab. Doch die Gesellschaft und die Arbeitswelt ändern sich ständig.

Hier sind Sie als Führungskraft gefordert. Den Älteren sollte bewusst gemacht werden: Das, was in ihrer Jugend galt, war *damals* gut. Heute, gerade im rasanten Wandel des Lebens, gilt Neues. Die Älteren können besser ohne Frust mit den Jüngeren zusammenleben und -arbeiten, wenn sie diese Tatsachen sehen. Dennoch geht es im Verändern auch immer wieder um das Bewahren. Im konstruktiven offenen Austausch von Jüngeren und Älteren können hier nicht nur Kompromisse, sondern sinnvolle Ergebnisse erzielt werden, die von allen Beteiligten gerne mitgetragen werden und die Abteilung bereichern.

Umgekehrt sollten die Jüngeren dafür sensibilisiert werden, dass andere Mitarbeiter andere Wertevorstellungen haben, die es zu akzeptieren gilt, dass nicht alles, was altbewährt ist auch veraltet ist und dass Ältere nicht weniger leistungsfähig sind.

Um diese Vorurteile abzubauen, kann ein Austausch der Generationen helfen, ein Workshop, bei dem die Vertreter verschiedener Altersgruppen Erlebnisse, Meinungen und Erfahrungen miteinander teilen.[14] Das Ziel besteht darin, Tabus zu brechen, wertschätzend miteinander zu reden, Wissen zu vermitteln und Klarheit zu schaffen. Es sollten etwa gleich viele jüngere und ältere Personen teilnehmen.

Denkanstoß

Wenn es so ist, dass Ihre älteren Mitarbeiter Gelassenheit und Ruhe in sich tragen, dann könnten sie vielleicht zum Vorbild für jüngere Generationen werden – natürlich ohne erhobenen Zeigefinger.

Können Sie sich vorstellen, sich im Team beispielsweise über die Bedeutung von Gelassenheit auszutauschen? Wie kann man dem gefühlten Hamsterrad entfliehen? Welche Übungen helfen hier möglicherweise? Gibt es hilfreiche Rituale?

Sollte die Zusammenarbeit der Generationen in Ihrer Abteilung unterstützt werden, kann es sinnvoll sein, eine Brücke der Generationen entwerfen zu lassen. Dabei nennen die Beschäftigten die Punkte, die für sie wichtig sind, um eine generationenübergreifende konstruktive Arbeitsbeziehung herzustellen. In meinen Seminaren haben die Teilnehmer darüber nachgedacht. Das Ergebnis sehen Sie in Abb. 4.2.

Sie können daran erkennen, dass die Generationen in nahezu gleicher Weise aufeinander zugehen. Die genannten Punkte gelten zudem nicht nur in Bezug auf die „andere" Generation, sondern für alle Menschen, denen wir begegnen.

Denkanstoß

Gibt es in Ihrem Team Mitarbeiter, die gerne betonen, dass „früher alles besser war"? Diese und ähnliche Killerphrasen mit dem Wörtchen „früher" können Innovation und Motivation bereits im Keim ersticken. Versuchen Sie, solche Sätze in der Kommunikation mit den Beschäftigten möglichst zu vermeiden. Wandel kann auch etwas Positives sein. (Vgl. INQA 2016, S. 32)

[14]Hier sind Sie als Führungskraft in der Regel auf externe Expertise angewiesen, denn um einen solchen Workshop zu leiten, ist unbedingte Unvoreingenommenheit und ein umfassendes Wissen über Generationen erforderlich. Bei Interesse nehmen Sie gerne Kontakt zu mir auf.

Was Jüngere tun müssen, um eine Brücke zu schlagen

Wertschätzung, Toleranz zeigen
Selbstwertgefühl geben
„jeder im Rahmen seiner Möglichkeiten"

Begeisterung zeigen
z. B. für den eigenen Job

im Lernen unterstützen
Möglichkeiten zeigen
„gute" Weiterbildung unterstützen

fragen, ob Hilfe erwünscht ist

Hilfe annehmen
eigene Grenzen erkennen (z. B. Erfahrungswissen, Netzwerk)

andere Generationen respektieren
den anderen im Anderssein aushalten

Anspruchsdenken und Erwartungen hinterfragen

nachhaltig handeln
gemeinsam an nachfolgende Generationen denken

eigene Grenzen wahrnehmen und zeigen

Was Ältere tun müssen, um eine Brücke zu schlagen

Wertschätzung, Toleranz zeigen
Selbstwertgefühl geben
„jeder im Rahmen seiner Möglichkeiten"

Begeisterung zeigen
z. B. für den eigenen Job

im Lernen unterstützen
Möglichkeiten zeigen
„gute" Ausbildung ermöglichen

fragen, ob Hilfe erwünscht ist

Hilfe annehmen
eigene Grenzen erkennen (z. B. Technik, Körperkraft)

andere Generationen respektieren
den anderen im Anderssein aushalten

Anspruchsdenken und Erwartungen hinterfragen

nachhaltig handeln
gemeinsam an nachfolgende Generationen denken

eigene Grenzen wahrnehmen und zeigen

Abb. 4.2 Die Brücke der Generationen. (Eigene Darstellung)

Und umgekehrt: Gibt es in Ihrer Abteilung Mitarbeiter, die pauschal Altbewährtes als überholt und altmodisch ansehen und alles „auf den Kopf stellen wollen"? Das kann eine Belastung für das Arbeitsklima darstellen. Und es führt nicht zwangsläufig zu besseren Arbeitsprozessen und -ergebnissen. Machen Sie den Beschäftigten klar, dass nicht alles, was schon lange in dieser Form gemacht wird, modernisiert werden muss.

In beiden Fällen benötigen Sie ausgeprägtes Fingerspitzengefühl. Es ist nicht immer leicht, hier einzugreifen.

Ein Problem aller Altersgruppen: Mobbing

Rund jeder zehnte Beschäftigte ist Schätzungen zufolge im Laufe seines Berufslebens mindestens einmal von Mobbing betroffen. Das kann in allen Altersgruppen vorkommen, trifft aber besonders häufig die Unter-25-jährigen und die Über-55-jährigen. Diese Altersgruppen werden auch am häufigsten wegen des Mobbings krank. (Vgl. BAuA 2017, S. 43)

Unternehmen sollten daher unbedingt für dieses wichtige Thema sensibilisiert werden. Hier können Sie als Führungskraft – sofern Sie nicht selbst Geschäftsführer sind – nicht allein tätig werden, sondern benötigen die Rückendeckung der Unternehmensleitung. Derart destruktives, gesundheitsschädliches Verhalten darf keinesfalls geduldet werden. Gibt es in Ihrem Unternehmen ein Bewusstsein für dieses Thema? Wenn nicht, suchen Sie das Gespräch mit Ihren Vorgesetzten. Mögliche Maßnahmen könnten wie folgt aussehen (vgl. BAuA 2017, S. 44):

- Ein erster Schritt besteht darin, unternehmensweite Wertvorstellungen zu entwickeln und aktiv an die Beschäftigten zu kommunizieren. Darin sollte klar zum Ausdruck kommen, dass Wertschätzung und Respekt zu den Grundwerten des Unternehmens zählen. Sprechen Sie regelmäßig über die ethischen Kategorien Selbstverantwortung und Mitverantwortung. Wer diese lebt, mobbt nicht bzw. holt sich als Mobbingopfer Hilfe.
- Bestimmen Sie eine oder mehrere Vertrauenspersonen, an die sich Mobbingopfer wenden können.
- Bestimmte Umstände können Mobbing begünstigen und sollten daher möglichst reduziert werden. Dazu zählen: verschärfter Wettbewerb, fehlende Anerkennung, Überforderung, Arbeitsverdichtung, unklare Arbeitsorganisation und intransparente Entscheidungen.
- Wenn ein Mobbingfall bekannt wird, muss das Unternehmen professionell damit umgehen. Das umfasst beispielsweise Betriebs- oder Dienstvereinbarungen gegen Mobbing, Ermahnungen, Schlichtungen oder arbeitsrechtliche Sanktionen sowie das Hinzuziehen juristischer sowie medizinischer und psychologischer Fachexperten.

4.2.5 Gestaltungsfeld Arbeitsumgebung

Wer täglich acht Stunden oder mehr Zeit am Arbeitsplatz verbringt, sollte sich wohlfühlen. Allerdings unterscheiden sich die Bedürfnisse der Menschen stark voneinander: Der eine braucht viel frische Luft, der andere friert leicht, der Dritte benötigt besonders viel Ruhe, um sich zu konzentrieren. Persönliche Vorlieben und Erfahrungen, aber auch das Alter spielen dabei eine Rolle. Ältere Beschäftigte fühlen sich zum Beispiel tendenziell eher durch Ablenkung und Lärm gestört als jüngere.

Überlegen Sie gemeinsam mit Ihrem Team, wie der Arbeitsplatz gestaltet werden kann, damit alle möglichst zufrieden, gut und motiviert arbeiten können. Wenn sich mehrere Mitarbeiter einen Arbeitsraum teilen, ist es nicht immer leicht, hier einen Kompromiss zu finden. Wenn es zu Differenzen kommt, sollten Sie den offenen Austausch fördern – gerade, wenn es sich um Vertreter unterschiedlicher Mitarbeitergenerationen handelt. (Vgl. INQA 2016, S. 37)

Schwere körperliche Arbeit, einseitige Belastung, ungünstige Arbeitshaltung
Langfristige schwere körperliche Arbeit führt oft zu Fehlbelastungen, Verschleißerscheinungen und Muskelabbau. Daher ist es besonders wichtig, hier alter(n)sgerechte Maßnahmen zu ergreifen, um Fehlbeanspruchungen entgegenzuwirken. Außerdem ist auf regelmäßige Erholungszeiten zu achten: Gerade für Ältere ist die Regeneration sehr wichtig, um Verletzungen und Erschöpfung vorzubeugen und die Leistungsfähigkeit zu erhalten. (Vgl. BAuA 2017, S. 54)

Muskelkraft und Ausdauerleistung nehmen etwa ab dem 40. Lebensjahr ab. Dem kann man mit einem aktiven Lebensstil entgegenwirken (vgl. Crawford et al. 2010). Hier können (technische) Hilfsmittel Abhilfe schaffen, aber auch Abwechslung in den Bewegungen hilft. So entstehen geringere Fehlzeiten und bessere Arbeitsqualität. Doch es ist Vorsicht geboten: Nicht alle modernen Arbeitsgeräte und -mittel, die als Entlastung beworben werden, sind auch wirklich alter(n)sgerecht. Manche Geräte sorgen beispielsweise dafür, dass Arbeitnehmer weniger schwere Lasten heben und tragen müssen. Stattdessen müssen sie Bewegungsabläufe machen, die stetig wiederholt werden – und das in einem oft erhöhten Arbeitstempo. Auch das ist nicht alter(n)sgerecht. Hier gilt es, individuelle Lösungen zu finden und zu überprüfen, ob technologische Arbeitsmittel tatsächlich entlasten oder die Art der körperlichen Belastung verändern. (Vgl. Jaehrling et al. 2018, S. 9)

Denkanstoß

Ist schwere körperliche Arbeit in Ihrem Unternehmen weit verbreitet? Haben Sie entsprechende Maßnahmen getroffen? Die folgenden Fragen können Ihnen als Anregung dienen (vgl. BAuA 2017, S. 55).

- Setzen Sie beispielsweise Hilfsmittel und Geräte ein, die die Beschäftigten (tatsächlich) körperlich entlasten und die zugleich leicht zu bedienen sind?
- Sind Arbeitsflächen und Tische höhenverstellbar, sodass sie an die körperlichen Voraussetzungen der jeweiligen Beschäftigten angepasst werden können?
- Wie umfassend können die Mitarbeiter darüber mitentscheiden, wann sie welche Arbeitsschritte machen, welche Hilfsmittel sie einsetzen und wann sie Pause machen wollen?
- Gibt es am Arbeitsplatz körperlichen Ausgleich (zum Beispiel durch betriebliche Sportprogramme oder einen regelmäßigen Aufgabenwechsel)?
- Werden Schulungen zu ergonomischem Verhalten angeboten (z. B. rückenschonendes Heben)?

Auch zu langes Sitzen kann die Gesundheit beeinträchtigen. Ausreichende Bewegung in der Freizeit kann die negativen Auswirkungen langen Sitzens kaum ausgleichen (vgl. BAuA 2017, S. 56). Daher sollte ein regelmäßiger Wechsel zwischen Sitzen und Stehen am Arbeitsplatz gefördert werden (auch für Mitarbeiter, die überwiegend stehende Tätigkeiten ausführen). Generell gilt es, einseitige Belastungen zu vermeiden. Eine ergonomische Arbeitsplatzgestaltung sollte für alle Beschäftigten gewährleistet sein. Sie wirkt sich auf die Gesundheit jedes Menschen positiv aus – unabhängig von seinem Alter (Vgl. BAuA 2017, S. 58).

Denkanstoß

Um einseitige oder falsche Belastung zu vermeiden, könnten Sie über die folgenden Maßnahmen nachdenken (vgl. BAuA 2017, S. 57):

- Lassen sich Überkopfarbeiten vermeiden, z. B. durch Podeste?
- Kann einer langfristigen gebeugten Haltung durch den Einsatz ergonomischer Arbeitshilfen (z. B. höhenverstellbare Arbeitsplatten) entgegengewirkt werden?
- Wie könnten regelmäßige Haltungswechsel in die Tätigkeit eingebaut werden?
- Gibt es speziell geschulte Mitarbeiter oder externe Experten, die regelmäßig darauf achten, dass Arbeitsplätze gesundheitsförderlich gestaltet sind (Höhe des Schreibtischs, Monitoreinstellungen, Lichteinfall etc.)?
- Werden körperliche Ausgleichsbewegungen gefördert (z. B. Betriebssport)?
- Besteht erhöhte Unfallgefahr durch herumliegende Kabel o. Ä. oder rutschigen Untergrund? Wie ließe sich die Gefahr verringern?

Arbeitsmittel

Auch Arbeitsmittel sollten von Vertretern aller Generationen gut und einfach zu bedienen sein. Da altersabhängige Veränderungen sehr individuell erfolgen, sollte auf pauschale „Seniorenprodukte" verzichtet werden. Stattdessen sollten Arbeitsmittel zum Einsatz kommen, die den individuellen Bedürfnissen der Beschäftigten entsprechen. Sprechen Sie mit Ihren Mitarbeitern, was sie wirklich benötigen. (Vgl. BAuA 2017, S. 58)

Helligkeit

In nahezu jedem Beruf ist es unerlässlich, gut zu sehen. Entsprechend wichtig ist ein gut ausgeleuchteter Arbeitsplatz. Im Laufe des Lebens verschlechtert sich allerdings oft die Sehfähigkeit. Um allen Altersgruppen in der Arbeitsplatzgestaltung entgegenzukommen, können hellere Beleuchtung und eine Anpassung der Anzeigegröße (z. B. auf dem Bildschirm) helfen. (Vgl. BAuA 2017, S. 51)

Denkanstoß

Gibt es neben der Allgemeinbeleuchtung auch individuelle Einzelplatzbeleuchtung, die (ältere) Mitarbeiter mit geringerem Sehvermögen einschalten können?

Wie lässt sich das Tageslicht bestmöglich nutzen?

Lassen sich Schilder oder Anleitungen durch kontrastreiche Farbgestaltung und größere Schrift auch für ältere Beschäftigte optimieren? (Vgl. BAuA 2017, S. 52)

Welche Ideen haben Ihre Mitarbeiter hierzu? Welche Bedürfnisse haben sie?

Geräuschkulisse

Lärmbedingte Schwerhörigkeit zählt europaweit zu den häufigsten Berufskrankheiten (vgl. BAuA 2017, S. 51). Eine laute Geräuschkulisse kann sich negativ auf die Gesundheit, das Wohlbefinden und die Konzentrationsfähigkeit auswirken. In Unternehmen, in denen ein hohes Lärmniveau herrscht, sind daher dringend Lärmschutzmaßnahmen zu treffen, zum Beispiel durch Schallschutzwände, Gehörschutz, schallisolierende Decken o. Ä.

Aber auch in Großraumbüros entsteht allzu leicht eine Geräuschkulisse, die die Arbeitszufriedenheit und das Leistungsvermögen Einzelner beeinträchtigt. Hier ist es sinnvoll, lärmempfindlichen Mitarbeitern Rückzugsräume für konzentrierte Arbeit einzurichten. Oft nimmt im Alter die Lärmempfindlichkeit zu; daher sollten Sie Ihr Augenmerk hier vor allem auf Ihre reiferen Teammitglieder legen.

Denkanstoß

Welche akustische Umgebung erwartet Ihre Mitarbeiter bei der Arbeit? Wird ausreichend auf Lärmschutz geachtet? Gibt es Ruheräume für konzentrierte Arbeit?

Wird bei der Anschaffung neuer Geräte und Arbeitsmittel lärmarmen Varianten der Vorzug gegeben? (Vgl. BAuA 2017, S. 53)

Welche weiteren Ideen haben Sie und Ihre Teammitglieder?

4.2.6 Gestaltungsfeld Gesundheits- und Arbeitsschutz

Ältere Beschäftigte sind nicht öfter krank als jüngere, das haben Studien erwiesen. Wenn sie allerdings ausfallen, ist ihre Fehlzeit unter Umständen länger als die der jüngeren Kollegen. Deshalb sind zwei Dinge besonders wichtig:

- ein betriebliches Gesundheitsmanagement (BGM), das generationenübergreifend die Gesundheit und damit die Arbeitsfähigkeit der Beschäftigten erhält und fördert,
- aber auch ein betriebliches Eingliederungsmanagement für diejenigen Mitarbeiter, die mehr als sechs Wochen in einem Jahr krank sind (entweder am Stück oder insgesamt). Dieses Eingliederungsmanagement sollte darauf abzielen, „die krankheitsbedingte Gefährdung des Arbeits- und Beschäftigungsverhältnisses zu beseitigen oder zu mindern, die Arbeitsunfähigkeit möglichst zu überwinden und ihrem erneuten Auftreten vorzubeugen" (INQA 2016, S. 34).

Ein betriebliches Gesundheitsmanagement sollte aber nicht nur Maßnahmen für diejenigen Mitarbeiter vorsehen, die bereits beeinträchtigt sind, sondern auch präventive Maßnahmen anbieten (vgl. Klös et al. 2016, S. 30). Psychische Belastungen sind ebenso in den Blick zu nehmen wie physische Beanspruchung. Eine Verantwortungsschulung im Sinne von Selbst- und Mitverantwortung ist für alle Mitarbeiter empfehlenswert. Das Wissen Ihrer Mitarbeiter zu Verantwortung kann dann im Arbeitsalltag zur Basis werden, auf die Sie als Führungskraft aufbauen können.

In den vergangenen Jahrzehnten stieg der Anteil der Arbeitnehmer, die die Arbeitsanforderungen als Belastung erleben und physisch oder psychisch krank werden. Das betrifft vor allem diejenigen, die in atypischen Arbeitsverhältnissen stehen. Belastungssituationen treffen relativ häufig eher junge Menschen, unter denen das Bewusstsein für die (langfristigen) physischen Auswirkungen der Belastung noch vergleichsweise gering ausgeprägt ist.

Erstaunlicherweise zeigen sich in Studien (z. B. Fuchs 2008) kaum Unterschiede zwischen den Mitarbeitergenerationen. Eine mögliche Erklärung dafür ist, dass diejenigen Älteren, die noch im Beruf tätig sind, besonders robust sind und gut mit Belastungen umgehen können. Diejenigen, die stärker unter der Beanspruchung leiden, sind dagegen entweder bereits aus dem Berufsleben ausgeschieden oder sie haben den Arbeitsplatz gewechselt (Vgl. BAuA 2017. S. 29).

Grundsätzlich sollten Unternehmen darauf achten, dass es keine Verschleißkarrieren gibt, sondern dass alle Beschäftigten möglichst lange gesund, motiviert und kompetent im Betrieb verbleiben (können). Ein umfassendes BGM und das Befolgen der Arbeitsschutzmaßnahmen tragen dazu bei. In dem Buch „Betriebliches Gesundheitsmanagement" von Thorsten Uhle und Michael Treier finden Sie zahlreiche Tipps zum Aufbau und zur Gestaltung eines BGM (vgl. Uhle und Treier 2017).

Weitere Informationen zur gesunden Führung Ihrer Mitarbeiter erhalten Sie in Abschn. 3.1.

4.2.7 Gestaltungsfeld Kompetenzentwicklung und Wissensmanagement

Wer gut und gerne arbeiten möchte, sollte darauf achten, dass die persönlichen Voraussetzungen zu seinen beruflichen Anforderungen passen. Allerdings ändert sich sowohl das menschliche Leistungsprofil als auch die beruflichen Anforderungen mit der Zeit. Daher muss immer wieder darauf geachtet werden, dass der Grad dieser Passung möglichst hoch bleibt. (Vgl. BAuA 2017, S. 67) Hier setzen Weiterbildungsmaßnahmen und Qualifizierungen an.

Für eine alternsgerechte Kompetenzentwicklung ist es sinnvoll, zunächst einmal den individuellen Qualifizierungsbedarf zu ermitteln, um dann bedarfs- und altersgerechte Qualifizierungen anzubieten und die Mitarbeiter zu ermuntern, diese Angebote anzunehmen (vgl. BAuA 2017, S. 71).

Lebenslanges Lernen (Qualifizierung)
Die meisten Menschen betrachten es als bereichernd, Wissen zu erhalten und hinzuzugewinnen (vgl. Schröder-Kunz 2016, S. 74). Ob Lernen erfolgreich ist oder nicht, hängt nicht vom Alter der Teilnehmer ab, sondern von der inneren Haltung, mit der sie den neuen Inhalten begegnen (Abschn. 3.1.2.5), aber auch vom Lerntyp und von den Rahmenbedingungen.

Eine kontinuierliche Weiterbildung aller Mitarbeiter – also gerade auch der älteren Arbeitnehmer – lohnt sich für Unternehmen und Beschäftigte gleichermaßen. Wenn ältere Mitarbeiter nicht mehr weitergebildet werden, droht eine schleichende „Dequalifizierung" (vgl. INQA 2016, S. 33). Die Betroffenen fühlen sich außerdem nicht mehr wertgeschätzt, sondern aufs „Abstellgleis" abgeschoben, ihre Motivation lässt nach. Im schlimmsten Fall verabschieden sie sich innerlich bereits in den Ruhestand und zählen die Tage. Umso wichtiger ist es, den Beschäftigten lebenslang die Möglichkeit zum Weiterlernen zu bieten – und zwar in altersgerechter Form (Abschn. 3.2.1.3).

Damit Wissenserwerb und Qualifizierung in allen Altersgruppen gelingen, sollten die folgenden Punkte beachtet werden (vgl. Frerichs 2009, S. 67):

- Die Lernbereitschaft aller Mitarbeitergenerationen muss gefördert werden. (Abschn. 3.2, 3.3) Hier sind Sie als mitverantwortliche Führungskraft gefragt.
- Es gilt, die individuelle Qualifikation jedes einzelnen Mitarbeiters im Blick zu behalten und mit den Qualifikationsanforderungen seiner Tätigkeit abzugleichen. Auch dabei kommt Ihnen als Führungskraft eine wichtige Rolle zu.

- Die Fähigkeit zum intergenerationellen Dialog und die Bereitschaft zum Lernen voneinander müssen gestärkt werden (Abschn. 4.2.4). Dazu sollten Teams möglichst altersgemischt aufgestellt sein.
- Bei der Planung von Qualifizierungsmaßnahmen muss die spezifische (Lern-) Situation der Mitarbeiter – besonders der älteren Beschäftigten – berücksichtigt werden. Die methodisch-didaktischen Konzepte sollten möglichst arbeitsplatznah sein und die beruflichen Handlungskompetenzen erweitern. Was Ihre Rolle als Lernbegleiter ausmacht, können Sie in Abschn. 3.2.1.3 nachlesen.

Lebensphasenorientierte Laufbahngestaltung
Karriere machen bedeutet heutzutage nicht (mehr) ein konstantes und kontinuierliches Erklimmen der Hierarchieleiter. Vielmehr gibt es eine Vielzahl verschiedener Laufbahnen, die so individuell sind wie die Menschen. Da sich die Anforderungen und Gegebenheiten im Laufe eines Lebens verändern, sollten Unternehmen auch entsprechend lebensphasenorientierte Karrieren ermöglichen. Vielleicht möchten manche jüngeren Mitarbeiter zeitweilig kürzertreten, um sich stärker um ihre Familie zu kümmern? Oder möglicherweise wünschen sich Mitarbeiter der mittleren Generation eine Erweiterung ihres Aufgabenbereichs, die aber nicht an mehr Verantwortung geknüpft ist. Aber auch ältere Mitarbeiter haben vielleicht den Wunsch, ihr Erfahrungswissen in einem neuen, spannenden Projekt einzubringen und noch einmal richtig durchzustarten.

Der erste Schritt zu einer alternsgerechten Laufbahngestaltung besteht einmal mehr in einem frühzeitigen Austausch: Wo steht der Mitarbeiter jetzt (Standortbestimmung)? Wie stellt sich Ihr Mitarbeiter seine berufliche Entwicklung vor? Welche Perspektiven gibt es? Mithilfe einer Potenzialanalyse können Sie gemeinschaftlich ermitteln, wie er seine Talente am besten entfalten kann (vgl. BAuA 2017, S. 71 f.; Abschn. 3.2.1.4, Perspektiven besprechen).

Unterstützen Sie Ihre Teammitglieder auch dabei, Qualifizierungsmaßnahmen zu ergreifen, die für eine Weiterentwicklung erforderlich sind. Das zählt zu Ihrer Mitverantwortung.

Wissensmanagement
Während jüngere Mitarbeiter tendenziell eher über technologisches, produkt- und prozessspezifisches Wissen verfügen, können erfahrene ältere Mitarbeiter eher auf intensives Erfahrungswissen zurückgreifen. Dieses unterschiedliche Wissen gilt es im Unternehmen zu halten, nutzbar zu machen und konstruktiv zusammenzuführen. Hier setzt ein generationenübergreifendes Wissensmanagement an. (Vgl. Frerichs 2013)

Denkanstoß

Wo und wie kann sich das Wissen Ihrer Mitarbeiter ergänzen?

Wer kann mit seinem sozialen Wissen und Fähigkeiten anderen unter die Arme greifen?

Welche Ideen haben Sie für die konstruktive Zusammenführung der verschiedenen Potenziale?

Inwiefern können sich die Generationen gegenseitig unterstützen bzw. Hilfe annehmen?

Welche Ideen haben Sie, um Generationenkonflikte zu vermeiden oder aufzulösen?

An mehreren Stellen dieses Buchs wurde deutlich, dass Erfahrungs- und Wissensaustausch ein zentrales Element altersgerechter Arbeitsgestaltung ist. Zum einen ist es zahlreichen älteren Beschäftigten ein Anliegen, ihr Erfahrungswissen weiterzugeben. Zum anderen wünschen sich viele jüngere Mitarbeiter Kollegen, die die eigenen Schwächen (z. B. mangelnde Erfahrung) ausgleichen können. Und nicht zuletzt ist es oft das Erfahrungswissen, das für den erfolgreichen Abschluss einer Aufgabe verantwortlich ist.

Daraus folgt: Wenn Unternehmen ein Wissensmanagement etablieren wollen, sollten sie auf einen generationenübergreifenden Austausch setzen. So kommen sie den Bedürfnissen der Mitarbeiter entgegen und erhöhen zugleich die gesamte Kompetenz innerhalb des Unternehmens.

Auch wenn es keine Standardlösung gibt, wie ein solcher Wissenstransfer aussehen kann, gibt es verschiedene Ansatzpunkte, die in der Praxis oft Erfolge zeigen:

- Auf der persönlichen Ebene können Erfahrungen und Wissen in **altersgemischten Teams** weitergegeben werden. Ältere und jüngere Mitarbeiter arbeiten gemeinsam an Projekten und können dabei im konkreten Anwendungsbezug voneinander lernen (vgl. Frerichs 2013; Schröder-Kunz 2016, S. 79 f.). Die Produktivität ist in altersgemischten Teams oft höher als in altersbezogen homogenen Teams, weil sich die spezifischen Stärken von jungen und älteren Mitarbeitern wechselseitig ergänzen (vgl. Kruse und Hüther 2014, S. 157 f.).
- Eine alternative Herangehensweise stellen sogenannte **Lerntandems** dar. Vertreter zweier unterschiedlicher Generationen arbeiten für einen begrenzten Zeitraum gemeinsam an einer Aufgabe und ergänzen ihren jeweiligen Kenntnisstand. Was sie jeweils voneinander gelernt haben, können sie anschließend schriftlich dokumentieren. (Vgl. Schröder-Kunz 2016, S. 79 f.)

- Auch **Workshop-Modelle** können nach dem gleichen Prinzip funktionieren (vgl. Frerichs 2013).
- **Mentoring** eignet sich ebenfalls als Methode des Wissensmanagements. Hierbei begleitet eine erfahrene Fachkraft einen eher unerfahrenen Mitarbeiter als Mentor in seiner Entwicklung, indem sie ihm bei fachlichen, aber auch persönlichen Fragen zur Arbeit und zum Unternehmen zur Seite steht.

Damit der Wissenstransfer gelingt, müssen die Beteiligten ihre Vorurteile gegenüber den anderen Generationen überwinden und anderen Altersgruppen Wertschätzung entgegenbringen. Auch die Unternehmenskultur muss dazu passen: Sie muss es ermöglichen, dass Beschäftigte ihr Wissen ohne Angst (z. B. vor Arbeitsplatzverlust oder vor Konkurrenz) weitergeben können und dass Fehler akzeptiert und nicht bestraft werden. (Vgl. Frerichs 2013; Schröder-Kunz 2016, S. 79 f.)

Literatur

Verwendete Literatur

Adamy, W., Breutmann, N., Hinz, A., Horst, A., Richter, G., Serries, Ch., & Schmauder, M. (2017). Übergreifende Aspekte einer alters- und alternsgerechten Arbeitsgestaltung. In: G. Richter, Ch. Hecker & A. Hinz (Hrsg.), *Produktionsarbeit in Deutschland – mit alternden Belegschaften* (S. 42–58). Berlin: Schmidt.

Adan, A., Archer, S. N., Hidalgo, M. P., Di Milia, L., Natale, V., & Randler, C. (2012). Circadian typology: A comprehensive review. *Chronobiology International, 29*(9), 1153–1175.

AXA. (2018). Früher in Rente gehen? Für Berliner am seltensten ein Thema. https://www.axa.de/site/axade/get/documents/axade/AXA.de_Dokumente_und_Bilder/Unternehmen/Presse/Mediathek/Dokumente/AXA-Deutschland-Report-2018/infografik-frueher-in-rente.jpg. Zugegriffen: 07. Aug. 2018.

Barmer. (2018). Arztreport 2018. Schriftenreihe zur Gesundheitsanalyse. https://www.barmer.de/blob/144368/08f7b513fdb6f06703c6e9765ee9375f/data/dl-barmer-arztreport-2018.pdf. Zugegriffen: 07. Aug. 2018.

Bipp, T. (2006). PERSÖNLICHKEIT – ZIELE – LEISTUNG: Der Einfluss der Big Five Persönlichkeitseigenschaften auf das zielbezogene Leistungshandeln. https://d-nb.info/998830119/34. Zugegriffen: 07. Aug. 2018.

Bundesanstalt für Arbeitsschutz und Arbeitsmedizin (BAuA). (2013). Geistig fit im Beruf! Wege für ältere Arbeitnehmer zur Stärkung der grauen Zellen. http://www.inqa.de/SharedDocs/PDFs/DE/Publikationen/pfiff-geistig-fit-im-beruf.pdf?__blob=publicationFile&v=1. Zugegriffen: 07. Aug. 2018.

Bundesanstalt für Arbeitsschutz und Arbeitsmedizin (BAuA). (25. Nov. 2015). Alterns- und altersgerechte Arbeitsgestaltung. Ansatzpunkte für ein langes Arbeitsleben. https://www.baua.de/DE/Angebote/Veranstaltungen/Dokumentationen/Dresdner-Kolloquien/pdf/Dresdner-Kolloquium-2015-2.pdf?__blob=publicationFile&v=2. Zugegriffen: 07. Aug. 2018.

Bundesanstalt für Arbeitsschutz und Arbeitsmedizin (BAuA). (2017). Alterns- und altersgerechte Arbeitsgestaltung Grundlagen und Handlungsfelder für die Praxis. https://www.baua.de/DE/Angebote/Publikationen/Praxis/Arbeitsgestaltung.pdf. Zugegriffen: 01. Aug. 2018.

Bundesministerium für Arbeit und Soziales (BMAS). (2012). Fortschrittsreport „Altersgerechte Arbeitswelt“ Ausgabe 1: Entwicklung des Arbeitsmarkts für Ältere. https://www.konstanz.ihk.de/blob/knihk24/standortpolitik/downloads/1660784/28675035293b82bca586e307a6e73814/Fortschrittsreport_Altersgerechte_Arbeitswelt-data.pdf. Zugegriffen: 08. Aug. 2018.

Bundesministerium für Arbeit und Soziales (BMAS). (2014). Fortschrittsreport „Altersgerechte Arbeitswelt“ Ausgabe 4: lebenslanges Lernen und betriebliche Weiterbildung. http://www.bmas.de/SharedDocs/Downloads/DE/PDF-Publikationen/fortschritts-report-ausgabe-4-juni-2014.pdf?__blob=publicationFile. Zugegriffen: 08. Aug. 2018.

Bundesministerium für Arbeit und Soziales (BMAS). (2016). Wertewelten Arbeiten 4.0. https://www.bmas.de/SharedDocs/Downloads/DE/PDF-Publikationen/Forschungsberichte/wertewelten-arbeiten-vier-null.pdf. Zugegriffen: 08. Aug. 2018.

Bundeministerium für Familie, Senioren, Frauen und Jugend (BMFSFJ). (2008). Erfahrung rechnet sich – Aus Kompetenzen Älterer Erfolgsgrundlagen schaffen. https://www.bmfsfj.de/blob/93662/8ec515dd463772b68185e682bd9b8ff8/erfahrung-rechnet-sich-data.pdf. Zugegriffen: 08. Aug. 2018.

Bundesministerium für Familie, Senioren, Frauen und Jugend (BMFSFJ) (2010). Sechster Bericht zur Lage der älteren Generation in der Bundesrepublik Deutschland. Altersbilder in der Gesellschaft. https://www.bmfsfj.de/blob/101922/b6e54a742b2e84808af68b8947d10ad4/sechster-altenbericht-data.pdf. Zugegriffen: 08. Aug. 2018.

Bundesministerium für Wirtschaft und Technologie (BMWi). (2012). Fachkräfte sichern – Wissens- und Erfahrungstransfer. https://www.bmwi.de/Redaktion/DE/Publikationen/Ausbildung-und-Beruf/fachkraefte-sichern-wissens-und-erfahrungstransfer.pdf?__blob=publicationFile&v=3. Zugegriffen: 23. Aug. 2018.

Cohen, G. D. (2009). *Geistige Fitness im Alter. So bleiben Sie vital und kreativ.* München: dtv.

Crawford, J. O., Graveling, R. A., Cowie, H. A., & Dixon, K. (2010). The health safety and health promotion needs of older workers. *Occupational Medicine, 60*(3), 184–192.

Das Demographie Netzwerk (ddn). (21. Sept. 2017). Digitaler Wandel auch für ältere Mitarbeiter kein Problem. https://aktionstag.demographie-netzwerk.de/aktuelles/digitaler-wandel-auch-fur-altere-mitarbeiter-kein-problem/

Debler, C. (2016). KARRIERE 50PLUS Mit Erfahrung punkten. https://www.bavc.de/bavc/mediendb.nsf/gfx/4FA2C951DA7579CEC1257F8800507FF4/$file/Impuls_04_2016_Karriere-50Plus.pdf. Zugegriffen: 08. Aug. 2018.

Demowanda. (o. J.). Ältere Arbeitnehmer auf dem Arbeitsmarkt. https://www.demowanda.de/DE/Arbeitsmarkt/Personalrekrutierung/personalrekrutierung_node.html. Zugegriffen: 08. Aug. 2018.

Deutsches Zentrum für Altersfragen. (2016). Deutscher Alterssurvey 2014. Zentrale Befunde. https://www.dza.de/fileadmin/dza/pdf/DEAS2014_Kurzfassung.pdf. Zugegriffen: 19. Aug. 2018.

Dutt, A. J., & Wahl, H.-W. (2018). Subjektives Alternserleben. Theoretische Einbettung und empirische Befundlage. *Psychotherapie im Alter, 15*(2), 129–147.

Frerichs, F. (2009). Demografischer Wandel und Altersgrenzenanhebung: Anforderungen an ein betriebliches Alternsmanagement. In G. Richter (Hrsg.), *Generationen gemeinsam im Betrieb. Individuelle Flexibilität durch anspruchsvolle Regulierungen* (S. 57–76). Bielefeld: Bertelsmann.

Frerichs, F. (2013). Erfahrungswissen älterer Arbeitnehmer/innen und intergenerationeller Wissenstransfer. http://www.becker-stiftung.de/wp-content/uploads/2013/12/FRERICHS_Prsentation.pdf. Zugegriffen: 08. Aug. 2018.

Fuchs, T. (2008). Was ist gute Arbeit? Anforderungen aus der Sicht von Erwerbstätigen; Konzeption und Auswertung einer repräsentativen Untersuchung. http://www.inqa.de/SharedDocs/PDFs/DE/Publikationen/inqa-19-was-ist-gute-arbeit.pdf?__blob=publicationFile. Zugegriffen: 07. Aug. 2018.

GDV. (08. Sept. 2016). „Generation Mitte" 2016 – Die Studienergebnisse im Überblick. https://www.gdv.de/de/themen/news/-generation-mitte--2016---die-studienergebnisse-im-ueberblick-15864. Zugegriffen: 07. Aug. 2018.

Graefe, S. (2018). Subjektives Altern in Zeiten der Aufwertung. *Psychotherapie im Alter, 15*(2), 177–192.

Haubl, R. (2018). Ruhestand in der Arbeitsgesellschaft. *Psychotherapie im Alter, 15*(2), 295–307. (Erstveröffentlichung 2015).

Hackober, J. (18. Sept. 2017). Wir Millennials sind verwöhnt, faul und unfähig. Alle! https://www.welt.de/icon/partnerschaft/article168573541/Wir-Millennials-sind-verwoehnt-faul-und-unfaehig-Alle.html. Zugegriffen: 07. Aug. 2018.

Hergert, S. (23. März 2012). Geld verdienen und Sinn stiften. *Handelsblatt,* 60, 56–57.

Hertel, G. (01. Juni 2012). Potenzial älterer Arbeitnehmer besser nutzen. Umfangreiche Studie mit 40.000 Datensätzen. https://www.uni-muenster.de/news/view.php?&cmdid=4251. Zugegriffen: 08. Aug. 2018.

Howard, P. J., & Howard, J. (2008). *Führen mit dem Big-Five-Persönlichkeitsmodell – Handelsblatt: Das Instrument für optimale Zusammenarbeit (Handelsblatt – Erfolgreich führen).* Frankfurt a. M.: Campus.

Initiative Neue Qualität der Arbeit (INQA). (2016). Kein Stress mit dem Stress. Lösungen und Tipps für gesundes Führen. Mit vielen Arbeitshilfen und Praxisbeispielen. https://www.inqa.de/DE/Angebote/Publikationen/psyga-kein-stress-mit-dem-stress-handlungshilfe-beschaeftigte.html. Zugegriffen: 01. Aug. 2018.

Initiative Neue Qualität der Arbeit (INQA). (2017). Alle in eine Schublade? Altersstereotype erkennen und überwinden. https://www.inqa.de/DE/Angebote/Publikationen/altersstereotype-erkennen.html. Zugegriffen: 08. Aug. 2018.

Initiative Neue Qualität der Arbeit (INQA). (2018). Potenzialanalyse „Arbeitszeit". Praxisvereinbarung und Selbstbewertung für Unternehmer. https://www.inqa.de/SharedDocs/PDFs/DE/Publikationen/potenzialanalyse-arbeitszeit.pdf. Zugegriffen: 08. Aug. 2018.

Jaehrling, K., Obersneider, M., & Postels, D. (2018). Aktuelle Forschungsergebnisse aus dem Institut Arbeit und Qualifikation: Digitalisierung und Wandel von Arbeit im Kontext aktueller Marktdynamiken. Empirische Befunde zum Zusammenspiel von Innovationen, Beschäftigung und Arbeitsqualität. http://www.iaq.uni-due.de/iaq-report/2018/report2018-03.pdf. Zugegriffen: 08. Aug. 2018.

Jung, H. (2017). *Personalwirtschaft* (10., aktualisierte Aufl.). Berlin: De Gruyter Oldenbourg.

Kienbaum. (2015). Kienbaum MultiGEN 2020. http://assets.kienbaum.com/downloads/MultiGen-2020_Kienbaum-Studie_2015.pdf?mtime=20160726161652. Zugegriffen: 07. Aug. 2018.

Kienbaum. (31. März 2017). ARBEITEST DU NOCH ODER LEBST DU SCHON? Noch einmal unter die Lupe genommen: Die Karriereorientierung der Generation Y. http://assets.kienbaum.com/downloads/Absolventenstudie_Kienbaum_2017.pdf?mtime=20170503111841. Zugegriffen: 07. Aug. 2018.

Klös, H.-P., Rump, J., & Zibrowius, M. (2016). DIE NEUE GENERATION. Werte, Arbeitseinstellungen und unternehmerische Anforderungen. http://www.ibe-ludwigshafen.de/download/arbeitsschwerpunkte-downloads/generationenmix/RHI_Diskussion_29_Web.pdf. Zugegriffen: 07. Aug. 2018.

Kruse, A., & Hüther, M. (2014). Berufliche Entwicklung in Veränderung. In A. Kruse & H.-W. Wahl (Hrsg.), *Lebensläufe im Wandel – Entwicklung über die Lebensspanne aus Sicht verschiedener Disziplinen* (S. 150–165). Stuttgart: Kohlhammer.

Kunze, A. (13. Juni 2018). Glückliche Alte. https://www.zeit.de/2018/25/senioren-alter-gesellschaft-respekt-akzeptanz-glueck. Zugegriffen: 07. Aug. 2018.

Lohmann-Haislah, A. (2012). Stressreport Deutschland 2012. Psychische Anforderungen, Ressourcen und Befinden. https://www.baua.de/DE/Angebote/Publikationen/Berichte/Gd68.pdf?__blob=publicationFile&v=12. Zugegriffen: 23. Aug. 2018.

McCrindle, M., & Wolfinger, E. (2009). *The ABC of XYZ. Understanding the Global Generations*. Sydney: UNSW Press.

MiaA. (o. J.). Der MiaA-Kurz-Check im Detail. https://www.ifgp.de/sites/default/files/2017-11/MiaA-KulturCheck.pdf. Zugegriffen: 06. Aug. 2018.

Mörstedt, A.-B. (o. J.). Erwartungen der Generation Z an die Unternehmen. https://www.pfh.de/fileadmin/Content/PDF/forschungspapiere/vortrag-generation-z-moerstedt-ihk-goettingen.pdf. Zugegriffen: 07. Aug. 2018.

Moskaliuk, J., Moeller, K., Sassenberg, K., & Hesse, F. W. (2016). Gestaltung von (mediengestützten) Lernprozessen und -umgebungen in organisationalen Kontexten – Beiträge der Pädagogischen Psychologie. In K. Sonntag (Hrsg.), *Personalentwicklung in Organisationen. Psychologische Grundlagen, Methoden und Strategien* (4., vollständig überarbeitete und erweiterte Aufl., S. 145–172). Göttingen: Hogrefe.

Opaschowski, H. W. (2008). *Deutschland 2030. Wie wir in Zukunft leben*. Gütersloh: Gütersloher Verlagshaus.

Peters, M. (2015). Ältere Arbeitnehmer in der neuen Arbeitswelt. *Psychotherapie im Alter, 12*(3), 325–339.

Philips. (17.05.2013). Satisfaction Beats Salary: Philips Work/Life Survey finds American workers willing to take pay cut for more personally meaningful careers. https://www.usa.philips.com/a-w/about/news/archive/standard/news/press/2013/20130517-Philips-Work-Life-Survey.html#.UxXWlfl5Pdt. Zugegriffen: 07. Aug. 2018.

Richter, G., Hecker, C., & Hinz, A. (2017). *Produktionsarbeit in Deutschland – mit alternden Belegschaften*. Berlin: Schmidt.

Radebold, H., Bohleber, W., & Zinnecker, J. (2009). *Transgenerationale Weitergabe kriegsbelasteter Kindheiten. Interdisziplinäre Studien zur Nachhaltigkeit historischer Erfahrungen über vier Generationen*. Weinheim: Beltz Juventa.

Roßnagel, C. (2008). *Mythos: »alter« Mitarbeiter: Lernkompetenz jenseits der 40?!* Weinheim: Beltz.

Rump, J., & Eilers, S. (2011). Employability. Die Grundlagen. In J. Rump & T. Sattelberger (Hrsg.), *Employability Management 2.0. Einblick in die praktische Umsetzung eines zukunftsorientierten Employability Managements* (S. 73–166). Sternenfels: Wissenschaft und Praxis.

Rump, J., & Eilers, S. (2015). *Generationen-Mix: Gestalten statt verwalten.* Sternenfels: Wissenschaft und Praxis.

Rump, J., Zapp, D., & Eilers, S. (2017). Erfolgsformel: Arbeiten 4.0 und Führung 4.0. http://www.ibe-ludwigshafen.de/download/arbeitsschwerpunkte-downloads/digitalisierung/Erfolgsformel-Arbeiten-4.0-und-FuCC88hrung-4.0_NEU_2.pdf. Zugegriffen: 31. Juli 2018.

Saum-Aldehoff, T. (2012). *Big Five – Sich selbst und andere erkennen* (3. Aufl.). Ostfildern: Patmos.

Schröder-Kunz, S. (2015a). Schulungsunterlagen: GUTES Leben und Arbeiten 50 plus. Ein Arbeitsbuch mit über 100 Denkanstößen.

Schröder-Kunz, S. (2015b). Schulungsunterlagen: GUTES Leben und Arbeiten der Generationen – Ein Arbeitsbuch für Mitarbeiter im Schichtbetrieb.

Schröder-Kunz, S. (2016). Selbstverantwortung und Mitverantwortung bei älteren Arbeitnehmern in der sich verändernden Arbeitswelt. (bislang unveröffentlicht).

Sczesny, C., Schmidt, S., Moeller, N., & Schlotmann, B. (2007). Arbeitszeit-Check: Bedeutung, Handlungsbedarf und Realisierbarkeit alternsgerechter Arbeitszeitgestaltung im Betrieb einschätzen. www.soziale-innovation.de/ortogo3/projects/.../broschuere_arbeitszeit_check_si.pdf. Zugegriffen: 08. Aug. 2018.

Shell. (2015). Die Shell Jugendstudie. Familie und Beruf, https://www.shell.de/ueber-uns/die-shell-jugendstudie/familie-und-beruf.html. Zugegriffen: 07. Aug. 2018.

Sonntag, K., & Seiferling, N. (2016). Potenziale älterer Erwerbstätiger nutzen: Ageing Workforce. In K. Sonntag (Hrsg.), *Personalentwicklung in Organisationen. Psychologische Grundlagen, Methoden und Strategien* (4., vollständig überarbeitete und erweiterte Aufl., S. 495–534). Göttingen: Hogrefe.

Spektrum Akademischer Verlag. (2000). Lexikon der Psychologie. Big Five Persönlichkeitsfaktoren. https://www.spektrum.de/lexikon/psychologie/big-five-persoenlichkeitsfaktoren/2360. Zugegriffen: 07. Aug. 2018.

Statistisches Bundesamt. (2015). Pflegebedürftige nach Versorgungsart, Geschlecht und Pflegestufe 2015. https://www.destatis.de/DE/ZahlenFakten/GesellschaftStaat/Gesundheit/Pflege/Tabellen/PflegebeduerftigePflegestufe.html. Zugegriffen: 08. Aug. 2018.

Steinlein, C. (01. Apr. 2012). Wie lange ist der Mensch leistungsfähig? https://www.focus.de/wissen/mensch/tid-24622/rente-mit-67-wie-lange-ist-der-mensch-leistungsfaehig_aid_699401.html. Zugegriffen: 23. Aug. 2018.

Uhle, T., & Treier, M. (2017). *Betriebliches Gesundheitsmanagement Gesundheitsförderung in der Arbeitswelt. Mitarbeiter einbinden, Prozesse gestalten, Erfolge messen.* Berlin: Springer.

Waltersbacher, A., Zok, K., & Klose, J. (2017). Die betriebliche Unterstützung von Mitarbeitern bei kritischen Lebensereignissen. In B. Badura, A. Ducki, H. Schröder, J. Klose, & M. Meyer (Hrsg.), *Fehlzeiten-Report 2017.* Berlin: Springer.

Weber, B. (26. Febr. 2009). „Die Blüte des Alters aber ist die Weisheit". https://www.deutschlandfunk.de/die-bluete-des-alters-aber-ist-die-weisheit.1148.de.html?dram:article_id=180325. Zugegriffen. 25. Juli. 2018.

Wolf, J. (2006). Der Übergang in den Ruhestand. www.jurgenwolf.de/docs/MS01_06-Ruhestand.pdf, Zugegriffen: 17. Aug. 18.

Zacher, H., & Frese, M. (2011). Maintaining a focus on opportunities at work: The interplay between age, job complexity, and the use of selection, optimization, and compensation strategies. *Journal of Organizational Behavior, 32*(2), 291–318.

Weiterführende Literatur

Alekandrowicz, P., Fasang, A., Schömann, K., & Staudinger, U. M. (2010). Die Bedeutung der Arbeit beim vorzeitigen Ausscheiden aus dem Arbeitsleben. *Zeitschrift für Gerontologie und Geriatrie, 5*(2010), 324–329.

Badura, B., Ducki, A., Schröder, H., Klose, J., & Meyer, M. (Hrsg.). (2017). *Fehlzeiten-Report 2017*. Berlin: Springer.

Beermann, B. (2005). Leitfaden zur Einführung und Gestaltung von Nacht- und Schichtarbeit. https://www.baua.de/DE/Angebote/Publikationen/Praxis/A23.pdf?__blob=publicationFile. Zugegriffen: 27. Aug. 2018.

Bundesministerium für Familie, Senioren, Frauen und Jugend (BMFSFJ). (2014). Vereinbarkeit von Beruf und Pflege. Wie Unternehmen Beschäftigte mit Pflegeaufgaben unterstützen können. https://www.erfolgsfaktor-familie.de/fileadmin/ef/data/mediathek/Leitfaden_BerufundPflege_barrierefrei.pdf. Zugegriffen: 27. Aug. 2018.

Büsch, V., Dittrich, D., & Lieberum, U. (2010). Determinanten der Arbeitsmotivation und Leistungsfähigkeit älterer Arbeitnehmer und Auswirkungen auf den Weiterbeschäftigungswunsch. *Comparative Population Studies – Zeitschrift für Bevölkerungswissenschaft, 35*(4), 903–930.

Carstensen, L. L. (1995). Evidence for a life span theory of socioemotional selectivity. *Current Directions in Psychological Science, 4*(5), 151–156.

Cihlar, V., Mergenthaler, A., & Micheel, F. (2014). Erwerbsarbeit & informelle Tätigkeiten der 55- bis 70-Jährigen in Deutschland. https://www.demografie-portal.de/SharedDocs/Downloads/DE/Studien/Erwerbsarbeit-und-Informelle-Taetigkeiten.pdf?__blob=publicationFile&v=4. Zugegriffen: 27. Aug. 2018.

Clemens, W., Vorbereitung auf und Umgang mit Pensionierung. (2012). In H.-W. Wahl, C. Tesch-Römer & J. P. Ziegelmann (Hrsg.), *Angewandte Gerontologie* (S. 218–223). Stuttgart: Kohlhammer.

DIHK Service GmbH im Auftrag von: Bundesministerium für Arbeit und Soziales. (2018). Digitalisierung weiterdenken – Qualifizierungsbedarfe von KMU erkennen und im Netzwerk Fachkräfte für die Region sichern. Langfassung. https://www.dihk.de/ressourcen/downloads/studie-digitalisierung-weiterdenken. Zugegriffen: 25. Aug. 2018.

Ehret, S., Kempf, Ph., Harle, J., Fehmann, M., & Kruse, A. (o. J.). Projekt Echo der Generationen. Teilprojekt Ideenwerkstatt Jung und Alt in Speyer. www.uni-heidelberg.de//md/gero/forschung/projekt_echo_teilprojekt_speyer.pdf. Zugegriffen: 27. Aug. 2018.

Eichhorst, W., & Tobsch, V. (2014). Flexible Arbeitswelten. Bericht an die Expertenkommission „Arbeits- und Lebensperspektiven in Deutschland“. https://www.bertelsmann-stiftung.de/fileadmin/files/BSt/Publikationen/GrauePublikationen/GP_Flexible_Arbeitswelten.pdf. Zugegriffen: 25. Aug. 2018.

Fuchs, T. (2008). Was ist gute Arbeit – Arbeit im Generationenvergleich. https://www.inqa.de/SharedDocs/PDFs/DE/Publikationen/inqa-28-was-ist-gute-arbeit-generationenvergleich.pdf;jsessionid=509081AE496D448BABBE4648BD2C41E7?__blob=publicationFile&v=1. Zugegriffen: 27. Aug. 2018.

Fuchs, T. (2006): Arbeit+Erholung=Gesundheit: … wenn die Rechnung nicht mehr aufgeht. Arbeitswissenschaftliche Erkenntnisse zur Arbeitszeitgestaltung – Argumentationshilfe. Broschüre der Gewerkschaft Ver.di, Bundesverwaltung, Ressort 2: Tarifpolitische Grundsatzabteilung, Berlin.

Fuchs, T., & Conrads, R. (2003). *Analyse der Arbeitsbedingungen, -belastungen und Beschwerden von abhängig Beschäftigten unter besonderer Berücksichtigung von flexiblen Arbeitsformen*. Dortmund: Bundesanstalt für Arbeitsschutz und Arbeitsmedizin.

Hacker, W. (2006). Leistungsförderliches Gestalten wissensintensiver geistig-schöpferischer Arbeit für die Arbeitslebensspanne. In Marie-Luise und Ernst Becker Stiftung (Hrsg.), *Generation 60plus – tauglich für die Arbeitswelt 2020?* (S. 109–116). Köln: Marie-Luise und Ernst Becker Stiftung.

Hacker, W. (2015). *Psychische Regulation von Arbeitstätigkeiten*. Kröning: Asanger.

Hauser, F., Schubert, A., & Aicher, M. (2008). Abschlussbericht zum Forschungsprojekt „Unternehmenskultur, Arbeitsqualität und Mitarbeiterengagement in den Unternehmen in Deutschland“ BMAS.

Initiative Neue Qualität der Arbeit (INQA). (2009). Lernfähig im Tandem. Betriebliche Lernpartnerschaften zwischen Älteren und Jüngeren. https://www.inqa.de/SharedDocs/PDFs/DE/Publikationen/lernfaehig-im-tandem.pdf?__blob=publicationFile. Zugegriffen: 27. Aug. 2018.

Jahn, F., & Ulbricht, S. (2011). „Mein nächster Beruf“ – Personalentwicklung für Berufe mit begrenzter Tätigkeitsdauer. Modellprojekt in der stationären Krankenpflege. https://www.iga-info.de/fileadmin/redakteur/Veroeffentlichungen/iga_Reporte/Dokumente/iga-Report_17_1_Mein_naechster_Beruf_Krankenpflege.pdf. Zugegriffen: 27. Aug. 2018.

Janßen, D., & Nachreiner, F. (2004). Flexible Arbeitszeiten. https://www.baua.de/DE/Angebote/Publikationen/Schriftenreihe/Forschungsberichte/2004/Fb1025.pdf?__blob=publicationFile&v=1. Zugegriffen: 27. Aug. 2018.

Klaffke, M. (2014). *Generationen-Management. Konzepte, Instrumente, Good-Practice-Ansätze*. Wiesbaden: Springer Gabler.

Knauth, P., Karl, D., & Elmerich, K. (2010). Arbeitszeit für die alternde Belegschaft – „Lessons learned“ aus dem Forschungsprojekt KRONOS. *Zeitschrift für Arbeitswissenschaft, 64,* 365–373.

Kraaijeveld, R. A., Huysmans, M. A., Hoozemans, M. J. M., Van der Beek, A. J., & Speklé, E. M. (2014). The influence of psychosocial work characteristics on the need for recovery from work: a prospective study among computer workers. *International Archives of Occupational and Environmental Health, 87*(3), 241–248.

Kliegel, M., & Martin, M. (2010). *Psychologische Grundlagen der Gerontologie* (3., überarbeitete und erweiterte Aufl.). Stuttgart: Kohlhammer.

Lehr, U. (1988). Arbeit als Lebenssinn auch im Alter – Positionen einer differentiellen Gerontologie. In L. Rosenmayr & F. Kolland (Hrsg.), *Arbeit — Freizeit — Lebenszeit* (S. 29–45). Opladen: Westdeutscher Verlag.

Naegele, G. (2004). *Zwischen Arbeit und Rente. Gesellschaftliche Chancen und Risiken älterer Arbeitnehmer* (2. Aufl.). Augsburg: Maro Verlag.

Reichl, C., Leiter, M. P., & Spinath, F. M. (2014). Work–nonwork conflict and burnout: A meta-analysis. *Human Relations, 67*(8), 979–1005.

Rentsch, T., & Birkenstock, E. (2004). Ethische Herausforderungen des Alters. In A. Kruse & M. Martin (Hrsg.), *Enzyklopädie der Gerontologie* (S. 613–626). Bern: Huber.

Richter, G. (2008). Generationen im Betrieb: ein wenig beachtetes Handlungsfeld, Vortrag anlässlich des Demographie-Kongresses „Best Age" in Berlin am 2./3.9.2008, Berlin.

Rothe, I. (2014). „Der menschengerechten Gestaltung der Arbeit Verpflichtet". In: baua Aktuell 1/14, o. S.

Sauter, S. L., Streit, J., M., & Hanseman, D. J. (2009). Work organization and health in an aging workforce. In S. J. Czaja & J. Sharit (Hrsg.), *Aging and work: Issues and implications in a changing landscape* (S. 359–393). Baltimore: Johns Hopkins University Press.

Schmitt, E. (2013). Altersbilder als Determinanten für Selbstwahrnehmung und Verhalten älterer Menschen. *Psychotherapie im Alter, 10*(2), 161–176.

Shultz, K. S., Wang, M., Crimmins, E. M., & Fisher, G. G. (2010). Age Differences in the Demand – Control Model of Work Stress: An Examination of Data From 15 European Countries. *Journal of Applied Gerontology, 29*(1), 21–47.

Stadler, P., & Spieß, E. (2012). Mitarbeiterorientiertes Führen und soziale Unterstützung am Arbeitsplatz. https://www.baua.de/DE/Angebote/Publikationen/Berichte/Gd5.pdf?__blob=publicationFile. Zugegriffen: 27. Aug. 2018.

Truxillo, D. M., Cadiz, D. M., Rineer, J. R., Zaniboni, S., & Fraccaroli, F. (2012). A life-span perspective on job design: Fitting the job and the worker to promote job satisfaction, engagement, and performance. *Organizational Psychology Review, 2*(4), 340–360.

Wöhrmann, A. M. (2016). Psychische Gesundheit in der Arbeitswelt – Work-Life-Balance. https://www.baua.de/DE/Angebote/Publikationen/Berichte/F2353-3f.pdf?__blob=publicationFile&v=4. Zugegriffen: 27. Aug. 2018.

5 Schlussbetrachtung

Zusammenfassung
In der Schlussbetrachtung finden Sie das Wichtigste noch einmal pointiert zusammengefasst. Außerdem ziehen Sie Bilanz, was Sie aus Ihrer Lektüre mitnehmen. Zu guter Letzt erhalten Sie Tipps für die weitere Beschäftigung mit dem Thema alters- und alternsgerechter Führung.

Als Führungskraft begleiten Sie Menschen unterschiedlicher Herkunft, verschiedener Altersgruppen und diverser Wertevorstellungen. So erhalten Sie profunde Einblicke in die menschliche Vielfalt. Sie sind Vorbild und Förderer, Lernbegleiter und Gesundheitsmanager, Leitperson und Motivator, Coach und Konfliktmanager. Kurz gesagt: Führung ist anstrengend, herausfordernd, komplex – und zugleich vielfältig, spannend und bereichernd.

Selbst- und Mitverantwortung der Generationen
Da das Wort „Sinn" in der Arbeitswelt an Bedeutung gewinnt, müssen viele kleine und große Fragen gestellt werden. Wo früher womöglich durch Tradition und Religion Antworten vorgegeben waren, ist heute jeder Einzelne gefordert. In dieser neuen Freiheit Antworten zu finden ist nicht immer leicht. Daher ist die Beschäftigung mit Selbstverantwortung und Mitverantwortung so wichtig. Auch die zahlreichen Herausforderungen, die die demografischen, technologisch-wirtschaftlichen und gesellschaftlichen Entwicklungen mit sich bringen, können durch die aktive Auseinandersetzung mit den Verantwortungsdimensionen leichter bewältigt werden.

Als ethische Kategorien, die mit Werten verbunden sind, können 14 Handlungsfelder der Selbst- und Mitverantwortung (Abschn. 2.3) im Arbeitsalltag gemeinsam mit den Mitarbeitern reflektiert und geübt werden. So stärken Sie das Bewusstsein für Verantwortung, die dann weniger als Pflicht, sondern als inneres

S. Schröder-Kunz, *Generationen (gut) führen*,
https://doi.org/10.1007/978-3-658-24097-4_5

Bedürfnis (Motiv) empfunden wird. Sie wird im Berufsleben immer wichtiger werden. Denn: Arbeit ist nicht nur Erwerbsarbeit, sondern auch Arbeit am Ich, am Miteinander, an der Zufriedenheit und am Sinnempfinden sowie an einer Balance zwischen den Gegensätzen und Spannungsfeldern des Lebens.

Betrachten Sie die 14 Handlungsfelder (Abschn. 2.3) und regen Sie Ihre Teammitglieder zum Nachdenken an, indem Sie Fragen stellen. Dabei geht es nicht darum, endgültige Antworten zu finden, sondern darum, einen Weg zu beschreiten.

Unterstützen Sie Ihre Mitarbeiter dabei, indem Sie zuhören und Interesse an jedem Einzelnen zeigen. Davon profitieren Sie und die Beschäftigten gleichermaßen. Indem die Mitarbeiter erzählen, können sie selbst ein genaueres Bild von ihrem (Arbeits-)Leben gewinnen, sie können ihre Gedanken sortieren und Lösungen finden, Verbindungen und Verknüpfungen werden auf einmal sichtbar. Sie als Führungskraft erhalten wiederum Einblick in die Gedankenwelt und in die Persönlichkeit Ihrer Mitarbeiter – die Basis für erfolgreiche mitverantwortliche Führung.

Arbeit umfasst – wie das gesamte Leben – viele Gegensätze und Spannungsfelder: Erfolg und Misserfolg, Nähe und Distanz, Zufriedenheit und Unzufriedenheit etc. Wir bewegen uns immer irgendwo zwischen diesen Extremen. Die Kunst des Arbeitens besteht darin, auch mit den Belastungen zurechtzukommen, die Widersprüchlichkeit des Arbeitslebens zu akzeptieren. Der Wandel ist Teil des Lebens, auch der Wandel in uns selbst und im Älterwerden. Und damit verbunden der Unterschied zwischen Generationen, der als fruchtbar und bereichernd erlebt und gestaltet werden kann.

Wenn wir bereit sind, diese Spannungsfelder anzunehmen, gewinnt die Suche nach Zufriedenheit und Sinn gegenüber dem Arbeitsglück an Bedeutung. „Ich bin mit meiner Arbeit zufrieden" bedeutet dann nicht, dass alles perfekt ist, sondern dass man bereit ist, Frieden zu schließen mit allem, was gegeben ist: Positivem wie Negativem. Dann können wir die Dinge aktiv angehen, die veränderbar sind, und all das akzeptieren, das unveränderlich ist. So entsteht eine Gelassenheit, die auch vor übertriebener Perfektion schützen kann.

Viele Menschen finden vor allem dann Sinn im Arbeitsleben, wenn sie sich miteinander verbunden fühlen. Daher ist die Mitverantwortung von besonderer Bedeutung. Sinn im Miteinander kann gerade im ganz Kleinen gestaltet werden, zum Beispiel im Feiern eines Teamerfolgs, im Gespräch über ein Hobby, im Teilen der Begeisterung für ein Projekt etc. Das verbindet.

Stärken Sie das Bewusstsein Ihrer Mitarbeiter für Selbstverantwortung und Mitverantwortung. So können sie erkennen, welche Gestaltungsmöglichkeiten sich für ihr Leben ergeben, und zugleich ermöglicht die Auseinandersetzung mit Selbst- und Mitverantwortung eine offene und kreative Zusammenarbeit im Miteinander der Generationen.

Generationenbilder und -solidarität

Beim Nachdenken und Hinterfragen geht es auch immer wieder um die Lebensphase eines Mitarbeiters, um seine Erfahrungen und seine aktuelle Situation (Erziehungszeit, Pflege von Angehörigen etc.). Dabei werden Sie feststellen, dass die jeweiligen Stärken oder Schwächen weniger von seinem kalendarischen Alter, sondern vielmehr von den individuellen Erfahrungen oder äußeren Rahmenbedingungen abhängen.

Das Wissen darum ist eine wichtige Grundlage, um Vorurteile gegenüber anderen Altersgruppen abzubauen. Jüngere und Ältere müssen in Zukunft noch viel offener aufeinander zugehen und Generationenstereotype hinterfragen: Weder bedeutet Altern zwangsläufig schwächer zu werden, noch sind Jüngere allesamt verwöhnt und frech. Erst wenn negative Alters- und Jugendbilder aufgelöst sind, wenn alle gemeinsam daran arbeiten, eine Brücke der Generationen zu bauen, können Menschen aller Altersgruppen gut miteinander leben und arbeiten.

Daher ist es besonders wichtig, dass Sie sich als Führungskraft mit den verschiedenen (Arbeits-)Generationen auseinandersetzen und ihre Beziehungen untereinander in den Blick nehmen. So können Sie Problem- und Handlungsfelder erkennen, gemeinsam daran arbeiten und die Potenziale Ihrer Mitarbeiter konstruktiv zusammenführen.

Gesund arbeiten und leben

In einer Gesellschaft, in der immer mehr Menschen an psychischer Überlastung, Überforderung und Burn-out leiden, sind wir alle gefordert, einmal innezuhalten und uns zu fragen, was wir für unsere Gesundheit tun können. Denn Gesundheit umfasst weitaus mehr als nur die Unversehrtheit des Körpers. Hier setzt das Konzept der fünf Säulen des gesunden Älterwerdens (Abschn. 3.1.2) an: Körper, Geist, soziale Kontakte, Arbeit und innere Haltung. Sie alle beeinflussen unsere Gesundheit.

Es reicht nicht, nur an einer Säule zu arbeiten, sondern alle fünf müssen langfristig in einer gewissen Balance sein. Sie als Führungskraft sind hier wiederum in Ihrer Selbstverantwortung und in der Mitverantwortung für Ihre Mitarbeiter gefordert. Denn – um es mit Arthur Schopenhauer zu sagen: „Gesundheit ist nicht alles, aber ohne Gesundheit ist alles nichts“.

Was Sie aus diesem Buch mitnehmen

In Abschn. 2.1 und 2.2 haben Sie sich mit dem Wandel der Arbeitswelt und der Führung beschäftigt. Über Selbst- und Mitverantwortung haben Sie sich in Abschn. 2.3 Gedanken gemacht. In Kap. 3 haben Sie Anregungen erhalten, wie sich Gesundheit, Kompetenz und Motivation der Beschäftigten erhalten lassen.

Und in Kap. 4 haben Sie sich mit den verschiedenen Mitarbeitergenerationen und den betrieblichen Gestaltungsfeldern auseinandergesetzt.

Denkanstoß

Ziehen Sie nun noch einmal Bilanz: Was haben Sie aus diesem Buch mitgenommen? Was möchten Sie umsetzen? Worüber möchten Sie alleine, mit Ihren Mitarbeitern oder mit anderen Führungskräften nachdenken? Was erscheint Ihnen besonders wichtig?

Unabhängig davon, wie Ihre Antwort ausfällt, haben Sie bereits einen wichtigen Schritt in Richtung selbst- und mitverantwortlicher alter(n)sgerechter Führung gemacht, indem Sie dieses Buch gelesen haben und vielleicht das eine oder andere ausprobieren.

Was Sie weiter für Ihr persönliches generationen- und alternsgerechtes Führen tun können

Bleiben Sie nun am Ball und setzen Sie sich in regelmäßigen Abständen mit den Themen des Buchs auseinander. Vielleicht möchten Sie eine Woche lang gezielt das aktive Zuhören üben und dabei Ihre Mitarbeiter in ihren individuellen Lebensphasen und Arbeitssituationen besser kennenlernen? Behalten Sie Ihre Teammitglieder im Blick. In der nicht wertenden Beobachtung und in der Kommunikation mit den Beschäftigten liegt der Schlüssel zur erfolgreichen Führung. Mitverantwortlich können Sie so auf den Einzelnen eingehen und sich für Mensch und Sache (Unternehmensziel) einsetzen. Berücksichtigen Sie in Ihrer mitverantwortlichen Führung aber auch immer wieder die Verantwortung für sich selbst. Denken Sie daran: Auch die kleinen Schritte sind ein Fortschritt auf Ihrem Weg. Dabei werden Sie immer wieder Höhen und Tiefen erleben (Abschn. 2.3, Handlungsfeld 13).

Wenn Sie Ihr Wissen über alters- und alternsgerechte Führung vertiefen möchten, können Sie mich gerne ansprechen.

Ich biete Seminare, Vorträge und Beratungen zur generationen- und alternsgerechten Arbeitsgestaltung bis hin zum Übergang in die nachberufliche Lebensphase an. Die Themen werden dabei immer auch im Hinblick auf die Kategorien der Verantwortung betrachtet, in der Sie und Ihre Mitarbeiter gleichermaßen gefordert sind.

Alles Gute auf Ihrem ganz persönlichen Weg des Führens und Begleitens der Mitarbeitergenerationen!